JN205100

福島の除染と復興

川﨑興太 著

Decontamination and Revitalization in Fukushima

丸善出版

序 文

　福島にとって、2017 年は節目の年であった。福島復興の起点であり基盤であるとの位置づけのもとに実施されてきた除染が終了になった年であり、東京電力福島第一原子力発電所の周辺の 11 市町村に発令された避難指示が帰還困難区域を除いて解除された年であり（双葉町と大熊町を除く）、自主避難者に対する応急仮設住宅の無償提供が打ち切りになった年である。これらの意味するところは、本書の全体を通じて詳しく述べるが、一言で言えば、被災者や被災地が抱える問題が解決されたことをもって行われたものではなく、むしろ、2020 年、すなわち、復興期間が終了し、復興庁が設置期限を迎え、東京オリンピックが開催される節目の年までに、原子力災害を克服した国の姿を形づくることをめざして行われた「復興加速化」措置だということである。

　これを象徴するものが図 1 と図 2 である。

　図 1 は、2017 年 3 月に避難指示が解除された浪江町の中心市街地の地図であり、避難指示が解除されてから約半年後にあたる 2017 年 9 月に現地調査を行って作成した地図である。避難指示が解除されたということは、除染が終わって放射線量がそれなりに下がり、インフラの復旧・再生も一通り済んだので、政府としては、帰還が可能な程度にまで環境が回復したと判断したということを意味する。しかし、法的・制度的な状態はともかく、被災地の実態は決して明るい展望を持てるような状況にはない。ここに掲げた図 1 では、あえて凡例を消しており、これが何を示すものなのかがわからないようにしてある。結章でもう一度提示するが、この図面が何を示しているのか、そして、原子力災害とはどういうものであるのか、さらには、福島復興政策とはどういうものであるのか、本書を読み進めながら考えてほしい。

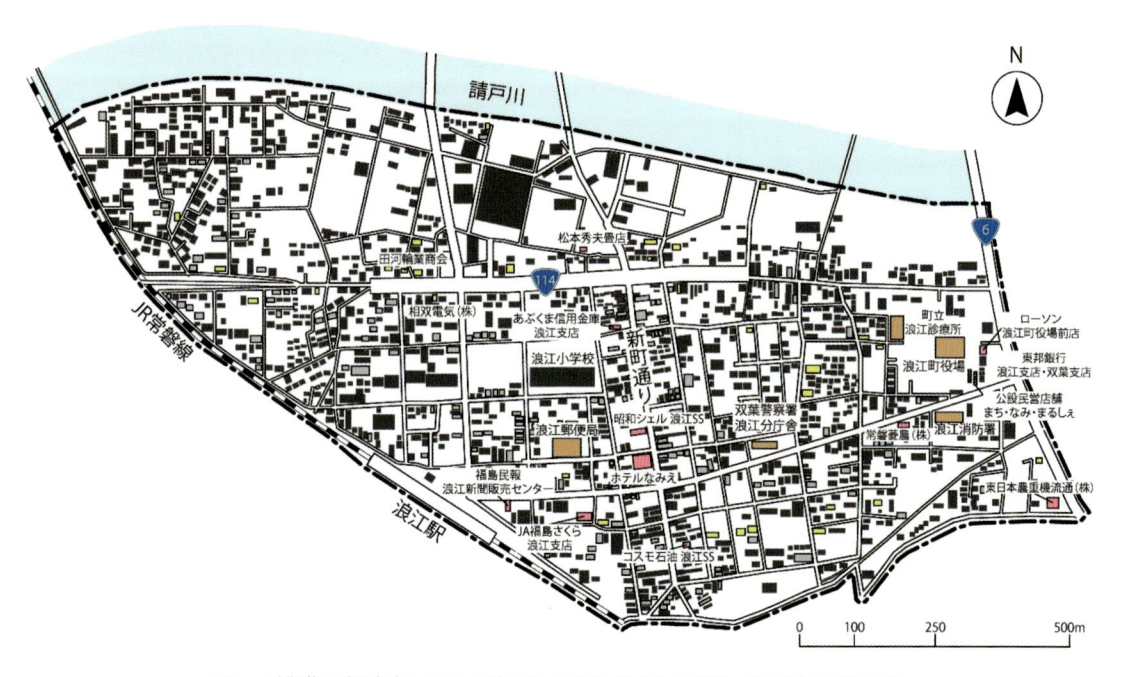

図 1　避難指示解除後における浪江町の中心市街地の地図（2017 年 9 月現在）

図2　福島市大波地区の大波城址周辺の図

　図2は、除染が終了になった福島市大波地区を撮った写真に加筆した図である。福島市には避難指示が発令されなかったので、住民の避難ではなく居住継続を前提として、除染を通じて復興を果たすことがめざされてきた。除染が終了になったということは、除染を通じて放射線量が下がったので、政府としては、安心して住み続けることが可能な程度にまで環境が回復したと判断したということを意味する。しかし、こうした政府の判断はともかく、除染が終了になった被災地の実態はそれほど単純なものではない。ここに掲げた図2は、図1と比べてシンプルなので、この図が示していることは想像しやすいと思うが、第4章で改めて提示する。この図が何を示しているのか、そして、除染とはどういうものであるのか、さらには、福島復興政策とはどういうものであるのか、本書を読み進めながら考えてほしい。

　東京電力福島第一原子力発電所事故が発生してから7年以上が経過し、2020年まであと2年となった。本書は、わたくしにとって、東京電力福島第一原子力発電所事故からの福島の復興に関する研究の中間とりまとめである。

　なお、本書を構成するいくつかの章は、以下に掲げる通り、既発表の論文に加筆したものである。

第1章　　川﨑興太（2017）「除染特別地域における除染の実態と今後の課題－2013年から2016年までの市町村アンケート調査の結果に基づいて－」『環境放射能除染学会　環境放射能除染学会誌』第5巻第2号、109-152頁

第2章　　川﨑興太（2017）「福島県における市町村主体の除染の実態と課題－2012年から2016年までの市町村アンケート調査の結果に基づいて－」『環境放射能除染学会　環境放射能除染学会誌』第5巻第4号、267-304頁

第3章　　川﨑興太（2014）「生活者の心と除染と復興」『日本放射線安全管理学会　第13回学術大会　講演予稿集』、29-41頁

第 5 章　　　川﨑興太（2017）「第 4 章 原子力災害と復興政策」、梶秀樹・和泉潤・山本佳世子編著『自
　　　　　　　然災害－減災・防災と復旧・復興への提言－』技報堂出版、67-90 頁

　本書に掲載した表については、以下のウェブサイトからダウンロードできるようにした。必要に応じ
て、参照していただければ幸いである。

https://pub.maruzen.co.jp/space/fukushima/

2018 年 4 月　福島の研究室にて

川﨑　興太

も く じ

序章　本書の目的と構成

写真序-1　原発避難を強いられた浪江町民の仮設住宅への入居開始（福島市、2011 年 5 月）

　福島は、2011 年 3 月 11 日の東日本大震災に伴って発生した福島第一原子力発電所の事故（以下「福島原発事故」）によって、重大かつ深刻な放射能被害を受けることになった（図序-1、図序-2、図序-3、図序-4）[1][2]。福島県の全 59 市町村のうち、原発周辺の 12 市町村では、避難指示等が発令され、住民は広域的かつ長期的な避難を余儀なくされるとともに（図序-5）[3][4][5]、その他の市町村からも、原発そのもの、あるいは、放射能被曝への不安や恐れから、多くの住民が避難することになった。

　政府は、2011 年 7 月に策定した東日本大震災復興基本法に基づく「東日本大震災からの復興の基本方針」において、復興期間を 2020 年度までの 10 年間と定めた[6]。そして、被災地の一刻も早い復旧・復興をめざすという観点から、2015 年度までの当初の 5 年間を「集中復興期間」と位置づけ、さまざまな復興政策を進めてきた。この間、福島においては、"除染なくして復興なし"との理念のもとに、除染を復興の起点かつ基盤として位置づけた上で、避難指示区域内にあっては「将来的な帰還」、避難指示区域外にあっては「居住継続」を前提として、「被災者の復興＝生活の再建」と「被災地の復興＝場所の再生」を同時的に実現することが可能な法的・制度的状態を創造することをめざして、復興政策が組み立てられ、実行されてきた（表序-1）。

　その後、政府は、2016 年度から 2020 年度までの 5 年間を「復興・創生期間」と位置づけ、10 年間の復興期間の「総仕上げ」に向けて、被災地の自立につながり、地方創生のモデルとなるような復興を実現することをめざすという観点から、復興政策の転換を行った[7][8]。福島の場合、原子力災害からの復興

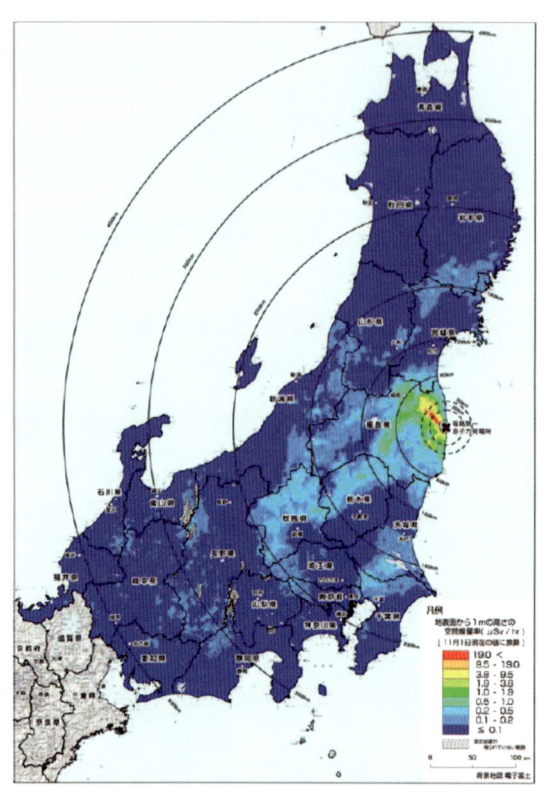

出典：文部科学省（2011）「文部科学省による第 4 次航空機モニタリングの測定結果について」（2011 年 12 月 16 日公表）、http://radioactivity.nsr.go.jp/ja/contents/5000/4901/24/1910_12 16.pdf（2017 年 5 月 3 日に最終閲覧）

図序-1　地表面から 1m 高さの空間線量率

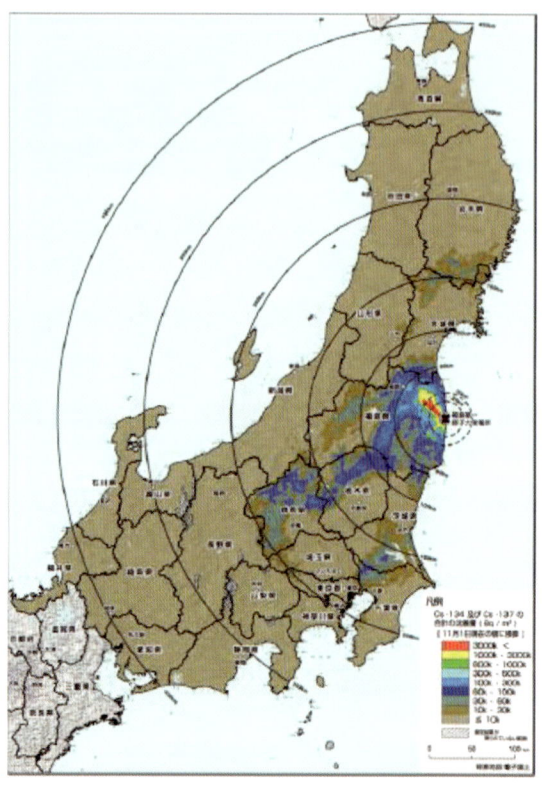

出典：文部科学省（2011）「文部科学省による第 4 次航空機モニタリングの測定結果について」（2011 年 12 月 16 日公表）、http://radioactivity.nsr.go.jp/ja/contents/5000/4901/24/1910_12 16.pdf（2017 年 5 月 3 日に最終閲覧）

図序-2　地表面におけるセシウム 134 とセシウム 137 の沈着量の合計

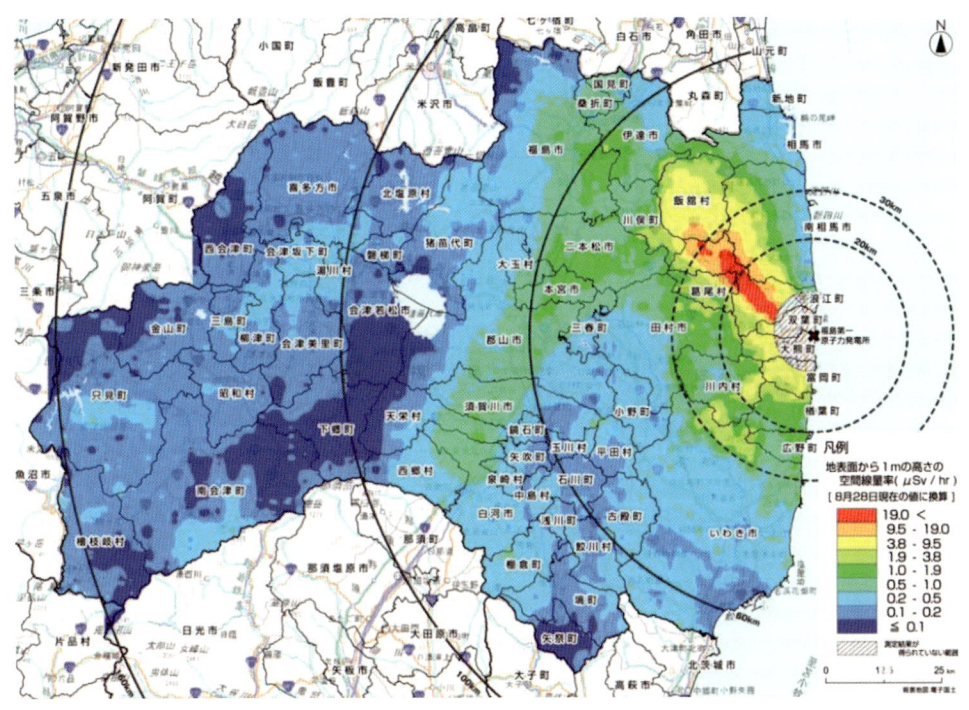

出典：文部科学省（2011）「文部科学省による福島県西部の航空機モニタリングの測定結果について」（2011 年 9 月
12 日公表）、http://radioactivity.nsr.go.jp/ja/contents/5000/4894/24/1910_0912.pdf（2017 年 5 月 3 日に最終閲覧）

図序-3　福島県内の地表面から 1m 高さの空間線量率

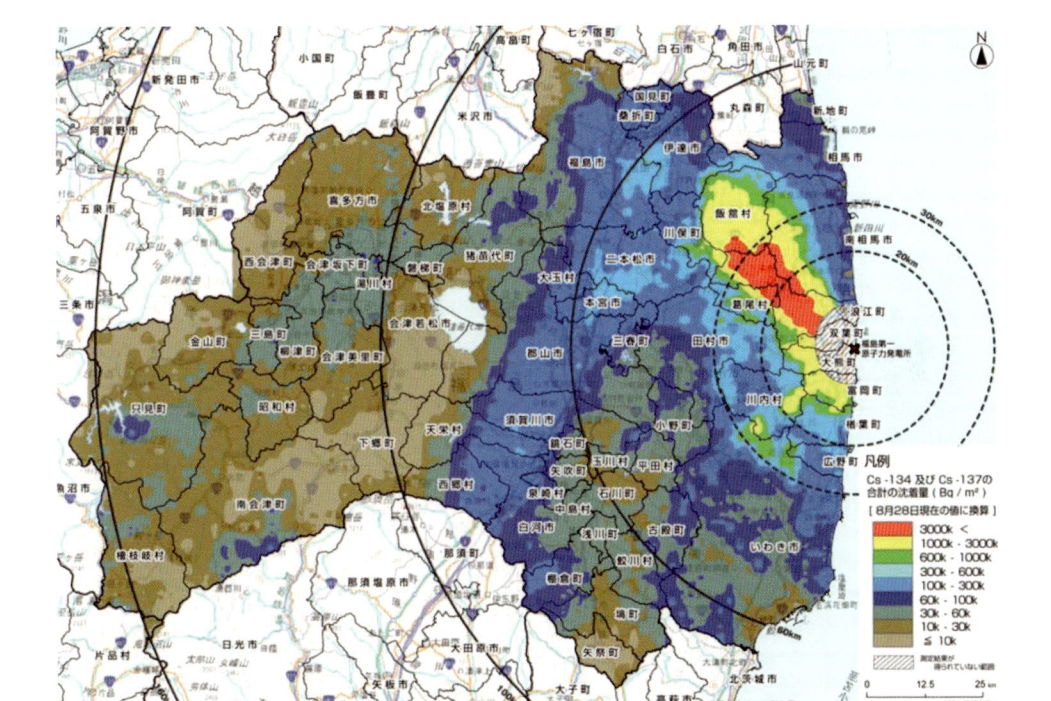

出典：文部科学省（2011）「文部科学省による福島県西部の航空機モニタリングの測定結果について」（2011 年 9 月
12 日公表）、http://radioactivity.nsr.go.jp/ja/contents/5000/4894/24/1910_0912.pdf（2017 年 5 月 3 日に最終閲覧）

図序-4　福島県内の地表面におけるセシウム 134 とセシウム 137 の沈着量の合計

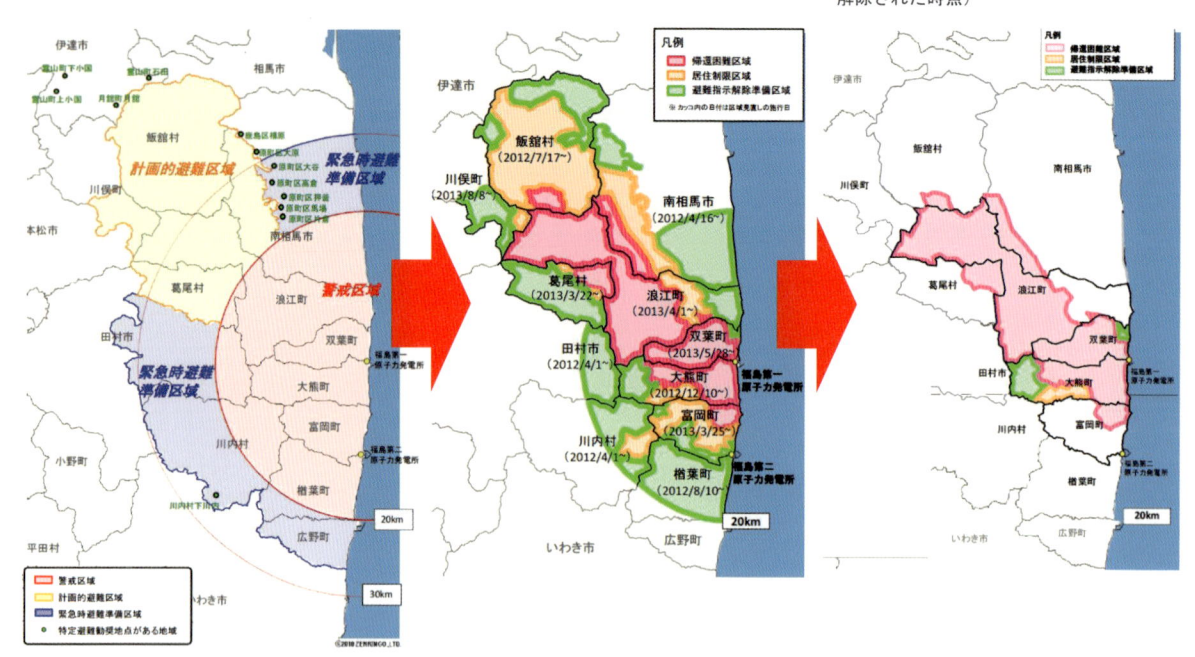

2011 年 4 月 22 日時点	2013 年 8 月 8 日時点	2017 年 4 月 1 日時点
（3 種類の避難区域が設定された時点）	（すべての市町村において避難指示区域の見直しが終了した時点）	（双葉町と大熊町を除くすべての市町村において帰還困難区域を除いて避難指示が解除された時点）

出典：経済産業省（2011）「警戒区域、計画的避難区域及び特定避難勧奨地点がある地域の概要図」(2011 年 9 月 30 日公表)、http://www.meti.go.jp/earthquake/nuclear/pdf/111125d.pdf（2017 年 5 月 3 日に最終閲覧）

出典：内閣府原子力被災者生活支援チーム（2013）「避難指示区域の見直しについて」(2013 年 10 月 11 日公表)、http://www.meti.go.jp/earthquake/nuclear/pdf/131009/131009_02a.pdf（2017 年 5 月 3 日に最終閲覧）

出典：経済産業省（2017）「避難指示区域の概念図」(2017 年 4 月 1 日公表)、http://www.meti.go.jp/earthquake/nuclear/kinkyu/hinanshiji/2017/pdf/gainenzu_201704j.pdf（2017 年 5 月 3 日に最終閲覧）

図序-5　避難指示区域等の変遷

写真序-2　家を囲むバリケード（大熊町、2015 年 12 月）

写真序-3　警戒区域への立入制限（田村市、2014 年 4 月）

表序-1　福島における除染と復興に関する主な政策の経緯

【●：直接的に除染にかかわる事項　○：その他の事項】

年月日		事項
2011	3.11	○東日本大震災および福島第一原子力発電所事故の発生
	4.22	○警戒区域、計画的避難区域、緊急時避難準備区域の設定（内閣総理大臣の指示）
	6.24	○東日本大震災復興基本法の公布・施行
	7.29	○「東日本大震災からの復興の基本方針」の閣議決定
	8.5	○東京電力株式会社福島第一、第二原子力発電所事故による原子力損害の範囲の判定等に関する中間指針」の公表（原子力損害賠償紛争審査会）
	8.12	○原発避難者特例法の公布・施行
	8.26	●「除染に関する緊急実施基本方針」の公表（原子力災害対策本部） ●「市町村による除染実施ガイドライン」の公表（原子力災害対策本部）
	8.30	●放射性物質汚染対処特別措置法の公布・一部施行
	9.30	●「農地の除染の適切な方法等の公表について」の公表（原子力災害対策本部） ●「森林の除染の適切な方法等について」の公表（原子力災害対策本部） ○緊急時避難準備区域の解除（内閣総理大臣の指示）
	10.29	○「東京電力福島第一原子力発電所事故に伴う放射性物質による環境汚染の対処において必要な中間貯蔵施設等の基本的考え方について」の公表（環境省）
	11.11	○放射性物質汚染対処特別措置法に基づく基本方針の閣議決定
	11.22	●「除染技術カタログ」の公表（内閣府原子力被災者生活支援チーム）
	12.2	○復興財源確保法の公布・施行
	12.14	●「除染関係ガイドライン（第1版）」の公表（環境省）
	12.16	○福島第一原子力発電所事故の収束宣言（内閣総理大臣） ○復興庁設置法の公布（2012年2月10日施行）
	12.21	○「東京電力（株）福島第一原子力発電所1～4号機の廃止措置等に向けた中長期ロードマップ」の公表（原子力災害対策本部・政府・東京電力中長期対策会議）
	12.22	●東日本大震災により生じた放射性物質により汚染された土壌等を除染するための業務等に係る電離放射線障害防止規則の公布 ●「除染等業務に従事する労働者の放射線障害防止のためのガイドライン」の公表（厚生労働省）
	12.26	○「ステップ2の完了を受けた警戒区域及び避難指示区域の見直しに関する基本的な考え方及び今後の課題について」の公表（原子力災害対策本部）
	12.27	●「廃棄物関係ガイドライン」の公表（環境省）
	12.28	●除染特別地域や汚染廃棄物対策地域、汚染状況重点調査地域の指定（環境大臣）
2012	1.1	●放射性物質汚染対処特別措置法の全面施行
	1.4	○福島環境再生事務所の開所（環境省）
	1.26	●「除染特別地域における除染の方針（除染ロードマップ）について」の公表（環境省）
	3.12	●「放射性物質による局所的汚染箇所への対処ガイドライン」の公表（環境省）
	3.31	○福島復興再生特別措置法の公布・施行（2013年5月10日に改正）
	4.1	○避難指示区域の見直しの開始（内閣総理大臣の指示）　※2013年8月8日に川俣町で避難指示区域の見直しが行われ、すべての市町村で終了 ●特別地域内除染実施計画の策定（田村市、楢葉町、川内村）（環境省）　※以後、2014年7月15日に双葉町の計画が策定されるまで、順次策定
	6.11	●対策地域内廃棄物処理計画の公表（環境省）
	6.27	○原発事故子ども・被災者支援法の公布・施行
	7.2	○「避難指示区域の見直しに伴う賠償基準の考え方」の公表（経済産業省）
	7.13	○「福島復興再生基本方針」の閣議決定
	7.24	○「避難指示区域の見直しに伴う賠償の実施について（避難指示区域内）」の公表（東京電力）
	9.4	○「原子力発電所の事故による避難地域の原子力被災者・自治体に対する国の取組方針」の公表（復興庁）
	9.22	○長期避難者等のための生活拠点の検討のための協議会の設立（復興庁）
	9.24	●「今後の森林除染の在り方に関する当面の整理について」の公表（環境回復検討会）
	10.23	●「除染推進パッケージ」の公表（環境省）
	10.30	●「除染関係Q&A」の公表（環境省）　※その後、随時改訂
2013	1.11	●「除染・復興加速のためのタスクフォース」の設置（復興庁）
	1.18	●「除染適正化プログラム」の公表（環境省）
	2.1	○福島復興再生総局の設置（復興庁）
	3.7	○「早期帰還・定住プラン」の公表（復興庁）
	3.12	●「廃棄物関係ガイドライン〈第2版〉」の公表（環境省）
	3.15	○「原子力災害による被災者支援策パッケージ」の公表（復興庁）
	3.19	○避難解除等区域復興再生計画の決定（内閣総理大臣）
	4.2	○「原子力災害による風評被害を含む影響への対策パッケージ」の公表（復興庁）
	5.2	●「除染関係ガイドライン（第2版）」の公表（環境省）
	6.28	●田村市の除染特別地域における除染の終了 ●常磐自動車道の除染の終了
	9.3	○「東京電力（株）福島第一原子力発電所における汚染水問題に関する基本方針」の閣議決定
	9.4	○中間貯蔵施設等福島現地推進本部の設置（復興庁・環境省）
	9.10	●「除染の進捗状況の総点検」および「除染特別地域における市町村ごとの今後の進め方」の公表（環境省）
	10.11	○原発事故子ども・被災者支援法に基づく「被災者生活支援等施策の推進に関する基本的な方針」の閣議決定
	12.20	○「原子力災害からの福島復興の加速に向けて」の閣議決定
	12.26	●「特別地域内除染実施計画の見直しについて」の公表（環境省） ●特別地域内除染実施計画の変更（南相馬市、飯舘村、川俣村、葛尾村、浪江町、富岡町）（環境省） ●「除染関係ガイドライン（第2版）・平成25年12月追補」の公表（環境省） ○「東京電力株式会社福島第一、第二原子力発電所事故による原子力損害の範囲の判定等に関する中間指針第四次追補（避難指示の長期化等に係る損害について）」の公表（原子力損害賠償紛争審査会）
2014	3.20	●「除染のフォローアップについて」の公表（環境省・第11回環境回復検討会資料）
	4.1	○田村市都路地区の避難指示の解除（内閣総理大臣の指示、旧警戒区域では初）
	8.22	●「今後の河川・湖沼等における対応の考え方の整理」の公表（環境省除染チーム・第12回環境回復検討会資料）
	11.14	●「中間貯蔵施設への除去土壌等の輸送に係る基本計画」の公表（環境省）
	12.15	○大熊町が中間貯蔵施設の建設を容認
	12.24	○日本環境安全事業株式会社法の一部を改正する法律の施行
	12.26	●「除染関係ガイドライン（第2版）・平成26年12月追補」の公表（環境省）
2015	1.1	○双葉町が中間貯蔵施設の建設を容認
	2.25	○福島県、大熊町及び双葉町が中間貯蔵施設への除去土壌等の搬入受入れを容認
	3.13	○中間貯蔵施設の保管場（ストックヤード）へのパイロット輸送による除去土壌等の搬入の開始
	6.12	○『「原子力災害からの福島復興の加速に向けて」改訂』の閣議決定
	6.15	○「東日本大震災に係る応急仮設住宅の供与期間の延長について」の公表（福島県）　※2017年3月で自主避難者に対する仮設住宅の供与を終了するとの方針
	7.30	○「福島12市町村の将来像に関する有識者検討会 提言」の公表（福島12市町村の将来像に関する有識者検討会）
	8.25	○「被災者生活支援等施策の推進に関する基本的な方針」の改定（復興庁）
	12.4	○福島県、富岡町、楢葉町が管理型処分場（フクシマエコテッククリーンセンター）を活用した特定廃棄物の埋立処分事業を容認
	12.21	●「森林における放射性物質対策の方向性について」の公表（環境省）
2016	3.9	○「福島の森林・林業の再生に向けた総合的な取組」の公表（復興庁・農林水産省・環境省）
	3.11	○『「復興・創生期間」における東日本大震災からの復興の基本方針』の閣議決定
	3.25	●「中間貯蔵施設への除去土壌等の輸送に係る実施計画」の公表（環境省）
	3.27	●「中間貯蔵施設に係る『当面5年間の見通し』」の公表（環境省）
	3.31	●「放射性物質の影響が懸念される河川において堆積土砂の調査を開始します。」の公表（福島県）
	8.31	○「帰還困難区域の取扱いに関する考え方」の公表（原子力災害対策本部・復興推進会議）
	9.12	●「除染関係ガイドライン（第2版）・平成28年9月追補」の公表（環境省）
	9.30	●「除染対象以外の道路等側溝堆積物の撤去・処理の対応方針」の公表（復興庁・環境省）
2017	3.31	●除染特別地域と汚染状況重点調査地域における面的除染の終了（帰還困難区域と汚染状況重点調査地域の市町村の一部を除く）
		○自主避難者に対する応急仮設住宅の無償供与の終了（福島県）
	4.1	○双葉町と大熊町を除くすべて市町村における避難指示解除準備区域と居住制限区域の避難指示の解除（内閣総理大臣の指示）
	5.19	○改正福島復興再生特別措置法の公布・施行
2018	*4.1*	*○精神的損害賠償の終了*
2020	*7.24*	*○東京オリンピック（～9月6日）*
2021	*3.31*	*○復興期間の終了、復興庁の廃止*
2041	*1.1*	*○福島第一原子力発電所の廃止措置の終了（～2051年3月31日）*
2044	*12.31*	*●福島県外における除去土壌等の最終処分の完了*

注：斜体の文字は、予定事項である。

に向けた政策スキームの構築に時間を要したため、「復興・創生期間」への移行から1年遅れの2017年度から、復興政策が大きく転換することになった（図序-6）。具体的には、2016年度末をもって、福島県全体で除染が終了になり、避難指示区域外では仮設住宅の無償提供の打ち切りが行われ、避難指示区域内では帰還困難区域を除いて避難指示が解除されるとともに、これに伴って2017年度末をもって精神的損害賠償が終了になる。

　問題は、これらの一連の福島復興政策の転換が、被災者の避難や不安の原因となっている原発事故が収束し、放射能汚染が解消したことに伴って行われたものではないということである。被災者や被災地の実態にかかわらず、原発避難者を消滅させ、原発避難問題を解決済みのものとすることによって、2020年、すなわち、復興期間が終了し、復興庁が設置期限を迎え、東京オリンピックが開催される節目の年までには、原子力災害を克服した国の姿を形づくることをめざして行われた「復興加速化」措置なのである。筆者は、福島原発事故の発生に伴う被害が広域的かつ長期的に続き、被災者の生活再建も被災地の復興も果たされないにもかかわらず、2020年までに原子力災害を克服した国の姿を形づくるために進められている福島復興政策から発生する諸問題を"2020年問題"と言っている。

　本書は、福島復興政策が大きく転換する前の2016年度までの期間を対象として、福島における除染と復興の実態と課題を明らかにし、今後の福島復興政策のあり方について検討することを目的とするものである。第1章から第4章までは、福島復興の起点かつ基盤として位置づけられてきた除染について論じる。具体的には、第1章では、除染特別地域に指定されている11市町村における除染の実態と課題、第2章では、汚染状況重点調査地域に指定されている市町村を中心とする52市町村における除染の実態と課題を明らかにする。第3章では、汚染状況重点調査地域に指定されている市町村の中で、最初に行政区域全域の除染が終了した伊達市における除染の計画と成果、住民意識について分析した上で、除染に関する問題点を提示する。第4章では、汚染状況重点調査地域の中では最も放射能汚染状況が深刻であった地区の一つである福島市大波地区における除染に関する住民意識と課題を明らかにする。第5章では、上記の一連の福島復興政策の転換後における福島の除染と復興に関する課題を明らかにする。第6章では、本書のまとめとして、福島復興政策の転換に伴う"福島復興のスタートライン"の実相と課題を明らかにする。

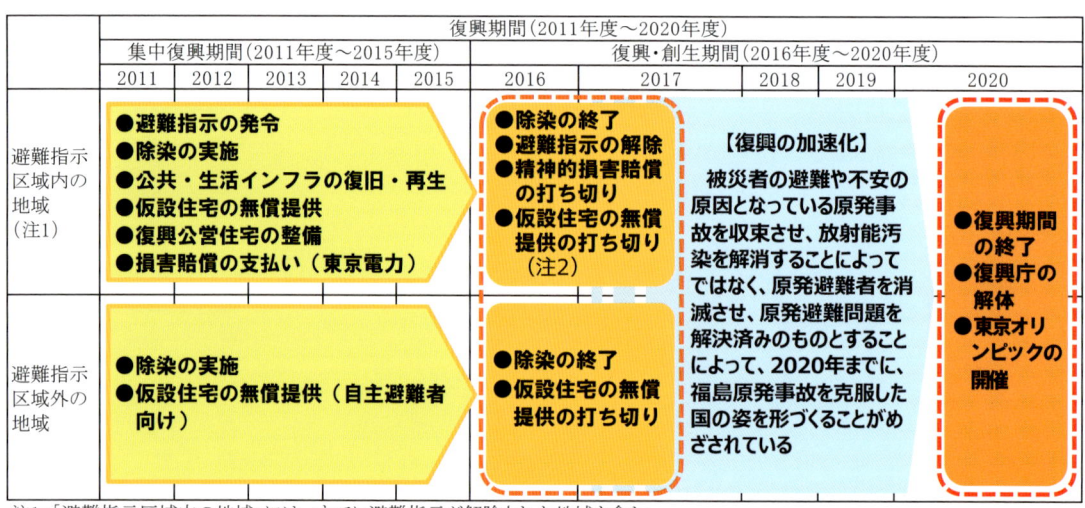

注1：「避難指示区域内の地域」には、すでに避難指示が解除された地域を含む。
注2：すでに避難指示が解除された地域からの避難者については、解除時期によって異なるが、供与の終了時期が決定されている。

図序-6　福島復興政策の転換

【参考文献】

1) 文部科学省（2011）「文部科学省による第 4 次航空機モニタリングの測定結果について」（2011 年 12 月 16 日公表）、http://radioactivity.nsr.go.jp/ja/contents/5000/4901/24/1910_1216.pdf（2017 年 5 月 3 日に最終閲覧）

2) 文部科学省（2011）「文部科学省による福島県西部の航空機モニタリングの測定結果について」（2011 年 9 月 12 日公表）、http://radioactivity.nsr.go.jp/ja/contents/5000/4894/24/1910_0912.pdf（2017 年 5 月 3 日に最終閲覧）

3) 経済産業省(2011)「警戒区域、計画的避難区域及び特定避難勧奨地点がある地域の概要図」(2011 年 9 月 30 日公表)、http://www.meti.go.jp/earthquake/nuclear/pdf/111125d.pdf（2017 年 5 月 3 日に最終閲覧）

4) 内閣府原子力被災者生活支援チーム（2013）「避難指示区域の見直しについて」（2013 年 10 月 11 日公表）、http://www.meti.go.jp/earthquake/nuclear/pdf/131009/131009_02a.pdf（2017 年 5 月 3 日に最終閲覧）

5) 経済産業省（2017）「避難指示区域の概念図」（2017 年 4 月 1 日公表）、http://www.meti.go.jp/earthquake/nuclear/kinkyu/hinanshiji/2017/pdf/gainenzu_201704j.pdf（2017 年 5 月 3 日に最終閲覧）

6) 東日本大震災復興対策本部（2011）「東日本大震災からの復興の基本方針」（2011 年 7 月 29 日決定）、https://www.reconstruction.go.jp/topics/doc/20110729houshin.pdf（2017 年 5 月 3 日に最終閲覧）

7) 復興推進会議（2015）「平成 28 年度以降の復旧・復興事業について」（2015 年 6 月 24 日決定）、http://www.reconstruction.go.jp/topics/main-cat7/sub-cat7-1/20150624_shiryou2.pdf（2017 年 5 月 3 日に最終閲覧）

8) 「『復興・創生期間』における東日本大震災からの復興の基本方針」（2016 年 3 月 11 日閣議決定）、http://www.reconstruction.go.jp/topics/main-cat12/sub-cat12-1/20160311_kihonhoushin.pdf（2017 年 5 月 3 日に最終閲覧）

第 1 章　除染特別地域における除染の実態と課題

写真 1-1　除染特別地域での除染の風景（大熊町、2015 年 12 月）

1. 本章の目的と方法

(1) 本章の目的

　2011年3月の福島第一原子力発電所事故（以下「福島原発事故」）の発生に伴って、福島第一原子力発電所が立地する、または、その周辺に位置する富岡町、大熊町、双葉町、浪江町、葛尾村、飯舘村の6市町村の全域と、川俣町、田村市、南相馬市、楢葉町、川内村の5市町村の一部の区域は、放射能汚染が深刻であることなどを理由として、2011年4月に警戒区域または計画的避難区域に指定され、住民は長期にわたって避難することを余儀なくされた。警戒区域と計画的避難区域は、2012年4月から、順次、避難指示解除準備区域、居住制限区域、帰還困難区域に再編されることになったが、我が国では、これらの区域に指定された地域であっても、基本的には、除染を復興の起点かつ基盤として位置づけ、「被災者の復興＝生活の再建」と「被災地の復興＝場所の再生」を同時的に実現することが可能な法的・制度的状態を創造することを目的とする復興政策が組み立てられ、実行されてきた [1]。

　除染の根拠法は、2011年8月に公布・一部施行され、2012年1月に全面的に施行された放射性物質汚染対処特別措置法（以下「除染特措法」）である[1]。上述した11市町村の地域は、基本的に除染特措法に基づく除染特別地域に指定されており（図1-1、図1-2）、これまで国によって除染が実施されてきたが、その除染は、避難指示解除準備区域と居住制限区域に指定された地域については、2017年3月で終了になることが予定されている[2][2]。この除染の終了は、復興期間が終了し、復興庁が設置期限を迎え、東京オリンピックが開催される2020年までに、福島原発事故を克服した国の姿を形づくることをめざして、避難指示の解除、精神的損害賠償の終了、自主避難者に対する仮設住宅の供与の終了などとあわ

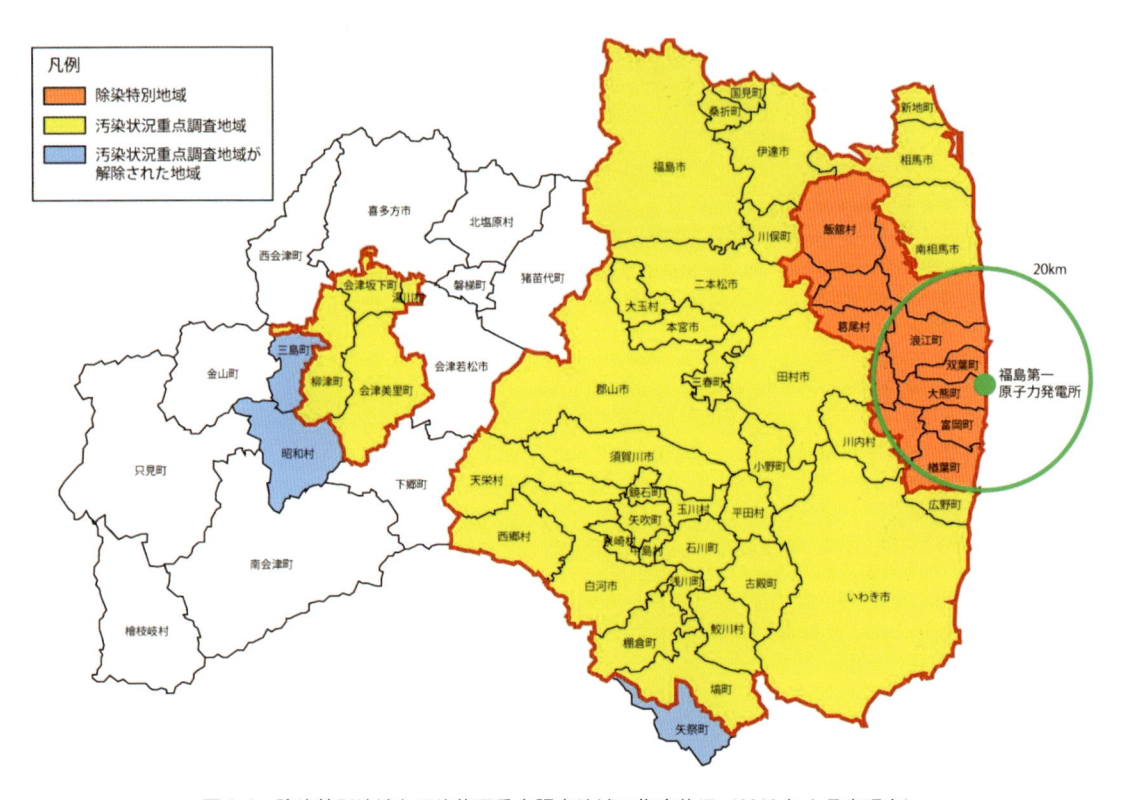

図1-1　除染特別地域と汚染状況重点調査地域の指定状況（2016年9月末現在）

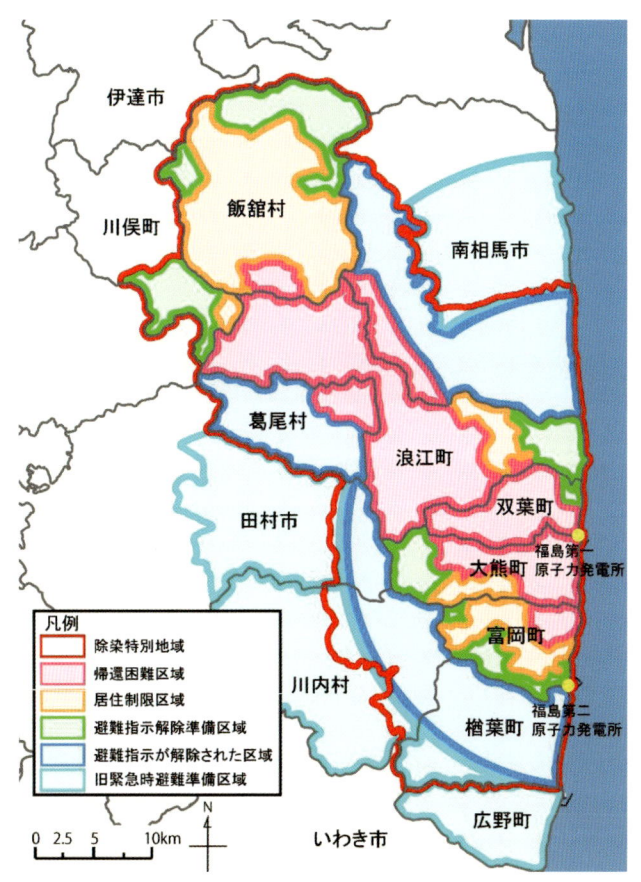

図 1-2　除染特別地域の指定状況と避難指示区域の指定状況（2016 年 9 月末現在）

せて予定されているものである [3]。

　除染特別地域における除染の主体は国である一方で、東日本大震災からの復興を担う行政主体は市町村が基本とされている [4]。このため、現在、除染特別地域に指定されている 11 市町村では、上述したような一連の福島復興政策の転換を見据えつつ、復興拠点の整備をはじめとする帰還に向けた取り組みを進めているが [5]、これらの市町村は、これまでの国の除染についてどのように評価しているのか、除染によって住民の帰還や安全・安心な生活の回復は可能であると考えているのか、除染に関する課題はどこにあると認識しているのか？

　本章は、こうした問題意識のもとに、2013 年から 2016 年までの 4 年にわたって、除染特別地域に指定されている 11 市町村を対象として実施したアンケート調査などの結果に基づき、除染特別地域における除染の実態と課題について明らかにすることを目的とするものである [6][7][8]。除染を起点かつ基盤として位置づけてきた福島復興政策の合理性や妥当性を検証するための基礎研究として、また、世界的に前例のない規模での除染に関して継続的に実施してきた学術的な記録として、重要な意義を有するものと考えられる。

（2）　研究の方法

　先述の通り、本章は、除染特別地域に指定されている 11 市町村を対象として、2013 年から 2016 年ま

での4年にわたって実施したアンケート調査などの結果に基づくものである（表1-1）。アンケート調査の内容は、基本的には2013年調査から2016年調査まで同様であるが、例えば、中間貯蔵施設については、2013年調査と2014年調査の調査時点では、その整備時期と整備場所が決定していなかったことから、整備の必要性や可能性に関する問いを設けたが、2015年調査と2016年調査では、国が当初予定していた中間貯蔵施設への搬入開始時期（2015年1月）が経過し、パイロット輸送が開始されたことを背景として、整備・完成または除去土壌等の搬出にかかわる経緯や現状に関して問題と考えることなどに関する問いを設けるなど、一部変更した。

　アンケート調査票は、毎年、7月初旬に11市町村の除染担当課宛てに電子メールで配布し、9月末までに回収した。2013年調査については、田村市と浪江町から調査票を回収することができなかったが、2014年調査からは、すべての市町村から調査票を回収することができた。なお、除染特別地域が行政区域の一部の区域に指定されている市町村については、除染特別地域に指定されている地域に関する回答を得た。

　また、除染特別地域における除染の実態と課題を把握するため、福島原発事故の発生後から、11市町村、住民、福島県、環境省など対するヒアリング調査、11市町村の現地調査、11市町村に関する文献調査を継続的に実施した。さらに、アンケート調査の回答について確認・補足するため、ヒアリング調査と現地調査を実施した。

2. 除染特別地域における除染の制度的枠組みと除染の実態

（1）除染特別地域内の市町村の概要

　除染特別地域は、2011年12月に、楢葉町、富岡町、大熊町、双葉町、浪江町、葛尾村、飯舘村の7市町村の全域と、川俣町、田村市、南相馬市、川内村の4市町村の一部の区域に指定された。先述の通り、除染特別地域の大部分の地域は、警戒区域と計画的避難区域に指定され、避難指示解除準備区域、居住制限区域、帰還困難区域に再編された地域であり、その後、2014年4月に田村市、同年10月に川内村の一部、2015年9月に楢葉町、2016年6月に葛尾村と川内村の一部、同年7月に南相馬市の一部において、避難指示解除準備区域と居住制限区域が解除されているが、除染特別地域の区域は変更されていない。

　除染特別地域の面積は1,167km^{2}であり、福島県の県土面積の8%を占めている（表1-2）[3]。除染特別地域内の人口は、すべての市町村で避難指示区域の見直しが終了した2013年8月の時点では81,341人（福島県の人口の4%）であったが、その後の転出や死亡などにより、南相馬市の一部で避難指示が解除された2016年7月の時点では76,865人（同4%）に減少している。

（2）除染の制度的枠組み

①除染の目的と対象と範囲

　除染特措法は、「事故由来放射性物質による環境の汚染が人の健康又は生活環境に及ぼす影響を速やかに低減すること」を目的とする法律であり、除染は放射線防護を目的として実施される。このため、人が日常生活で多くの時間を過ごす公共施設や住宅などは除染の対象とされているが、森林や、河川やため池等については、健康や生活環境に影響を及ぼす場所ではないとして、基本的に除染の対象外とさ

表1-1　アンケート調査の概要

【 ●:設問あり　×:設問なし 】

調査名称	2013年調査	2014年調査	2015年調査	2016年調査
調査目的	除染特別地域に指定されている11市町村の除染に関する評価と見解を把握すること			
調査対象	除染特別地域に指定されている福島県内の11市町村			
調査期間	2013年7月～9月	2014年7月～9月	2015年7月～9月	2016年7月～9月
配布数	11	11	11	11
回収数	9	11	11	11
回収率	82%	100%	100%	100%
「除染特別地域における除染の方針(除染ロードマップ)」に関する評価〔選択肢から1つ選択し、「不適切」を選択した場合は理由を記入〕	●	×	×	×
国の除染実施計画に基づく除染の進捗状況〔選択肢から1つ選択し、「既に終了した」を選択した場合は終了時期、「現在進めている」を選択した場合で「終了する見込みが立っている」を選択した場合は終了予定時期を記入〕	×	●	●	●
除染の終了後における除染の実施の必要性〔上記の「国の除染実施計画に基づく除染の進捗状況」において「既に終了した」を選択した市町村が選択肢から1つ選択し、それぞれ選択の理由などを記入〕	×	●	●	●
国の除染に関する取り組みについての評価〔選択肢から1つ選択し、「不適切」を選択した場合は理由と今後希望することを記入〕	●	●	●	●
国による除染の進み具合についての評価〔選択肢から1つ選択〕	●	●	●	●
福島県の除染に関する取り組みについての評価〔選択肢から1つ選択し、「不適切」を選択した場合は理由と今後希望することを記入〕	●	●	●	●
除染によって達成すべき空間線量率〔それぞれ選択肢から1つ選択しそれぞれ選択の理由などを記入(理由の記入については2014年調査から)〕	●	●	●	●
住民が安全に安心して生活できる空間線量率〔それぞれ選択肢から1つ選択しそれぞれ選択の理由などを記入(理由の記入については2014年調査から)〕	●	●	●	●
除染による住民の帰還と安全・安心な生活の回復の可能性〔それぞれ選択肢から1つ選択し、それぞれ選択の理由を記入〕	●	●	●	●
除染に関する課題〔3つ以内で記入〕	●	●	●	●
中間貯蔵施設の設置の必要性や可能性〔自由に記入〕	●	●	×	×
中間貯蔵施設の整備・完成または除去土壌等の搬出にかかかわる経緯や現状に関して問題と考えること、あるいは、それらに関してこれから生じると考えられる問題〔選択肢から1つ選択し、「ある」を選択した場合は具体的な内容を記入〕	×	×	●	●
仮置場の除去土壌等をすべて中間貯蔵施設に搬出するまでの想定年数〔選択肢から1つ選択〕	×	×	×	●
国による除染と市町村の復興まちづくりを連動させた取り組み〔選択肢から1つ選択し、「ある」を選択した場合は具体的な内容を記入〕	●	●	●	●
除染を効果的かつ効率的に進めるにあたって必要なことなど〔自由に記入〕	●	●	●	●

（調査項目）

表 1-2　除染特別地域に指定されている市町村の人口と面積

■2013年8月（すべての市町村で避難指示区域の見直しが終了した時点）

市町村	避難指示区域の見直しの年月日	人口〔人〕						面積（概数）〔km²〕					
		合計	避難指示区域	避難指示解除準備区域	居住制限区域	帰還困難区域	避難指示区域外	合計	避難指示区域	避難指示解除準備区域	居住制限区域	帰還困難区域	避難指示区域外
合計	—	189,768 100%	81,291 43%	33,079 17%	23,394 12%	24,818 13%	108,477 57%	2,021 100%	1,150 57%	509 25%	304 15%	337 17%	871 43%
川俣町	2013.8.8	15,086 100%	1,204 8%	1,077 7%	127 1%	0 0%	13,882 92%	128 100%	33 26%	29 23%	3 2%	0 0%	95 74%
田村市	2012.4.1	39,996 100%	351 1%	351 1%	0 0%	0 0%	39,645 99%	458 100%	42 9%	42 9%	0 0%	0 0%	416 91%
南相馬市	2012.4.16	65,175 100%	12,750 20%	12,238 19%	510 1%	2 0%	52,425 80%	399 100%	171 43%	91 23%	56 14%	24 6%	228 57%
楢葉町	2012.8.10	7,575 100%	7,525 99%	7,525 99%	0 0%	0 0%	50 1%	103 100%	86 83%	86 83%	0 0%	0 0%	17 17%
富岡町	2013.3.25	14,413 100%	14,413 100%	1,319 9%	8,821 61%	4,273 30%	0 0%	69 100%	69 100%	25 36%	35 51%	8 12%	0 0%
川内村	2012.4.1	2,809 100%	334 12%	276 10%	58 2%	0 0%	2,475 88%	197 100%	81 41%	69 35%	12 6%	0 0%	116 59%
大熊町	2012.12.10	10,956 100%	10,956 100%	23 0%	362 3%	10,571 96%	0 0%	79 100%	79 100%	18 23%	12 15%	49 62%	0 0%
双葉町	2013.5.28	6,492 100%	6,492 100%	255 4%	0 0%	6,237 96%	0 0%	51 100%	51 100%	2 4%	0 0%	49 96%	0 0%
浪江町	2013.4.1	19,505 100%	19,505 100%	7,902 41%	8,260 42%	3,343 17%	0 0%	224 100%	224 100%	21 9%	23 10%	180 80%	0 0%
葛尾村	2013.3.22	1,511 100%	1,511 100%	1,329 88%	64 4%	118 8%	0 0%	84 100%	84 100%	64 76%	5 6%	16 19%	0 0%
飯舘村	2012.7.17	6,250 100%	6,250 100%	784 13%	5,192 83%	274 4%	0 0%	230 100%	230 100%	62 27%	157 68%	11 5%	0 0%

注　：太線内が概ね除染特別地域に指定されている区域である。
資料：内閣府原子力被災者生活支援チーム（2013）「帰還困難区域について」
　　　http://www.mext.go.jp/b_menu/shingi/chousa/kaihatu/016/shiryo/__icsFiles/afieldfile/2013/10/02/1340046_4_2.pdf（2016年10月31日に最終閲覧）

■2016年7月（南相馬市で避難指示が解除された時点）

市町村	避難指示の解除の年月日	人口〔人〕						面積（概数）〔km²〕					
		合計	避難指示区域	避難指示解除準備区域	居住制限区域	帰還困難区域	避難指示区域外	合計	避難指示区域	避難指示解除準備区域	居住制限区域	帰還困難区域	避難指示区域外
合計	—	183,315 100%	76,827 42%	30,522 17%	22,433 12%	23,872 13%	106,488 58%	2,021 100%	1,150 57%	509 25%	304 15%	337 17%	871 43%
川俣町	—	14,286 100%	1,133 8%	1,021 7%	112 1%	0 0%	13,153 92%	128 100%	33 26%	29 23%	3 2%	0 0%	95 74%
田村市	2014.4.1	38,592 100%	329 1%	329 1%	0 0%	0 0%	38,263 99%	458 100%	42 9%	42 9%	0 0%	0 0%	416 91%
南相馬市	2016.7.12	63,465 100%	10,859 17%	10,400 16%	457 1%	2 0%	52,606 83%	399 100%	171 43%	91 23%	56 14%	24 6%	228 57%
楢葉町	2015.9.5	7,345 100%	7,307 99%	7,307 99%	0 0%	0 0%	38 1%	103 100%	86 83%	86 83%	0 0%	0 0%	17 17%
富岡町	—	13,726 100%	13,726 100%	1,338 10%	8,341 61%	4,047 29%	0 0%	69 100%	69 100%	25 36%	35 51%	8 12%	0 0%
川内村	2014.10.1 2016.6.14	2,749 100%	321 12%	270 10%	51 2%	0 0%	2,428 88%	197 100%	81 41%	69 35%	12 6%	0 0%	116 59%
大熊町	—	10,703 100%	10,703 100%	22 0%	361 3%	10,320 96%	0 0%	79 100%	79 100%	18 23%	12 15%	49 62%	0 0%
双葉町	—	6,195 100%	6,195 100%	240 4%	0 0%	5,955 96%	0 0%	51 100%	51 100%	2 4%	0 0%	49 96%	0 0%
浪江町	—	18,601 100%	18,601 100%	7,533 40%	7,907 43%	3,161 17%	0 0%	224 100%	224 100%	21 9%	23 10%	180 80%	0 0%
葛尾村	2016.6.12	1,468 100%	1,468 100%	1,287 88%	62 4%	119 8%	0 0%	84 100%	84 100%	64 76%	5 6%	16 19%	0 0%
飯舘村	2017.3.31に決定済み	6,185 100%	6,185 100%	775 13%	5,142 83%	268 4%	0 0%	230 100%	230 100%	62 27%	157 68%	11 5%	0 0%

注1：太線内が概ね除染特別地域に指定されている区域である。
注2：「人口」と「面積」の欄にある網掛けの部分は避難指示が解除された区域であるので、本来は人口も面積も「避難指示区域外」に記載すべきであるが、除染特別地域の指定区域を明示するとともに、2013年8月の状況と比較するために、このような表記にした。
資料：人口については、経済産業省（2016）「避難指示区域の概念図と各区域の人口及び世帯数（平成28年7月12日時点）」
　　　http://www.meti.go.jp/earthquake/nuclear/kinkyu/hinanshiji/2016/pdf/0712gainenzu02.pdf（2016年10月31日に最終閲覧）
　　　面積については、内閣府原子力被災者生活支援チーム（2013）「帰還困難区域について」
　　　http://www.mext.go.jp/b_menu/shingi/chousa/kaihatu/016/shiryo/__icsFiles/afieldfile/2013/10/02/1340046_4_2.pdf（2016年10月31日に最終閲覧）

れている。

　具体的には、森林については、林縁部から20m以内の範囲（生活圏）は健康や生活環境に影響を及ぼす可能性があるので、その範囲に限って落葉などの堆積有機物の除去やその残渣の除去などを実施し、20mを超える部分は基本的には除染を実施しないものとされている[9]。河川やため池等については、一定の条件を満たす河川敷の公園やグラウンドなどは健康や生活環境に影響を及ぼす可能性があるので、それらに限って除染を実施し、底質の除染は実施しない、ため池については、一定期間水が干上がることによって、周辺の空間線量率が著しく上昇する場合に限って底質の除染を実施し、その他の場合は実施しないものとされている[10]。

　また、除染の範囲に関して、環境省は、早期に避難指示を解除し、住民の帰還を促すという観点から、除染特別地域のうち、避難指示解除準備区域と居住制限区域に指定された地域において優先的に除染を実施し、帰還困難区域に指定された地域においては、除染モデル実証事業を実施し、その結果等を踏まえて対応の方向性を検討するものとしてきた[11]。しかし、避難指示解除準備区域と居住制限区域における除染の終了のめどが立ってきたことなどを背景として、国は、2016年8月に、帰還困難区域について、市町村が復興拠点等を整備する場合、国がインフラ整備とあわせて除染を行うとの方針を決定しており、今後、除染が実施される予定となっている[12]。

②除染の目標

　2011年11月に、除染特措法に基づく基本方針が閣議決定され、除染等の措置にかかわる目標値が示された[13]。この目標値は、除染特措法の成立とあわせて決定された「除染に関する緊急実施基本方針」を継承したものであるが[14]、国際放射線防護委員会（ICRP）の2007年基本勧告などを踏まえつつ、①追加被曝線量が年間20mSv以上である地域、すなわち避難指示が発令された地域であり、概ね除染特別地域に相当する地域については、当該地域を段階的かつ迅速に縮小すること、②追加被曝線量が年間20mSv未満である地域、すなわち概ね汚染状況重点調査地域に相当する地域については、1) 長期的な目標として追加被曝線量が年間1mSv以下となること、2) 2013年8月末までに、一般公衆の年間追加被曝線量が、2011年8月末と比べて、放射性物質の物理的減衰等を含めて約50%減少した状態を実現すること、3) 2013年8月末までに、子どもの年間追加被曝線量が、2011年8月末と比べて、放射性物質の物理的減衰等を含めて約60%減少した状態を実現することとされた[(4)]。

　この除染等の措置にかかわる目標値に関しては、注意すべきことが2つある。

　一つは、この目標値は、除染のみならず、モニタリング、食品の安全管理、リスクコミュニケーションなど、放射線リスクの総合的な管理によってめざされるべきものであって、除染それ自体の目標値ではないとされていることである。国は、除染それ自体の目標値を定めていないのである。

　もう一つは、これに関連して、国は、年間追加被曝線量1mSvを空間線量率に換算した「0.23μSv/h」を、汚染状況重点調査地域の指定基準や除染実施区域の設定基準のほか、除染対策事業交付金の交付基準、すなわち除染の実施基準としているが、除染の目標値とはしていないので、除染の実施後に0.23μSv/hを上回っていても、必ずしも再び除染が行われることにはなっていないということである。環境省は、フォローアップ除染について、放射能汚染の状況や除染の効果は場所によって異なること、また、同じ手法を用いて再度除染を実施したとしても大幅な線量低減効果は期待できないなど除染による線量低減には限界があることなどから、その実施基準や空間線量率の低減目標を一律に定めることが難しい状況にあるので、除染の終了後おおむね半年から1年後に行う事後モニタリングの結果等を踏まえ、再汚染や取り残し等の除染の効果が維持されていない箇所が確認された場合に、個々の現場の状況に応じて

原因を可能な限り把握し、合理性や実施可能性を判断した上で実施することを基本とするとの方針を示しているのみであり[15)16)]、具体的な実施基準を定めていない。

③除染のスケジュール

先述の通り、環境省は、除染特別地域では、避難指示解除準備区域と居住制限区域における除染を優先的に実施するものとし、2014 年 3 月末までに除染を終了するものとした。しかし、避難指示区域の見直しや除染実施計画の策定が遅れたこと[(5)17)]、地権者の同意取得や仮置場の確保が難航したことなどから、すべての市町村での除染を予定通りに進めることが困難になった。このため、環境省は、2013 年 9 月に、スケジュールをはじめ除染方針を変更するとの考え方を示し[18)]、同年 12 月に、川俣町、南相馬市、富岡町、浪江町、葛尾村、飯舘村の 6 市町村について、3 年以内に除染を終了する、すなわち、2017 年 3 月末までには除染を終了するというスケジュールの変更を行った[19)]。

その後にスケジュールの変更は行われておらず、例えば、2015 年 6 月に閣議決定された「『原子力災害からの福島復興の加速に向けて』改訂」では、避難指示区域のうち、帰還困難区域以外の区域、すなわち避難指示解除準備区域と居住制限区域については、2017 年 3 月までに避難指示を解除し、住民の帰還を可能にするよう、除染の十分な実施などに取り組むものとされている[20)]。

④仮置場と中間貯蔵施設

福島県内における除染に伴って発生する除染土壌等の発生量は、減容化した場合で約 1,600 万 m^3〜2,200 万 m^3 と推計されているが、環境省は、2011 年 10 月に、この除去土壌等の保管・処分に関するロードマップを示した[21)]。その主たる内容は、①除染等に伴って発生する除去土壌等について、最終処分が行われるまでの一定の期間、安全に集中的に管理・保管するため、国が福島県に中間貯蔵施設を確保し維持管理を行う、②除染特措法が全面的に施行される 2012 年 1 月からの 3 年間は、除染特別地域においては環境省が市町村またはコミュニティごとに仮置場を確保し、除去土壌等を保管する、③政府は、2015 年 1 月から中間貯蔵施設の供用を開始できるよう最大限の努力を行う、④国は、中間貯蔵開始後 30 年以内に、福島県外で最終処分を完了するというものである。

しかし、中間貯蔵施設の整備は、こうしたスケジュールの通りには進まず、2014 年 12 月に大熊町、2015 年 1 月に双葉町が中間貯蔵施設の建設を容認、2015 年 2 月に、福島県と大熊町と双葉町が除去土壌等の搬入を容認し、2015 年 3 月になってから、保管場（ストックヤード）へのパイロット輸送による搬入が開始されることになったが、用地確保が難航しており、今なお完成までの見通しは立っていない。現在、環境省が示している見通しは、復興期間の最終年であり、2020 年東京オリンピック・パラリンピックが開催される 2020 年度までに、640〜1,150ha 程度の用地を確保し、500 万〜1,250 万 m^3 程度の除染土壌等を搬入するというものである[22)]。

なお、県外最終処分に関しては、2014 年 12 月に日本環境安全事業株式会社法の一部を改正した中間貯蔵・環境安全事業株式会社法が施行され、国の責務として「中間貯蔵開始後 30 年以内に、福島県外で最終処分を完了するために必要な措置を講ずる」と規定されることになったが、今なお具体的な場所は決まっていない。

(3) 除染の実施状況等

①除染の実施状況と除去土壌等の保管状況

　先述の通り、帰還困難区域については、基本的に除染の対象外とされているので、避難指示解除準備区域と居住制限区域における除染の実施状況になるが、2016 年 9 月末現在、除染特別地域に指定されている 11 市町村のうち、川俣町、田村市、楢葉町、川内村、大熊町、双葉町、葛尾村の 7 市町村（64%）では除染が終了している一方で、南相馬市、富岡町、浪江町、飯舘村の 4 市町村（36%）では実施中である（表 1-3、図 1-3）[23][24][25][26]。11 市町村における対象数量の合計は、宅地が 22,097 件、農地が 9,870ha、森林が 5,676ha、道路が 1,504ha であり、それぞれ実施率は 96%、71%、91%、82% となっている。

　除染に伴って発生する除去土壌等については、除染特別地域では、すべて仮置場等で保管されている。2016 年 9 月末現在の仮置場等の状況を見ると、11 市町村における仮置場等の箇所数の合計は 279 箇所であり、7,127,112 袋（m³）の除去土壌等が保管されている（表 1-4、図 1-4）[27][28]。これまでに発生した除去土壌等のうち、仮置場等から搬出されたのは 778,419m³（10%）であり、そのうちの 96% は仮設焼却施設、4% は中間貯蔵施設へと搬出されている。このように、すべての市町村において、今なお除去土壌等の多くが仮置場等に保管されている状況にあり、中間貯蔵施設などへの搬出が終わっていない

表 1-3　除染特別地域における除染の実施状況（2016 年 9 月 30 日現在）

市町村	除染対象区域人口（人）	除染実施対象面積（ha）	避難指示区域の見直し	除染実施計画の策定年月日	仮置場等の確保	除染の同意取得	作業状況	集計項目	宅地（件）	農地（ha）	森林（ha）	道路（ha）	除染の終了時期（目途）	避難指示の解除
合計	61,200	24,800	―	―	―	―	―	対象数量	22,097	9,870	5,676	1,504	―	―
								実施数量	21,297	7,050	5,166	1,234		
								実施率	96%	71%	91%	82%		
川俣町	1,200	1,600	2013.8.8	2012.8.10	確保済み	終了	終了	対象数量	360	480	500	68	2015.12に終了	2017.3.31に決定済み
								実施数量	360	480	500	68		
								実施率	100%	100%	100%	100%		
田村市	400	500	2012.4.1	2012.4.13	確保済み	終了	終了	対象数量	140	140	190	29	2013.6に終了	2014.4.1
								実施数量	140	140	190	29		
								実施率	100%	100%	100%	100%		
南相馬市	13,300	6,100	2012.4.16	2012.4.18	確保済み	ほぼ終了	実施中	対象数量	4,400	3,100	1,200	320	2017.3までに終了予定	2016.7.12
								実施数量	4,300	1,200	810	150		
								実施率	98%	39%	68%	47%		
楢葉町	7,700	2,100	2012.8.10	2012.4.13	確保済み	終了	終了	対象数量	2,500	810	450	170	2014.3に終了	2015.9.5
								実施数量	2,500	810	450	170		
								実施率	100%	100%	100%	100%		
富岡町	11,300	2,800	2013.3.25	2013.6.26	確保済み	終了	実施中	対象数量	6,000	670	460	170	2017.3までに終了予定	未定
								実施数量	6,000	660	460	170		
								実施率	100%	99%	100%	100%		
川内村	400	500	2012.4.1	2012.4.13	確保済み	終了	終了	対象数量	160	130	200	38	2014.3に終了	2014.10.1 2016.6.14
								実施数量	160	130	200	38		
								実施率	100%	100%	100%	100%		
大熊町	400	400	2012.12.10	2012.12.28	確保済み	終了	終了	対象数量	180	170	160	31	2014.3に終了	未定
								実施数量	180	170	160	31		
								実施率	100%	100%	100%	100%		
双葉町	300	200	2013.5.26	2014.7.15	確保済み	終了	終了	対象数量	97	100	6.2	8.4	2016.3に終了	未定
								実施数量	97	100	6.2	8.4		
								実施率	100%	100%	100%	100%		
浪江町	18,800	3,300	2013.4.1	2012.11.21	確保済み	ほぼ終了	実施中	対象数量	5,800	1,900	380	240	2017.3までに終了予定	未定
								実施数量	5,100	990	360	190		
								実施率	88%	52%	95%	79%		
葛尾村	1,400	1,700	2013.3.22	2012.9.28	確保済み	終了	終了	対象数量	460	470	630	110	2015.12に終了	2016.6.12
								実施数量	460	470	630	110		
								実施率	100%	100%	100%	100%		
飯舘村	6,000	5,600	2012.7.17	2012.5.24	確保済み	ほぼ終了	実施中	対象数量	2,000	1,900	1,500	320	2017.3までに終了予定	2017.3.31に決定済み
								実施数量	2,000	1,900	1,400	270		
								実施率	100%	100%	93%	84%		

注1：帰還困難区域については、「本格除染」が実施される特別地域内除染実施計画に基づく除染実施対象区域に含まれないことになっているので、この表は、基本的に避難指示解除準備区域と居住制限区域における数量等を示すものである。
注2：「除染対象区域人口」、「除染対象面積」、「除染の実施状況」の数値は、概数である。
注3：「仮置場等の確保」について、割合が表記されているものについては、必要とされる仮置場の面積に対して、借地契約済みの仮置場の面積が占める割合を指す。除染の進捗に応じて、仮置場の必要面積の増減が発生することがあり、その場合、割合が増減することがある。
注4：「除染の実施状況」に関して、対象数量と実施数量は、それぞれの実数を、上から3桁以下を四捨五入して上2桁に丸めた値として表記されているが、実施率は丸めを行わない実数量をもとに算出されている。
注5：「除染の実施状況」に関して、実施率は、当該市町村において除染を実施できる条件が整った面積等に対して、一連の除染行為（除草、堆積物除去、洗浄等）が終了した面積等が占める割合を指す。なお、「除染を実施できる条件が整った面積等」と「一連の除染行為が終了した面積等」は、今後の精査によって変わりうる。
注6：「除染の実施状況」に関して、実施率が100%に達した時点で、同意を得られていないものについては対象数量から除外されているが、これらについても最終的に同意が得られれば除染が実施される予定になっている。
注7：「除染の終了時期」は、各市町村の除染実施計画における除染対象のうち、同意を得られたものに対する面的除染が終了した（終了する）時期を指す。なお、同意を得られず面的除染の対象とならなかった場合でも、最終的に同意が得られれば除染が実施される予定になっている。
注8：「避難指示の解除」に関して、川内村では、2014年10月1日に、それまで居住制限区域であった地域は避難指示解除準備区域に再編されている。
資料：環境省（2016）「国直轄除染の進捗状況（平成28年9月30日時点）」、http://josen.env.go.jp/area/index.html（2016年10月31日に最終閲覧）

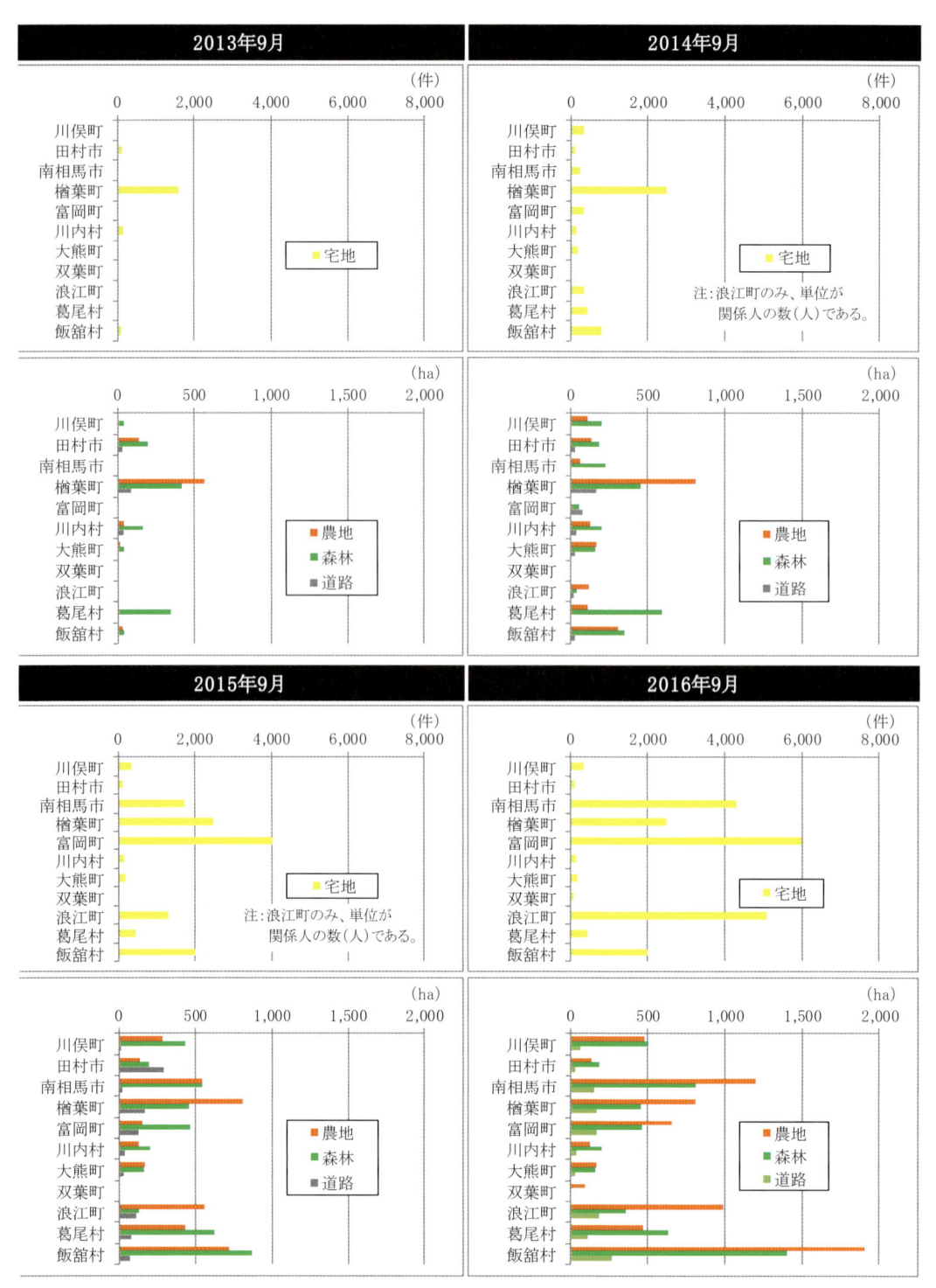

資料：環境省(2013)「除染特別地域における計画に基づく除染の進捗状況（平成25年11月8日付け）」
　　　　環境省(2014)「国直轄除染の進捗状況（平成26年9月30日現在）」、
　　　　http://josen.env.go.jp/area/index.html (2014年10月31日に最終閲覧)
　　　　環境省(2015)「国直轄除染の進捗状況の概要（平成27年9月30日時点）、
　　　　http://josen.env.go.jp/area/index.html (2015年10月31日に最終閲覧)
　　　　環境省(2016)「国直轄除染の進捗状況（平成28年9月30日時点）」、
　　　　http://josen.env.go.jp/area/index.html (2016年10月31日に最終閲覧)

図 1-3　除染特別地域における除染の実施状況の推移

表 1-4　除染特別地域における仮置場等の箇所数、保管物数及び搬出済保管物数（2016 年 9 月 30 日現在）

市町村	①保管物の搬入が施工中の仮置場等		②保管物の搬入が完了した仮置場等(注3)		① + ② の合計		③搬出済保管物数（累計）(注4)		
	箇所数	保管物数	箇所数	保管物数	箇所数	保管物数		うち仮設焼却施設へ	うち中間貯蔵施設へ
川俣町	25	392,858	17	219,716	42	612,574	0	0	0
田村市	–	–	6	36,286	6	36,286	1,254	0	1,254
南相馬市	12	783,141	1	258	13	783,399	0	0	0
楢葉町	–	–	23	585,251	23	585,251	3,465	0	3,465
富岡町	5	798,237	4	331,453	9	1,129,690	319,344	312,923	6,421
川内村	–	–	2	93,748	2	93,748	1,600	0	1,600
大熊町	3	50,819	15	220,838	18	271,657	5,499	0	5,499
双葉町	1	6,819	7	115,925	8	122,744	6,287	0	6,287
浪江町	9	572,192	21	224,031	30	796,223	250,413	244,112	6,301
葛尾村	1	254	30	391,935	31	392,189	170,644	169,644	1,000
飯舘村	84	2,128,144	13	175,207	97	2,303,351	19,913	18,913	1,000
合計	140	4,732,464	139	2,394,648	279	7,127,112	778,419	745,592	32,827

注1:「仮置場等」には、仮置場のほか、一時保管所、仮仮置場等を含む。
注2:「保管物数」の単位は、「袋」である。なお、1袋当たりの体積は、おおむね1㎥である。
注3:「②保管物の搬入が完了した仮置場等」とは、本格除染またはそれ以前の除染工事による除去土壌の搬入が完了したものを指す（フォローアップ除染等による除去土壌の搬入は、今後もあり得る）。
注4:「③搬出済保管物数」は、「①保管物の搬入が施工中の仮置場等」及び「②保管物の搬入が完了した仮置場等」とは重複しない。また、仮置場等からの搬出時に、減容化した保管物等については複数個を1袋に集約して搬出することがあるため、中間貯蔵施設等が受け入れる袋数とは必ずしも一致しない。
資料：環境省（2016）「平成28年9月30日時点の仮置場等の箇所数、保管物数及び搬出済保管物数（市町村別）」、
　　　http://josen.env.go.jp/area/provisional_yard/number.html（2016年10月31日に最終閲覧）

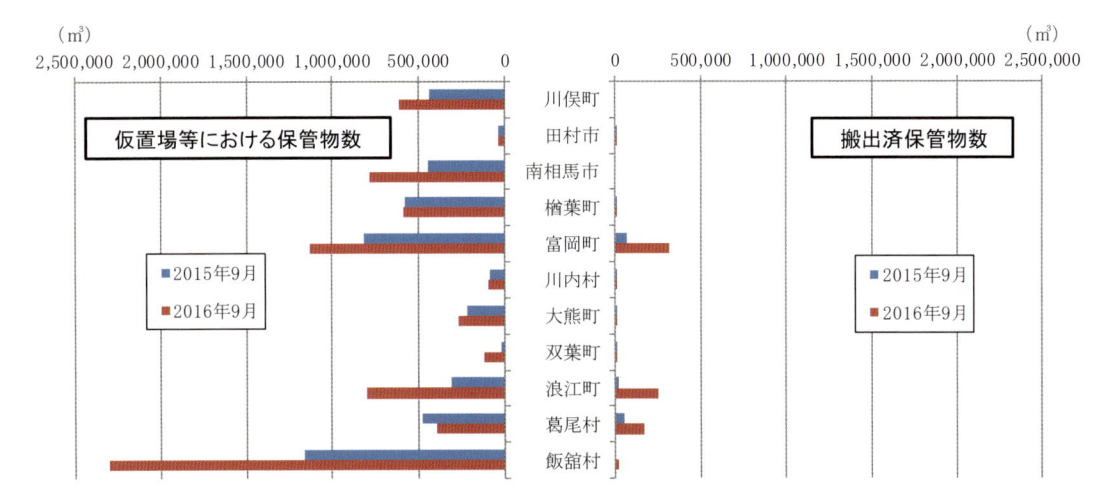

資料：環境省（2015）「平成27年9月30日時点の仮置場等の箇所数・保管物数・搬出済保管物数（市町村別）」、
　　　http://josen.env.go.jp/area/provisional_yard/number.html（2015年10月31日に最終閲覧）
　　　環境省（2016）「平成28年9月30日時点の仮置場等の箇所数、保管物数及び搬出済保管物数（市町村別）」、
　　　http://josen.env.go.jp/area/provisional_yard/number.html（2016年10月31日に最終閲覧）

図 1-4　仮置場等の箇所数、保管物数及び搬出済保管物数

20

写真 1-2　田村市の仮置場（田村市、2014 年 4 月）

写真 1-3　楢葉町の仮置場（楢葉町、2015 年 11 月）

写真 1-4　葛尾村の仮置場（葛尾村、2015 年 12 月）

写真 1-5　川俣町の仮置場（川俣町、2016 年 7 月）

写真 1-6　飯舘村の仮置場（飯舘村、2017 年 5 月）

写真 1-7　中間貯蔵施設の整備予定地（双葉町、2016 年 7 月）

という意味では、すべての市町村において、除染は終了していない。

②被災家屋の解体撤去の実施状況

避難指示解除準備区域と居住制限区域に指定された地域においては、2012 年度から東日本大震災による全壊の家屋の解体撤去、2013 年度から半壊以上の家屋の解体撤去が進められており、また、2014 年度からは、帰還困難区域に指定された地域を含めて、福島原発事故による長期避難に伴って荒廃した家屋の解体撤去が進められている。この家屋の解体撤去は、所有者等からの申請に基づき、除染特措法に基づく除染ではなく、同法に基づく災害廃棄物処理事業として実施されているものであり、除染との順序関係で言えば、二重投資の回避や再汚染の防止を図るため、原則的には除染に先立って実施することとされているものであるが、参考までに、以下にその実施状況について述べる。

表 1-5 は、2014 年 9 月から 2016 年 9 月までの被災家屋の解体撤去の実施状況の推移を整理したものである [29][30][31]。2014 年 9 月と 2016 年 9 月を比較すると、申請受付済件数は 2,700 件程度から 9,300 件程度へ、解体撤去済件数は 430 件程度から 3,900 件程度へと増加している。市町村ごとに見ると、田村市と川内村では既に解体撤去が終了しているが、その他の 9 市町村では実施中という状況にある。申請受付は、原則的に避難指示が解除されるまで行われているので、田村市と川内村を除く 9 市町村のうち、南相馬市、楢葉町、葛尾村の 3 市町村では、申請受付済件数は 2016 年 9 月時点で頭打ちになったと考えられるが、その他の 6 市町村では、今後、さらに申請受付件数が増加するものと推測される。

家屋の解体撤去の状況について、避難指示の解除の状況との関係で見ると、既に避難指示が解除されたのは田村市、南相馬市、楢葉町、川内村、葛尾村の 5 市町村であるが、南相馬市、楢葉町、葛尾村では、家屋の解体撤去の完了率が 100％になっていない。これは、避難指示が解除された後でも、戻るべき自宅がない住民が存在するということを意味している。また、先述の通り、家屋の解体撤去は、原則的には除染に先立って実施することとされているが、実際には両者は必ずしも連動して進められているわけではなく、むしろ除染の方が早い時期から実施され、2017 年 3 月までに終了させるとのスケジュールに合わせて進められているので、除染が終了した市町村であっても、家屋の解体撤去が終了していない市町村が多くなっている。

なお、解体撤去に伴う廃棄物については、直接的に焼却場に搬出された田村市を除き、それぞれの市町村の仮置場に搬出されている。再生利用が可能な廃棄物については再生利用、残りの不燃物については埋立処分、可燃物については仮設焼却施設で焼却した上で、放射能濃度に応じて中間貯蔵施設または管理型処分場（旧フクシマエコテッククリーンセンター）で埋立処分などを行うものとされている。

(4) 除染の線量低減効果

除染の線量低減効果について、環境省が除染終了後の事後モニタリングの結果を含めてデータを公表している田村市、楢葉町、川内村、大熊町の 4 市町村を対象として分析する（表 1-6、図 1-5）。

一般的に、除染の線量低減効果は、除染実施前の空間線量率が高いほど大きくなるが、4 市町村の除染の実施前後における線量平均値を見ると、全体としては、除染実施前の線量平均値が最も低い田村市では 0.69μSv/h から 0.51μSv/h へ（低減率 26％）、楢葉町では 0.78μSv/h から 0.46μSv/h へ（低減率 41％）、川内村では 1.15μSv/h から 0.72μSv/h へ（低減率 37％）、最も高い大熊町では 2.32μSv/h から 1.19μSv/h へ（低減率 49％）と低減している。しかし、除染の線量低減効果は地目によって異なっており、例えば、宅地については、いずれの市町村でも 4〜5 割の低減率になっているが、森林については、いずれの市

表 1-5　廃棄物処理事業による被災家屋等の解体撤去の実施状況の推移

| | 2014年9月29日時点 | | | 2015年9月4日時点 | | | 2016年9月16日時点 | | |
	申請受付済件数	解体撤去済件数	完了率	申請受付済件数	解体撤去済件数	完了率	申請受付済件数	解体撤去済件数	完了率
合計	2,654	430	－	6,249	1,209	－	9,316	3,893	－
川俣町	14	実施中	－	200	0	0%	350	80	23%
田村市	－	19	－	19	19	100%	19	19	100%
南相馬市	1,400	実施中	－	1,900	530	28%	2,800	1,500	54%
楢葉町	750	実施中	－	1,200	460	38%	1,243	780	63%
富岡町	330	実施中	－	850	50	6%	1,600	540	34%
川内村	60	－	－	100	80	80%	102	102	100%
大熊町	－	実施中	－	－	10	－	120	10	8%
双葉町	－	－	－	20	0	0%	22	2	9%
浪江町	100	実施中	－	800	60	8%	1,600	500	31%
葛尾村	－	－	－	180	0	0%	360	90	25%
飯舘村	－	実施中	－	980	0	0%	1,100	270	25%

注1：申請受付済件数と解体撤去済件数は、基本的に概数である。
注2：解体撤去済件数は、完了検査が終了した件数である。
注3：資料の制約から、合計欄の値と、各市町村の件数を合計した値は、一致しない場合がある。
資料：環境省（2014）「国直轄による福島県における災害廃棄物等の処理進捗状況（平成26年9月29日公表）」、
　　　http://shiteihaiki.env.go.jp/initiatives_fukushima/waste_disposal/pdf/progress_1409.pdf（2016年10月31日に最終閲覧）
　　　環境省（2015）「国直轄による福島県における災害廃棄物等の処理進捗状況（平成27年10月2日公表）」、
　　　http://shiteihaiki.env.go.jp/initiatives_fukushima/waste_disposal/pdf/progress_1509.pdf（2016年10月31日に最終閲覧）
　　　環境省（2016）「国直轄による福島県における災害廃棄物等の処理進捗状況（平成28年9月30日公表）」、
　　　http://shiteihaiki.env.go.jp/initiatives_fukushima/waste_disposal/pdf/progress_1609.pdf（2016年10月31日に最終閲覧）

写真 1-8　富岡町の荒廃家屋（富岡町、2015 年 12 月）

写真 1-9　楢葉町での家屋解体作業（楢葉町、2015 年 11 月）

写真 1-10　南相馬市での家屋解体作業（南相馬市、2017 年 1 月）

写真 1-11　浪江町での家屋解体作業（浪江町、2017 年 5 月）

表 1-6　除染の前後と事後モニタリングにおける地上 1m 高さの空間線量率（1/2）

【田村市】

●除染前の測定時期：2012年7月25日〜2013年5月23日
●除染後の測定時期：2012年8月7日〜2013年5月30日
●事後（1回目）の測定時期：2013年9月14日〜2013年11月26日
●事後（2回目）の測定時期：2014年10月1日〜2015年1月26日

土地区分	除染前の線量帯 （μSv/h）	測定点数	線量平均値(μSv/h)				線量低減率		
			除染前 ①	除染後 ②	事後 【1回目】 ③	事後 【2回目】 ④	除染前 →除染後 (①-②)/①	除染前 →事後【1回目】 (①-③)/①	除染前 →事後【2回目】 (①-④)/①
合計	−	11,151	0.69	0.51	0.44	0.35	26%	36%	49%
宅地	合計	2,861	0.67	0.42	0.36	0.28	37%	46%	57%
	1.0以上	300	1.20	0.54	0.48	0.36	55%	60%	70%
	0.75以上1.0未満	593	0.84	0.51	0.43	0.35	40%	49%	59%
	0.5以上0.75未満	1,289	0.60	0.41	0.35	0.27	31%	42%	55%
	0.5未満	679	0.41	0.32	0.28	0.22	22%	32%	46%
農地	合計	3,707	0.65	0.49	0.41	0.33	25%	37%	49%
	1.0以上	173	1.12	0.76	0.64	0.50	32%	43%	55%
	0.75以上1.0未満	892	0.83	0.59	0.50	0.40	28%	40%	52%
	0.5以上0.75未満	2,087	0.60	0.46	0.38	0.31	24%	36%	48%
	0.5未満	555	0.43	0.36	0.31	0.26	15%	28%	40%
森林	合計	3,171	0.77	0.61	0.56	0.44	21%	27%	43%
	1.0以上	587	1.17	0.81	0.77	0.60	31%	34%	49%
	0.75以上1.0未満	941	0.84	0.66	0.60	0.47	21%	28%	44%
	0.5以上0.75未満	1,426	0.62	0.53	0.48	0.38	15%	22%	39%
	0.5未満	217	0.44	0.40	0.38	0.31	8%	12%	29%
道路	合計	1,412	0.64	0.48	0.39	0.32	25%	39%	50%
	1.0以上	126	1.23	0.92	0.78	0.62	25%	37%	50%
	0.75以上1.0未満	257	0.83	0.60	0.48	0.39	27%	42%	53%
	0.5以上0.75未満	628	0.60	0.45	0.36	0.30	26%	41%	51%
	0.5未満	401	0.40	0.33	0.27	0.23	19%	33%	43%

【楢葉町】

●除染前の測定時期：2012年6月26日〜2014年1月29日
●除染後の測定時期：2012年9月17日〜2014年3月25日
●事後（1回目）の測定時期：2014年5月19日〜2015年2月12日
●事後（2回目）の測定時期：2015年5月12日〜2016年2月3日

土地区分	除染前の線量帯 （μSv/h）	測定点数	線量平均値(μSv/h)				線量低減率		
			除染前 ①	除染後 ②	事後 【1回目】 ③	事後 【2回目】 ④	除染前 →除染後 (①-②)/①	除染前 →事後【1回目】 (①-③)/①	除染前 →事後【2回目】 (①-④)/①
合計	−	67,841	0.78	0.46	0.36	0.29	41%	54%	63%
宅地	合計	40,959	0.73	0.39	0.30	0.25	46%	59%	66%
	1.0以上	8,591	1.42	0.65	0.47	0.37	54%	67%	74%
	0.75以上1.0未満	6,048	0.85	0.46	0.34	0.29	46%	60%	67%
	0.5以上0.75未満	11,509	0.60	0.35	0.27	0.23	41%	55%	62%
	0.5未満	14,811	0.38	0.24	0.20	0.17	35%	47%	55%
農地	合計	11,443	0.85	0.52	0.40	0.33	39%	53%	61%
	1.0以上	3,260	1.53	0.87	0.62	0.48	43%	59%	68%
	0.75以上1.0未満	1,531	0.84	0.51	0.42	0.34	39%	50%	59%
	0.5以上0.75未満	3,962	0.60	0.41	0.33	0.28	33%	45%	53%
	0.5未満	2,690	0.41	0.27	0.23	0.20	35%	43%	50%
森林	合計	5,925	1.21	0.89	0.67	0.54	26%	45%	55%
	1.0以上	3,333	1.56	1.10	0.81	0.64	29%	48%	59%
	0.75以上1.0未満	1,430	0.86	0.70	0.53	0.45	20%	39%	48%
	0.5以上0.75未満	1,046	0.64	0.55	0.43	0.37	14%	33%	43%
	0.5未満	116	0.45	0.41	0.36	0.30	8%	19%	34%
道路	合計	9,514	0.73	0.41	0.36	0.28	44%	51%	61%
	1.0以上	2,025	1.49	0.67	0.61	0.46	55%	59%	69%
	0.75以上1.0未満	1,172	0.85	0.49	0.41	0.32	43%	52%	62%
	0.5以上0.75未満	2,515	0.60	0.39	0.33	0.26	36%	46%	57%
	0.5未満	3,802	0.37	0.26	0.23	0.19	29%	37%	49%

資料：環境省の除染情報サイトの「事後モニタリングの状況について」、
　　　http://josen.env.go.jp/area/ex_post_monitoring/index.html（2016 年 10 月 31 日に最終閲覧）

表 1-6　除染の前後と事後モニタリングにおける地上 1m高さの空間線量率 (2/2)

【川内村】

●除染前の測定時期：2012年8月10日〜2014年1月14日
●除染後の測定時期：2012年8月21日〜2014年1月20日
●事後の測定時期：2014年6月14日〜2014年9月15日

土地区分	除染前の線量帯 (μSv/h)	測定点数	線量平均値(μSv/h)			線量低減率	
			除染前 ①	除染後 ②	事後 ③	除染前 →除染後 (①-②)/①	除染前 →事後 (①-③)/①
合計	−	13,449	1.15	0.72	0.50	37%	57%
宅地	合計	2,605	1.11	0.61	0.41	45%	63%
	1.0以上	912	2.04	1.04	0.68	49%	67%
	0.75以上1.0未満	406	0.85	0.50	0.33	40%	61%
	0.5以上0.75未満	780	0.61	0.38	0.26	37%	57%
	0.5未満	491	0.41	0.27	0.20	34%	52%
農地	合計	1,933	0.99	0.57	0.45	43%	54%
	1.0以上	645	1.72	0.86	0.67	50%	61%
	0.75以上1.0未満	264	0.84	0.55	0.45	34%	47%
	0.5以上0.75未満	758	0.61	0.41	0.34	33%	44%
	0.5未満	266	0.42	0.32	0.26	24%	39%
森林	合計	1,967	1.24	0.99	0.70	21%	43%
	1.0以上	853	2.01	1.57	1.09	22%	46%
	0.75以上1.0未満	402	0.85	0.69	0.51	19%	41%
	0.5以上0.75未満	461	0.64	0.52	0.40	18%	38%
	0.5未満	251	0.38	0.32	0.26	16%	32%
道路	合計	6,944	1.19	0.74	0.50	38%	58%
	1.0以上	2,415	2.24	1.28	0.83	43%	63%
	0.75以上1.0未満	1,284	0.85	0.59	0.43	30%	50%
	0.5以上0.75未満	2,126	0.61	0.43	0.31	29%	49%
	0.5未満	1,119	0.39	0.30	0.23	23%	42%

【大熊町】

●除染前の測定時期：2012年12月20日〜2014年6月30日
●除染後の測定時期：2013年2月14日〜2014年8月22日
●事後の測定時期：2014年10月13日〜2015年3月26日

土地区分	除染前の線量帯 (μSv/h)	測定点数	線量平均値(μSv/h)			線量低減率		
			除染前 ①	除染後 ②	事後 ③	除染前 →除染後 (①-②)/①	除染後 →事後 (②-③)/②	除染前 →事後 (①-③)/①
合計	−	10,177	2.32	1.19	0.98	49%	18%	58%
宅地	合計	3,881	2.12	0.95	0.74	55%	22%	65%
	3.5以上	496	4.69	1.91	1.39	59%	27%	70%
	2.5以上3.5未満	614	2.93	1.28	1.00	56%	22%	66%
	1.5以上2.5未満	1,459	1.95	0.86	0.66	56%	23%	66%
	1.5未満	1,312	0.97	0.54	0.46	44%	15%	52%
農地	合計	1,720	3.00	0.90	0.76	70%	15%	75%
	3.5以上	529	5.07	1.19	1.05	76%	12%	79%
	2.5以上3.5未満	402	3.03	0.92	0.74	70%	20%	76%
	1.5以上2.5未満	496	1.95	0.75	0.61	61%	19%	69%
	1.5未満	293	1.01	0.59	0.56	42%	4%	44%
森林	合計	2,368	2.63	1.95	1.70	26%	13%	35%
	3.5以上	653	4.82	3.40	2.80	30%	18%	42%
	2.5以上3.5未満	486	2.95	2.21	1.96	25%	11%	34%
	1.5以上2.5未満	480	2.04	1.63	1.51	20%	7%	26%
	1.5未満	749	0.88	0.73	0.70	18%	4%	21%
道路	合計	2,208	1.86	0.96	0.75	49%	21%	60%
	3.5以上	198	4.57	1.88	1.43	59%	24%	69%
	2.5以上3.5未満	328	2.91	1.34	1.02	54%	24%	65%
	1.5以上2.5未満	677	1.97	1.05	0.80	47%	23%	59%
	1.5未満	1,005	0.92	0.59	0.50	36%	15%	45%

資料：環境省の除染情報サイトの「事後モニタリングの状況について」、
　　　http://josen.env.go.jp/area/ex_post_monitoring/index.html（2016 年 10 月 31 日に最終閲覧）

町村でも除染実施前の空間線量率が相対的に高いものの、2割程度の低減率になっている[6][32]。

　また、事後モニタリングの結果を見ると、除染実施後の空間線量率は、すべての市町村のすべての地目に関して、放射能の自然減衰などに伴って低減している。しかし、すべての市町村のすべての地目に関して、平均としては、除染の実施基準となっており、多くの住民に除染の目標値として定着している0.23μSv/h を超えている。

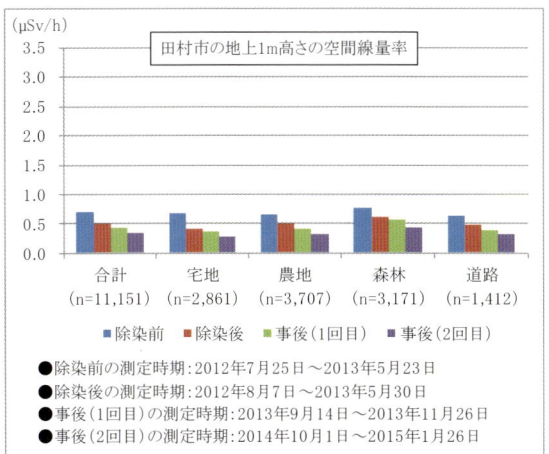
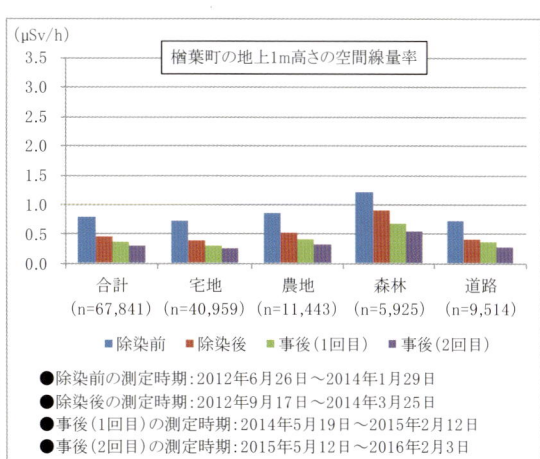
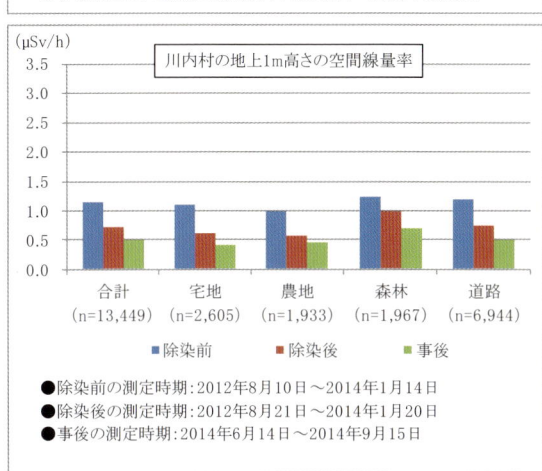
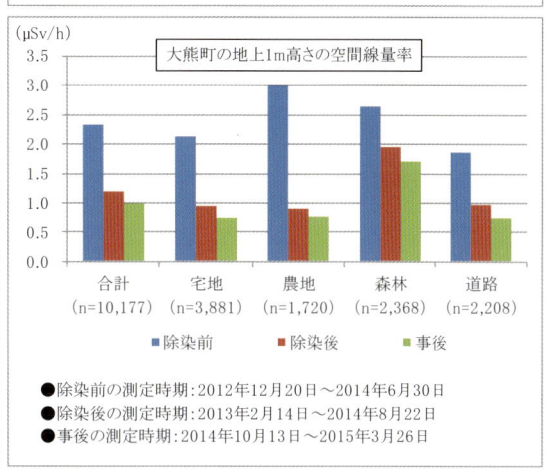

資料：環境省の除染情報サイトの「事後モニタリングの状況について」、
　　　http://josen.env.go.jp/area/ex_post_monitoring/index.html（2016 年 10 月 31 日に最終閲覧）

図1-5　除染の前後と事後モニタリングにおける地上 1m 高さの空間線量率

3. 市町村の除染に関する評価・見解

(1) 「除染特別地域における除染の方針（除染ロードマップ）」に関する評価

　環境省が2012年1月に公表した「除染特別地域における除染の方針（除染ロードマップ）」に関する評価については、先に触れた通り、2013年9月に公表された「除染の進捗状況についての総点検」において、スケジュールをはじめ除染方針を変更するとの考え方が示され、同年12月にスケジュールの変更が行われたため、2013年調査にのみ設けた問いであるが、これを「適切」と認識していたのは3市町村（27％）、「不適切」と認識していたのは、2013年12月に除染終了時期が延期になった市町村を中心とする5市町村（45％）、無回答は3市町村（27％）である（表1-7、図1-6）。

　「不適切」の理由は、除染の進捗状況に関することをはじめ、多様である。富岡町と葛尾村は、スケジュールが現実的ではないこと、双葉町は、スケジュールを含めてロードマップが除染の効果と以後の経過に基づかない机上のものにすぎないこと、川俣町は、線量低減目標時期が明確にされていないこと、フォローアップ除染に関する考え方が示されていないこと、葛尾村は、上記のことに加えて、除染の目標が低減率で示されているのみであり絶対的な線量で示されていないこと、飯舘村は、避難指示区域の区分ごとに計画が作られていて自治体の意向に沿っていないこと、ロードマップを策定するときに自治体との協議がなかったことを挙げている。

表1-7　「除染特別地域における除染の方針（除染ロードマップ）」に関する評価

		2013年調査
	選択	不適切である理由
川俣町	不適切	●明確な放射線量低減目標時期の提示がない。 ●再除染に対する考え方が見受けられない。
田村市		無回答
南相馬市	適切	－
楢葉町	適切	－
富岡町	不適切	●除染ロードマップでは、帰還困難区域を除く2区域について、平成25年度末までに除染作業を終えることとなっているが、当町では物理的に不可能。
川内村	適切	－
大熊町	無回答	●どちらとも言えない。
双葉町	不適切	●モデル事業の結果とその後の経過を確認せずに、ロードマップを机上のみで作成し、これを基準として押し付ける方法は不適切であり、被災地の感情を踏みつけるもの。除染の効果と以後の経過を確認した後に、基礎データをもとにしたロードマップを作成すべきであり、遠からず見直しを迫られるものと考える。
浪江町		無回答
葛尾村	不適切	●除染の実施期間について、除染モデル事業、先行除染によってある程度の進捗速度は把握できているにもかかわらず、依然として25年度中を目途にし、現実に即したものとなっていないため。 ●除染の目標となる線量について、先行除染によって知見が集積されているにもかかわらず、依然として％表記による漠然とした数値のみを提示しているため。
飯舘村	不適切	●国の区域見直しの区域ごとの除染計画は、自治体の意向に沿っていない。 ●除染ロードマップを策定する時に自治体との協議がなかった。

注：斜体の文字は、設問として求めた回答ではないが、市町村が記入した補足回答を指す。

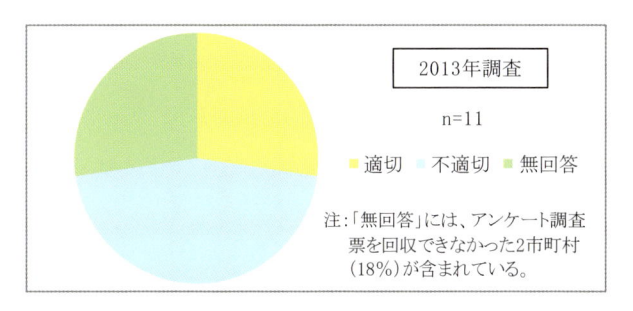

図 1-6　「除染特別地域における除染の方針（除染ロードマップ）」に関する評価

(2) 国の除染に関する取り組みについての評価

　国の除染に関する取り組みについては、2013 年調査では 3 市町村（27％）が無回答であることもあって、2013 年調査の結果と 2014 年調査以降の結果とは単純に比較することはできないが、一貫して「不適切」と認識している市町村が半数を超えている（表 1-8、図 1-7）。

　「不適切」の理由は多岐にわたるが、一貫して挙げられているのは、住民に対する説明が不足していることや住民に寄り添ったものになっていないこと（2013 年調査の川俣町、葛尾村、飯舘村、2014 年調査の川俣町、浪江町、2015 年調査の川俣町、双葉町、2016 年調査の双葉町）、森林や河川・ため池等の除染が実施されていないこと（2013 年調査の川俣町、2014 年調査の川俣町、葛尾村、2015 年調査の川俣町、飯舘村、2016 年調査の葛尾村、飯舘村）、除染の実施や中間貯蔵施設の整備が計画通りに進んでいないこと（2013 年調査の川俣町、南相馬市、2014 年調査の富岡町、双葉町、浪江町、2015 年調査の浪江町、2016 年調査の浪江町）である。また、近年では、除染が進展してきたことを背景として、除染の目標値やフォローアップ除染の実施基準値が定められていないため、除染終了の妥当性について判断することができないこと（2014 年調査の葛尾村、2015 年調査の浪江町、2016 年調査の富岡町、浪江町、飯舘村）が多く挙げられている。

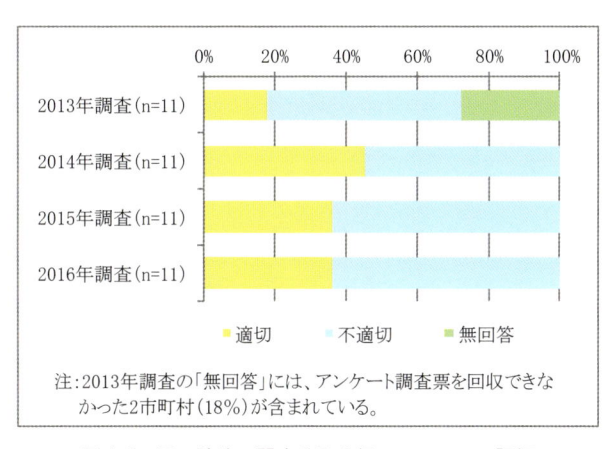

図 1-7　国の除染に関する取り組みについての評価

表 1-8　国の除染に関する取り組みについての評価

	2013年調査		2014年調査		2015年調査		2016年調査	
	選択	不適切である理由	選択	不適切である理由	選択	不適切である理由	選択	不適切である理由
川俣町	不適切	●仮置場の設置の遅延。●住民への説明不足。●山林除染の方針がない。●担当者が短期間で替わるため、意向が伝わりにくいことがある。	不適切	●住民の不安解消への要望は多岐にわたるが、ガイドラインに固執し、住民に寄り添った対応をしていない。●森林除染の見通しがない。	不適切	●住民の不安解消への要望は多岐にわたるが、ガイドラインに固執し、住民に寄り添った対応をしていない。●森林除染の見通しがない。	不適切	●取り残し箇所があるため、フォローアップ除染の徹底を要望する。
田村市		無回答	適切	－	適切	－	適切	－
南相馬市	不適切	●着手に遅れが出ている。	適切	－	適切	－	適切	－
楢葉町	適切	－	適切	－	適切	－	適切	－
富岡町	不適切	●国が除染作業を実施するにあたり、詳細な実施計画（地区ごとの実施時期など）が示されていないため、町民に対して説明ができない状況である。	不適切	●除染が進んでいないために、現在、示されている工期まで終了する可能性が低い。	不適切	●帰還困難区域に隣接する居住制限区域の除染の取り扱い、舗装のクラック・つなぎ目部分や局所的に高い部分など、当初想定していなかった問題が噴出してきている。	不適切	●元の線量の5割～8割の低減を目標としているので、高線量地区の住民の場合は十分に下がりきっていないところがある。フォローアップ除染も進めているが、住民には年間1mSvを換算した0.23μSv/hが浸透しており、その線量になるまで線量の低減が求められる。
川内村	適切	－	適切	－	適切	－	適切	－
大熊町	無回答	●どこまでの取り組みの、どの部分に対して適切かどうかの判断ができないので、回答できない。	不適切	●空間線量率が比較的低い帰還困難区域の除染を要望しているが、空間線量率ではなく、区域区分での除染実施計画の策定であるため、実施の見通しは立っていない。	不適切	●帰還困難区域全域の除染を早く実施して欲しい。	不適切	●帰還困難区域の除染がまだ一部しか実施されておらず、区域全域の除染を早期に着手して欲しい。
双葉町	不適切	●除染の目的とモデル事業の結果が曖昧なままゼネコンに事業を発注し、ノウハウの蓄積と検証のないままに多額の経費を急激に投下し、結果として、ガイドブックや基準表、労務単価の変動・改訂という事態を生んでいる。実態と除染の意味と効果、その後に来るもの（除染水、土壌、除染廃棄物など）を十分な検討なしで進めようとする姿勢には、何を急ぐのかといった疑問を持つ人たちが多い。●新しい除染技術の開発があっても、従来の方法をしばらくの間とり続け、放射性物質の拡散を進めたことは、姿勢としてはあまり良いものではない。	不適切	●常に後手後手の対応である。特に、国道6号線の除染終了が3年以上かかったのは酷い。	不適切	●不適切除染等がマスコミ報道されているが、今後は不適切除染がないよう受注業者との報告、連絡、相談を密に行っていただきたい。●地権者等の関係者への説明が適切でなく、町に対して「環境省から説明がない。除染の必要性を感じない。」などの苦情が寄せられている。	不適切	●地権者等の関係者への説明が適切ではなく、町に対して「環境省から説明が不十分である」等の苦情が寄せられている。●環境省の本省と福島環境再生事務所との間での連携が不足している（特に本省が現場の現状を理解していないように感じる）。
浪江町		無回答	不適切	●町民の希望する除染が実施されていない。町民にもっと寄り添った除染をしてほしい。●計画通りの工程で除染が進んでおらず、計画の見直しが2013年末に行われた。計画通りに除染を進めていただきたい。	不適切	●除染の低減目標値（低減率ではなく絶対値）及びフォローアップ除染の基準が明確に設定されていない。●中間貯蔵施設の建設の遅れのため、仮置場期間3年程度を大幅に超える恐れがある。	不適切	●中間貯蔵施設の建設が遅れているため、仮置場の契約年数（3年）を超過する可能性がある。早急に対応していただきたい。●除染の低減目標値（低減率ではなく絶対値）及びフォローアップ除染の基準値が明確に設定されていない。明確にしなければ何をもって除染が完了したと言えるのか不透明である。
葛尾村	不適切	●自治体の要望した事項がくみ取られないケースが多い。自治体や住民の要望をくみ取り、住民が帰還するために必要な除染を確実に実施するよう要望したい。●仮置場の必要面積や作業員の確保等、事前に試算して把握しなければならないケースについて試算が甘く、除染開始後に問題を孕むケースが多い。	不適切	●基準を設けていないため、除染をしただけで終了となっており、前よりも空間線量が下がっただけで、安全とは言い難い。●住宅・農地や林縁部20mの森林の除染をするだけであり、居住空間が森林に囲まれているところは、今なお線量が高い。	不適切	●農地除染後の農地が営農再開できる状態にはないため、農業者の営農再開に向けた準備作業の負担が大きく、意欲を削いでいる。特に農業者に負担をかけている作業（均平、客土流出による圃場整形及び水路管理、農道等の管理）などを実施してほしい。	不適切	●特別地域除染計画に則り、概ね適切に実施されていたと思われるが、特別地域除染計画自体が生活圏の除染を優先する内容であったことから、森林の除染については生活環境に影響する範囲にとどまっており、森林除染については不十分な部分がある。
飯舘村	不適切	●国のガイドラインの除染内容が、村民が意とする、村民に寄り添ったものになっていない。	適切	－	不適切	●国の除染は、住環境周辺だけであり、営農再開や生活環境の回復に資する除染にはなっていないので、特に河川、ため池、水路、里山等の除染を求める。●現在の除染方法では、高線量地区の線量低減に限界があるので、法面の剥ぎ取りや林縁部の剥ぎ取りを求める。	不適切	●除染工事の目標線量値がない。●生活圏の宅地周りの除染であり、河川、ため池、水路や里山等の除染計画がない。●除染をしても、高線量地区の放射線量が下がりきらない。

注：斜体の文字は、設問として求めた回答ではないが、市町村が記入した補足回答を指す。

（3） 国による除染の進み具合についての評価

国による除染の進み具合については、2013 年調査では 3 市町村 (27%) が無回答であることもあって、2013 年調査の結果と 2014 年調査以降の結果とは単純に比較することはできないが、一貫して「遅い」または「とても遅い」と認識している市町村が多く、2014 年調査以降では 6 割を超えている（表 1-9、図 1-8)。

「遅い」または「とても遅い」と認識しているのは、2013 年 12 月に除染終了時期が延期になり、今なお除染が終了していない市町村、または、除染が終了していても除染が未実施の帰還困難区域が指定されている市町村が多い。「普通」と認識しているのは、先述の除染ロードマップにおいて示されたスケジュールの通りに、2013 年度で除染が終了になった市町村が多い。

表 1-9　国による除染の進み具合についての評価

	2013年調査	2014年調査	2015年調査	2016年調査
川俣町	とても遅い	遅い	遅い	とても遅い
田村市	無回答	普通	普通	普通
南相馬市	とても遅い	とても遅い	普通	普通
楢葉町	普通	普通	普通	普通
富岡町	とても遅い	遅い	遅い	遅い
川内村	速い	普通	普通	普通
大熊町	無回答	普通	とても遅い	とても遅い
双葉町	普通	とても遅い	遅い	遅い
浪江町	無回答	遅い	遅い	遅い
葛尾村	遅い	とても遅い	遅い	遅い
飯舘村	遅い	遅い	遅い	とても遅い

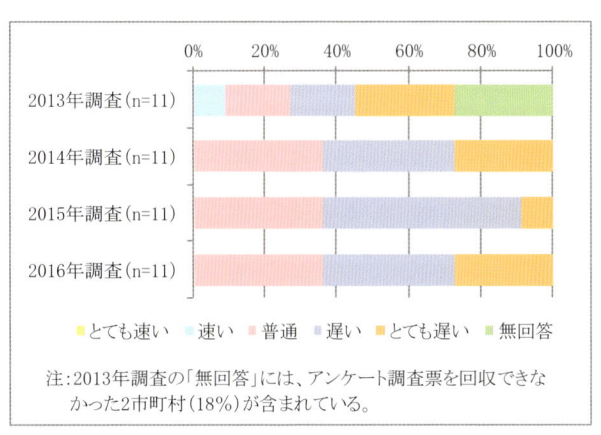

注：2013年調査の「無回答」には、アンケート調査票を回収できなかった2市町村(18%)が含まれている。

図 1-8　国による除染の進み具合についての評価

（4） 福島県の除染に関する取り組みについての評価

除染特別地域の除染に関する福島県の役割としては、市町村との直接的なかかわりで言えば、広域自治体としての市町村間の調整・連携、市町村の要望を実現するための国への働きかけ、職員の派遣などを通じた人的支援、県所有・管理不動産の除染などがあり、間接的なかかわりで言えば、講習会の開催などを通じた除染事業者の育成、設計・積算基準や除染技術指針などの整備、除染に関する情報提供を

通じた住民の理解促進などがある。

　その福島県の除染に関する取り組みについては、2013 年調査では 6 市町村（55%）が無回答であることもあって、2013 年調査の結果と 2014 年調査以降の結果とは単純に比較することはできないが、一貫して「不適切」と認識している市町村がほぼ半数を占めている（表 1-10、図 1-9）。

　「不適切」の理由としては、そもそも何もやっていない、あるいは、姿すら見えないというものが最も多く（2013 年調査の富岡町、双葉町、葛尾村、2014 年調査の川俣町、富岡町、双葉町、2015 年調査の川俣町、南相馬市、富岡町、双葉町、2016 調査の南相馬市、富岡町、双葉町）、無回答の市町村でも同様の趣旨を補足的に回答しているところもある（2013 年調査の楢葉町、2014 年調査以降の大熊町）。また、国への働きかけが弱いこと（2013 年調査の川俣町、2014 年調査の川俣町、田村市、葛尾村、2015 調査の川俣町）、県所有・管理不動産等の除染に関する取り組みが不十分であること（2013 年調査の川内村、2014 年調査以降の浪江町）、広域自治体としての取り組みが不十分であること（2013 年調査の双葉町、2015 年調査の浪江町、葛尾村、2016 年調査の浪江町）などが挙げられている。

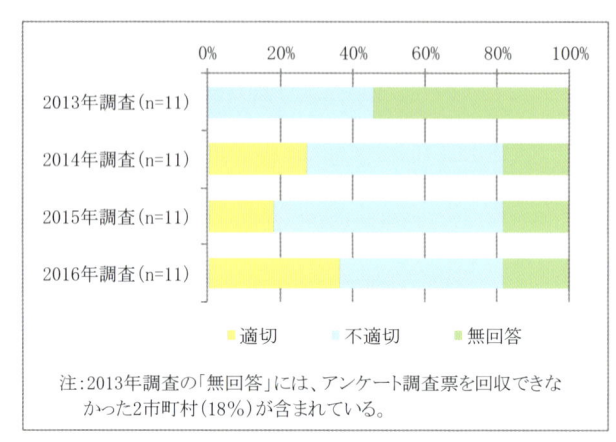

図 1-9　福島県の除染に関する取り組みについての評価

（5）除染によって達成すべき空間線量率

　除染によって達成すべき空間線量率については、2013 年調査から一貫して「0.23μSv/h」が半数を超えており、「原発事故前と同程度」が 1〜2 割となっている（表 1-11、図 1-10）[7]。

　「0.23μSv/h」の理由としては、国が長期的な目標とする年間追加被曝線量 1mSv を空間線量率に換算した値であること（2014 年調査の南相馬市、楢葉町、葛尾村、2015 年調査の南相馬市、楢葉町、双葉町、2016 年調査の南相馬市、楢葉町、双葉町）、住民に除染の実施基準値や目標値として浸透していること（2014 年調査の富岡町、2015 年調査の富岡町、川内村、2016 年調査の川俣町、富岡町、川内村）などが挙げられている。また、「原発事故前と同程度」の理由としては、国や東京電力には原状回復を行う責任があること（2014 年調査以降の浪江町）、原発事故前に戻すことが当然であること（2015 年調査以降の葛尾村）が挙げられている。

表 1-10　福島県の除染に関する取り組みについての評価

	2013年調査		2014年調査		2015年調査		2016年調査	
	選択	不適切である理由	選択	不適切である理由	選択	不適切である理由	選択	不適切である理由
川俣町	不適切	●国への積極的な働きかけが弱い（市町村の意向をきちんと国へ働きかけていない）。	不適切	●国のガイドラインから一歩前に出る姿勢が見えない。住民が求める除染の要望・苦情は、市町村が受けている。●国への積極的な働きかけが弱い（市町村の意向をきちんと国へ働きかけていない）。	不適切	●国のガイドラインから一歩前に出る姿勢が見えない。住民が求める除染の要望・苦情は、市町村が受けている。●国への積極的な働きかけが弱い（市町村の意向をきちんと国へ働きかけていない）。	適切	－
田村市	無回答		不適切	●中間貯蔵施設への除染除去物搬出に係る環境省との調整及び対応の遅さ。	無回答	●適切な選択肢がない。環境省に対する福島県の関わりということであれば、特別地域に関して県に希望することはない。	無回答	●適切な選択肢がない。環境省に対する福島県の関わりということであれば、特別地域に関して県に希望することはない。
南相馬市	無回答	－	無回答	●県と国の関係が不明確なため判断がつかない。	不適切	●除染特別地域に対する福島県の除染に対する取り組みが見られない。	不適切	●除染特別地域についての福島県の除染に対する取り組みが見られない。
楢葉町	無回答	●あまり関わりがないのでわからない。	適切	－	適切		適切	
富岡町	不適切	●今まで実施してきた除染に関する各種協議の場にほとんど出席したことがない。定期的なアンケートを集約しただけで現実を把握できるのか疑問である。	不適切	●定期的なアンケートを取るだけでなく、現状を把握することが大事である。●住民が要望している立木等の伐採を行うため、ガイドラインの改定が必要だが、県は手も出さず静観している。	不適切	●国直轄除染に対して福島県は、手も出さず静観している状況である。	不適切	●県は国直轄除染に対して傍観しているだけであり、具体的な進言があまりない。国直轄の除染地域に対しても県は何かしらの考えを示す必要がある。
川内村	不適切	●当初は、除染事務が市町村担当者の負担にならないような申請方法にしたいと言っていたが、除染交付金の申請が徐々に厳しくなってきており、交付申請が非常に煩雑になってきている。●県管理道路の除染スピードが非常に遅い。●県管理施設（県道等）の除染廃棄物のための仮置場を確保していないこと。	適切	－	適切	－	適切	－
大熊町	無回答	●どこまでの取り組みの、どの部分に対して適切かどうかの判断ができないので、回答できない。	無回答	●大熊町は、国により除染特別地域に指定されており、福島県との関わりがあまりないため、除染に対する何の取り組みの部分が適切かどうかの回答はできない。	無回答	●当町は国直轄事業のため福島県とはあまり関わりがないため回答できない。しかしこれからも福島県から国へ帰還困難区域の除染の早期着手を要望して欲しい。	無回答	●当町は国直轄事業のため福島県とはあまり関わりがないため回答できない。しかし福島県から国へ帰還困難区域の除染の早期着手を積極的に要望して欲しい。
双葉町	不適切	●環境省が前面に出て色々と対応するため、県の存在感がいまいち弱いイメージがある。●町単位で区切った除染計画は意味が無く、県がその汚染度合いに応じた広域的なプランを提示すべきではなかったかと考える。川上の町を除染しなければ、川下の町の除染は一時的な効果しか望めないなので、広域的に改善するという考えはなかったのか疑問。	不適切	●当町の除染は国管轄なので、県は直接絡んでくることはなく、町の要望を国に伝える程度である。実際、除染関係で県と打合せをもったのは一度だけである。	不適切	●直轄除染に関して県の姿が見えない。	不適切	●直轄除染に関して県の姿が見えない。
浪江町	無回答		不適切	●県管轄不動産等の除染や復旧工事が実施される際、県も仮置場の確保や円滑な除染の実施のために協力していただきたい。●他の除染特別地域の市町村と連携していかなければならない場面が出てきた際には、取りまとめ役として先頭に立って除染が進捗していくように行動していただきたい。	不適切	●県では国直轄除染であるとしても、各地域の除染手法や工程などの違いの聞き取りや積極的な除染現地監視などを行い、市町村間の取りまとめ役として先頭に立って除染が進捗していくように行動していただきたい。●県管轄不動産等の除染や県道復旧工事が実施される際、県が仮置場の確保や円滑な除染業務の実施のための協力をしていただきたい。	不適切	●県では国直轄除染であるとしても、各地域の除染手法や工程などの違いの聞き取りや積極的な除染現地監視などを行い、市町村間の取りまとめ役として先頭に立って除染が進捗していくように行動していただきたい。●県管轄不動産等の除染や県道復旧工事が実施される際、県が仮置場の確保や円滑な除染業務の実施のための協力をしていただきたい。
葛尾村	不適切	●国直轄除染区域での対応がおざなりである。	不適切	●市町村により、除染方法等が異なっており、市町村ごとに環境省と調整をとっている。県はもっと積極的に市町村の立場に立って国に要請すべきである。	不適切	●農林地除染連絡会等で各省庁との連携はとっているが、もう少しきめ細やかな市町村連携をお願いしたい。	適切	－
飯舘村	無回答	●どちらとも言えない。	適切	－	不適切	●福島県の対応は、震災時でも平時の対応であり、除染や復興工事の土取りの申請緩和などをせずに、工事進捗の妨げになっている状況である。●復興の工事に際し、職員の市町村派遣や県条例の規制緩和などを積極的にすることを求める。	不適切	●県内の状況をよく知る福島県が主となり、除染を主導するべき。●権限（財源）移譲すべき。

注：斜体の文字は、設問として求めた回答ではないが、市町村が記入した補足回答を指す。

表 1-11　除染によって達成すべき空間線量率

	2013年調査	2014年調査		2015年調査		2016年調査	
	選択	選択	理由	選択	理由	選択	理由
川俣町	原発事故前と同程度	0.23μSv/h	●非直轄除染である町の除染計画では、た0.23μSv/hを記載している。国直轄除染であっても同じ町民であるので、同様に考えている。	0.23μSv/h	無回答	0.23μSv/h	●報道等により、個人被ばく線量ではなく、空間線量率で0.23μSv/hが基準として広く住民に浸透しているため。
田村市	無回答	無回答		無回答	*●適切な選択肢がないため。*	無回答	*●適切な選択肢がないため。*
南相馬市	0.23μSv/h	0.23μSv/h	●長期目標である年間追加被ばく線量1mSvの空間線量率であるため。	0.23μSv/h	●国は、放射性物質汚染対処特措法の基本方針において、土壌等の除染等の措置に係る目標値について、「長期的な目標として追加被ばく線量が年間1ミリシーベルト以下となること」を目指すとしていることから。	0.23μSv/h	●国は、放射性物質汚染対処特措法の基本方針において、土壌等の除染等の措置に係る目標値について、「長期的な目標として追加被ばく線量が年間1ミリシーベルト以下となること」を目指すとしていることから。
楢葉町	0.23μSv/h	0.23μSv/h	●当初、国が目標として除染に取り組んだ数値であるから。	0.23μSv/h	●国が目標とする年間追加被ばく線量を1mSvの根拠となる線量であるため。	0.23μSv/h	●国が目標とする年間追加被ばく線量1mSvの根拠となる線量であるため。
富岡町	0.23μSv/h	0.23μSv/h	●原発事故前の基準である年間1mSvの上限値である0.23μSv/hが広く世間に浸透し、それ以上の値になった場合に、どのような健康被害が生じるのか科学的根拠が示されていないため。	0.23μSv/h	●原発事故前の基準である年間1ミリシーベルトの上限値である毎時0.23μSv/hが広く世間に浸透し、それ以上の値になった場合にどのような健康被害が生じるのか科学的根拠が示されていないため。	0.23μSv/h	●年間1ミリシーベルトの上限値である0.23μSv/hが広く住民に浸透しており、それ以上の線量になった場合にどのような健康被害が生じるのか科学的根拠が示されていないため。
川内村	0.23μSv/h	0.23μSv/h	●汚染状況重点調査地域を指定する際の基準となる0.23μSv/h以下と考える。	0.23μSv/h	●除染を必要とする基準として0.23μSv/h以上の数字が定着していることもあり、基準値以下であれば住民の不安を払拭できると考える。	0.23μSv/h	●除染を必要とする基準として0.23μSv/h以上の数字が定着していることもあり、基準値以下であれば住民の不安を払しょくできると考える。
大熊町	無回答	その他（具体的な数値は無回答）	●「原発事故前と同程度」と回答したいが、現実を見ればそれは不可能であり、事故後、新聞報道等により、年間1mSv（0.23μSv/h）が一人歩きしている感が否めない。最近の新聞報道では、これらの基準が見直される可能性があるとの話があるので、どこまで除染を続けるべきかの判断はできない。	無回答	*●空間放射線率の考え方は個人差があるので一概に回答できない。*	その他（具体的な数値は無回答）	●空間線量の考えには個人差があるが、可能な限り線量低減すべき。
双葉町	0.23μSv/h	その他（具体的な数値は無回答）	●そもそも"年間1mSv以下の被ばくは安全である"という説自体が眉唾物であり、逆にそれを超える年間2〜4mSv程度被ばくしていると言われている航空会社の搭乗員、ましてや20mSv/年の原発作業員などは、みな癌などの病気になっているのか。また、平地を除染しても、それよりも高い位置にある山などからの汚染物質の流入は止めようがなく（山を丸坊主にして表土を剥ぐことは、それによる災害等が予測されるので物理的に無理）、何度も除染を行う羽目になり、莫大な費用と時間がかかることになる。よって、目標数値を挙げること自体がナンセンスだと考える。	0.23μSv/h	●特別地域内除染実施計画に「長期的目標として追加被ばく線量が年間1ミリシーベルト以下となることを目指し」と記載されているため。	0.23μSv/h	●特別地域内除染実施計画に「長期的目標として追加被ばく線量が年間1ミリシーベルト以下となることを目指し」と記載されているため。
浪江町	無回答	原発事故前と同程度	●今回の事故は東京電力が起こした人災であり、国が責任を持って除染を実施するということになっている。町としては、汚してしまったものは元通りに綺麗にするというのは当たり前であり、原発事故前の状況に戻すべきと考える。	原発事故前と同程度	●除染計画の中では、年間追加被ばく線量が長期的に1ミリシーベルトとしている。原状に近い状態に回復する責任が国または東京電力にあるため。	原発事故前と同程度	●除染計画の中では、年間追加被ばく線量が長期的に1ミリシーベルトとしている。原状に近い状態まで回復させる責任と義務が国、東京電力にあるため。帰還困難区域も同様である。
葛尾村	0.23μSv/h	0.23μSv/h	●「原発事故前と同程度」と答えたいところではあるが、国で目標としている年間積算量1mSv以下と考える。	原発事故前と同程度	●原発事故前に戻すことが当然であり、不可能でも努力すべきである。	原発事故前と同程度	●除染は、ここまでで終了というものではなく、新たな知見や技術を基に、少しづつでも範囲を広げていくべきものと考える。そのため、強いて目標を掲げるとすれば、長期的には原発事故前と同程度まで線量を低減することが適切であると考える。
飯舘村	その他（1μSv/h）	その他（1μSv/h）	●当面、村の除染目標を、5mSv/年としている。	その他（1μSv/h）	●村の復興計画では、年間5mSvを目指しており、高線量地区では、除染後もまだまだ低減しない状況である。	0.23μSv/h	●除染により安全は確保されても、安心を得るためには年間1mSvを目指すべき。

注：斜体の文字は、設問として求めた回答ではないが、市町村が記入した補足回答を指す。

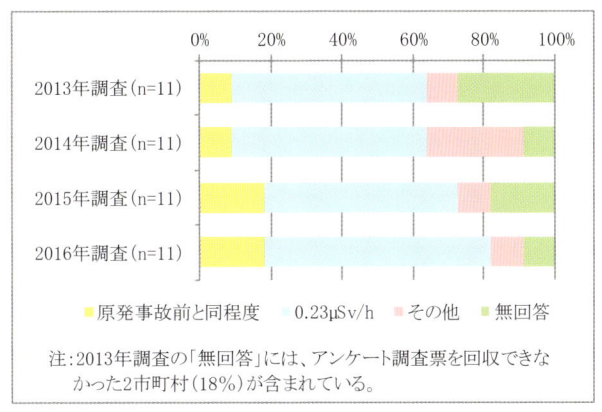

図 1-10　除染によって達成すべき空間線量率

(6) 住民が安全に安心して生活できる空間線量率

　住民が安全に安心して生活できる空間線量率については、2013 年調査から一貫して「原発事故前と同程度」が 4 割程度で最も多く、次いで、2014 年調査以降では「0.23μSv/h」が 3 割程度で多くなっている（表 1-12、図 1-11）。上述した除染によって達成すべき空間線量率に関する結果を踏まえると、除染は空間線量率が 0.23μSv/h になるまで続けられるべきであるが、原発事故前と同程度にならなければ、住民は安全に安心して生活できないと考えている市町村が少なくないと言える。

　「原発事故前と同程度」の理由としては、低線量被曝による健康影響については科学的に十分には解明されていないこと（2014 年調査の富岡町、2015 年調査の富岡町、浪江町、2016 年調査の浪江町）、住民の願い・思いであること（2014 年調査の浪江町、2015 年調査の川俣町）などが挙げられている。また、「0.23μSv/h」の理由としては、住民に除染の実施基準値や目標値として浸透していること（2015 年調査の川内村、双葉町、飯舘村、2016 年調査の富岡町、川内村、双葉町）、国が長期的な目標とする年間追加被曝線量 1mSv を空間線量率に換算した値であること（2014 年調査の葛尾村、2015 年調査の双葉町、葛尾村、2016 年調査の双葉町）などが挙げられている。

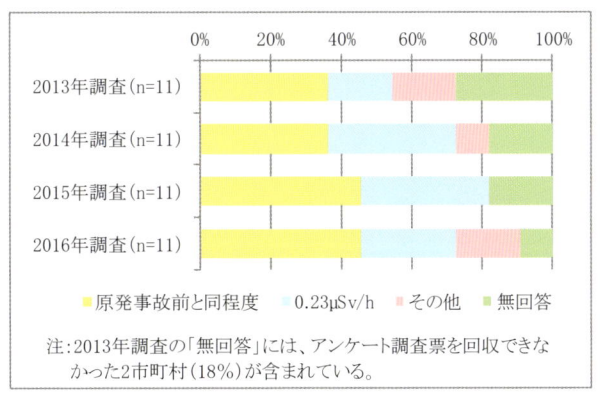

図 1-11　住民が安全に安心して生活できる空間線量率

表 1-12　住民が安全に安心して生活できる空間線量率

	2013年調査	2014年調査		2015年調査		2016年調査	
	選択	選択	理由	選択	理由	選択	理由
川俣町	原発事故前と同程度	0.23μSv/h	●住民が考えるのは「原発事故前と同程度」であるが、町が国に求めているのは、長期的に年間追加被ばく線量1mSv以下となることである。	原発事故前と同程度	●事故前（汚染前）の環境に戻ることが、住民の思いとして当然と考えるため。	原発事故前と同程度	●放射線による人体への影響がないレベルになっても、完全に放射性セシウムは取り除かれていないため。
田村市	無回答	無回答	●安心の基準は個々の判断に基づくものであり、選択肢に該当するものはない。	無回答	●適切な選択肢がないため。	無回答	●適切な選択肢がないため。
南相馬市	0.23μSv/h	無回答	●安全について専門家の意見も分かれていることから、住民個々に様々な考え方を持っている。また、安心についても同様に、年齢や家族構成などで考え方が異なることから、数値に表せない。	原発事故前と同程度	●個々人が安心できるレベルはそれぞれであり、全住民が納得する安心の基準は事故前の数値と考える。	原発事故前と同程度	●個々人が安心できるレベルはそれぞれであり、全住民が納得する安心の基準は事故前の数値と考える。
楢葉町	0.23μSv/h	原発事故前と同程度	●除染は国が目標としている数値まで実施してもらいたいと思うが、住民は、安全・安心の面から言えば、事故前の数値になって初めて安全・安心と言えると思う。	原発事故前と同程度	●町民が不安や不満をなくして帰町するためには、原発事故前と同程度まで空間線量率を低減することが望ましい。	原発事故前と同程度	●町民が不安や不満をなくして帰町するためには、原発事故前と同程度まで空間線量率を低減することが望ましい。
富岡町	原発事故前と同程度	原発事故前と同程度	●低線量被ばくについては、専門家でも意見が様々に分かれるところであるのでリスク・ヘッジをとるという意味合いでも、原発事故前と同程度の放射線量率が良いと思われる。	原発事故前と同程度	●被ばく線量については、専門家の意見でも様々に分かれるところであるのでリスク・ヘッジをとる意味から、原発事故前と同程度の放射線量率が良いと思われるため。	0.23μSv/h	●年間1ミリシーベルトの上限値ある0.23μSv/hが広く住民に浸透しており、それ以上の線量になった場合にどのような健康被害が生じるのか科学的根拠が示されていないため。
川内村	その他（1.0μSv/h）	0.23μSv/h	●汚染状況重点調査地域を指定する際の基準となる0.23μSv/h以下と考える。	0.23μSv/h	●原発事故前と同程度となれば幸いであるが、除染作業で基準値以下になることが見込めない場合もあることから、除染を必要とする基準として0.23μSv/h以上の数字が住民に定着していることもあり、基準値以下であれば住民の不安を払拭できると考える。	0.23μSv/h	●除染を必要とする基準として0.23μSv/h以上の数字が住民に定着していることもあり、基準値以下であれば住民の不安を払拭できると考える。
大熊町	無回答	その他（具体的な数値は無回答）	●空間線量率の考え方・感じ方は人それぞれで違い、一概に空間線量率がどの程度で安心して生活できるかは各人の判断であり、知見が無いため、回答しかねる。	無回答	●空間放射線率の考え方は個人差があるので一概に回答できない。	その他（具体的な数値は無回答）	●空間線量の考えには個人差があるので一概に回答できないが、可能な限り線量低減すべき。
双葉町	原発事故前と同程度	原発事故前と同程度	●「安全に安心して」ということであれば、事故前と同程度もしくはそれ以下としか答えようがない。	0.23μSv/h	●特別地域内除染実施計画に「長期的な目標として追加被ばく線量が年間1ミリシーベルト以下となることを目指し」と記載されているため。また、年間1ミリシーベルト以下という数字が町民の考えにもなってしまっている。	0.23μSv/h	●特別地域内除染実施計画に「長期的な目標として追加被ばく線量が年間1ミリシーベルト以下となることを目指し」と記載されているため。また、年間1ミリシーベルト以下という数字が町民の考えにもなってしまっている。
浪江町	無回答	原発事故前と同程度	●大半の町民は、原発事故前の浪江町の空間線量に戻ることを願っていると思われる。だが、仮に線量がゼロになっても、福島第一原発が完全に廃炉にならない限り、心から安心して生活をすることはできない。線量率の低減と廃炉は安心に生活するためのあくまでも一つの要因にしかすぎず、現実的に考えるとインフラ整備、就業場所の確保、住環境の整備なども要因になる。そういった中で、一つでも不安要素を解消するためにも、事故前の線量率でないといけないのではないか。	原発事故前と同程度	●放射線量に関して、多くの住民が抱く安心といえるレベルは当時の状況と同じ状態であることが前提となる。安全に管理するから生活ができるということを住民の方に理解を得るには、それだけの根拠データがなければいけないが明確ではない。	原発事故前と同程度	●放射線量に関して、多くの住民が安心できる数値は、原発事故前と同様の数値であると言えるが、やはり安全であるという明確な数値、データが必要である。
葛尾村	原発事故前と同程度	0.23μSv/h	●「原発事故前と同程度」と答えたいところではあるが、国で目標としている年間積算量1mSv以下と考える。	0.23μSv/h	●国が目標とする数値に近づくまで、何回も何年でもフォローアップ除染を継続すべきである。	その他（具体的な数値は無回答）	●長期的な目標としては、原発事故前と同程度まで線量を低減することが適切であると考えるが、住民には個々の考え方があったため、一律に線量率を想定することは困難である。国の現在の指針で問題ないと考える方もいれば、あくまで原発事故前の線量まで下げることを要求している方もいる。
飯舘村	その他（具体的な数値は無回答）	0.23μSv/h	●年間1mSvを求めている村民が多いため。	0.23μSv/h	●年間1mSvの数値が標準化されており、0.23μSv/hにならなければ住民の安心は得られない。●国は、年間20mSvを目指すとしているが、安全の根拠を明確化すべきである。	原発事故前と同程度	●住民全てが安全・安心を感じるには、原発事故前と同程度までになることが必要である。

注：斜体の文字は、設問として求めた回答ではないが、市町村が記入した補足回答を指す。

（7）除染による住民の帰還と安全・安心な生活の回復の可能性

　以下では、避難指示区域の種類ごとの除染による住民の帰還と安全・安心な生活の回復の可能性に関する市町村の認識について分析する。避難指示が解除された地域がある市町村からは、除染による住民の安全・安心な帰還生活の回復の状況に関する回答を得た。

　もとより、住民の帰還と安全・安心な生活の回復の可能性、住民の安全・安心な帰還生活の回復の状況については、除染のみならず、公共・生活インフラの回復状況をはじめ、さまざまなことが条件になるが、除染による被曝量の低減効果などの観点から回答を求めた。

①避難指示解除準備区域における除染による住民の帰還と安全・安心な生活の回復の可能性

　避難指示解除準備区域は、避難指示区域の中では最も空間線量率が低い地域に指定された区域であり、2014 年 4 月に田村市、2014 年 10 月に川内村の一部、2015 年 9 月に楢葉町、2016 年 6 月に葛尾村と川内村の一部、同年 7 月に南相馬市で解除されている。このため、同区域が指定されている市町村は、2013 年調査の時点では 11 市町村であったが、2016 年調査の時点では 6 市町村に減少している[8]。

　この避難指示解除準備区域における除染による住民の帰還と安全・安心な生活の回復の可能性については、2013 年調査から一貫して、除染の進展や放射能の自然減衰の進行にかかわらず、「不可能」と「分からない」がそれぞれ 3〜5 割程度となっている（表 1-13、図 1-12）。

　「不可能」の理由としては、除染の実施後においても、国が長期的な目標としている年間追加被曝線量 1mSv（空間線量率 0.23μSv/h）、または、住民が求めている年間追加被曝線量 1mSv（空間線量率 0.23μSv/h）もしくは原発事故前の線量水準になっていないこと（2013 年調査の楢葉町、葛尾村、2014 年調査の楢葉町、富岡町、葛尾村、2015 年調査の富岡町、飯舘村）、森林やため池等が手つかずになっていること（2013 年調査の川俣町、楢葉町、2014 年調査の葛尾村、2015 年調査の葛尾村）などが挙げられている。

　「分からない」の理由としては、放射線被曝に関する考え方は住民一人ひとりで異なること（2013 年調査の富岡町、大熊町、2014 年調査の大熊町、浪江町、2015 年調査の南相馬市、大熊町、浪江町、2016 年調査の浪江町）、国が除染の目標値や信頼しうる安全基準を示していないこと（2013 年調査の川内村、2015 年調査の浪江町、2016 年調査の浪江町）などが挙げられている。

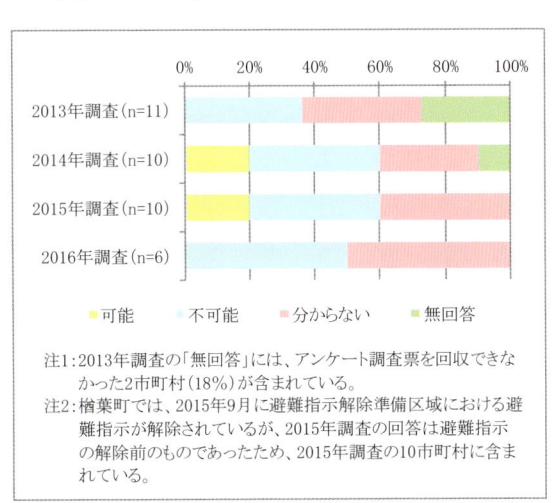

注1：2013年調査の「無回答」には、アンケート調査票を回収できなかった2市町村（18%）が含まれている。
注2：楢葉町では、2015年9月に避難指示解除準備区域における避難指示が解除されているが、2015年調査の回答は避難指示の解除前のものであったため、2015年調査の10市町村に含まれている。

図 1-12　避難指示解除準備区域における除染による住民の帰還と安全・安心な生活の回復の可能性

表 1-13　避難指示解除準備区域における除染による住民の帰還と安全・安心な生活の回復の可能性

	2013年調査 選択	2013年調査 選択の理由	2014年調査 選択	2014年調査 選択の理由	2015年調査 選択	2015年調査 選択の理由	2016年調査 選択	2016年調査 選択の理由
川俣町	不可能	●安全と安心は別物である。●国は年間20mSvにとらわれ、住民が求める年間1mSv以下へ低減させるという意気込みが感じられない。●森林全体を除染しなければ、住民は安心して生活できない。	分からない	●生活インフラの復旧はもとより、飲料水の確保、生活物資や医療などにかかわる整備は必要。事業再開、営農再開ができる環境が必要。	分からない	●生活インフラの復旧はもとより、飲料水の確保、生活物資や医療等に関わる整備は必要。事業再開、営農再開ができる環境が必要。	不可能	●放射線による人体への影響がないレベルになっても、完全に放射性セシウムは取り外かれていないため。
田村市		無回答		(指定区域なし)		(指定区域なし)		(指定区域なし)
南相馬市	分からない	無回答	無回答	●安全について専門家の意見も分かれていることから、住民個々に様々な考え方を持っている。また、安心についても同様に、年齢や家族構成などで考え方が異なることから、回答できない。	分からない	●除染の結果と個々の住民の受け止め方による。		(指定区域なし)
楢葉町	不可能	●町は2014年春に帰還時期を判断するが、生活圏以外の森林、ため池、ダム等の除染を未実施の箇所や、長期目標の年間1mSvになっていない箇所が多くあるため、国が安全だと言っても町民が安心して生活できると思うのは別だと考える。	不可能	●2013年度末をもって生活圏の除染が終了したが、国が示す長期目標の年間被ばく線量の1mSv(0.23μSv/h)になっていない箇所が多くある。引き続き追加除染の対応が必要。●帰還して安全・安心に生活するという観点は、町民一人一人の判断基準が様々である。	可能	●町内には比較的線量の高い箇所が残っており、町民の要望する箇所の除染や、ホットスポット除染を引き続き要望する。また、町民は木戸ダム湖底に沈澱している高濃度の放射性物質に対し不安を抱いており、除染を要望している。		(指定区域なし)
富岡町	分からない	●低線量被曝に関する科学的な実証がなされていない中、どの程度の被曝であれば帰還し、安心して生活できるのかという基準は各住民が決めることになると思われるため。	不可能	●低線量被曝に対して科学的な実証がなされておらず、どの程度の被曝であれば、帰還し、安心して生活できるのかの基準が示されていない状況の中で、原発事故前の水準に戻るまで安心できないという住民が多いため。	不可能	●低線量被曝に対して科学的な実証がなされておらず、どの程度の被曝であれば、帰還し、安心して生活できるのかについての基準が示されていない状況の中で、原発事故前の基準に戻るまで安心できないという住民が多いため。	分からない	●低線量被曝に対して科学的な実証がなされておらず、どの程度の被曝であれば、帰還し、安心して生活できるのかについての基準が示されていない状況の中で、原発事故前の基準に戻るまで安心できないという住民が多いため。
川内村	分からない	●除染の目標値が明確でない。しかし、低減率が高く、0.23μSv/h以下の地区が除染によって現れている。	可能	●除染作業によって低減効果が得られ、物理的な半減期なども考慮すると、帰還できる環境になると思う。	可能	●除染作業において、現場内にある放射性物質の除去がされ、一定の低減効果があると考えられるため。		(指定区域なし)
大熊町	分からない	●空間放射線量率の考え方には個人差があるので、回答できない。	分からない	●除染実施計画の通りに除染を実施したとしても、住民の帰還は個人の判断であることから、回答はできない。	分からない	●空間放射線量率の考え方は個人差があるので一概に回答できない。	分からない	無回答
双葉町	不可能	●本町では、除染はふるさと再建のためのステップのごく一部。安心・安全な社会構造を再建しなければ生活はできないと考える。生活は、衣食住環境だけでなく医療・福祉環境、公的インフラ・流通・経済活動が動かなければ、山村僻地と同様の暮らしを強いられる。震災後、既に2年以上経過し、今後4年間帰宅制限・事業制限がかかる中で放置された社会は、簡単には元には戻らない。心理的にも荒れた光景からの再生は負担が大きい。	不可能	●核燃料のすべての取り出しが終わり、それを最終処分でき得れば可能かもしれないが。	不可能	●町民の心理的な問題(国への不信感等)が大きな割合を占めていると考えられるから。	不可能	●町民の心理的な問題(国への不信感等)が大きな割合を占めていると考えられるから。
浪江町		無回答	分からない	●福島第一原子力発電所の廃炉作業が30年～40年といわれる中で、政府は収束宣言をしているが、浪江町としては、収束したとは考えておらず、帰還に向けて不安があると考える。●除染後の低減率および絶対値によると思うが、除染を実施したことによって、住民が一定の安心感が得られるのではないか。ただし、各個人の被曝や除染に対する考え方が異なるため、一概に判断はできない。	分からない	●除染の効果については、一定の評価をされているが、帰還についての判断は個人の判断に差が出てしまう。安全のレベルの設定については、国が責任を持って実施計画に詳細な数値設定を示さなくてはいけない。	分からない	●除染の効果については、一定の評価がされているが、帰還についての判断は個人の判断に差が出てしまう。国が責任を持って安全であるという証明を数値で示さなければならない。
葛尾村	不可能	●現在の除染目標に則った形の除染では、住民の希望である最低限0.23μSv/h、できることなら事故前の水準という数値にはなり得ないため。	不可能	●村内のほとんどが、年間積算量1mSvを超えているため。●森林除染方法が決定していないため。●村内各地(42カ所)に仮置場があるため。	不可能	●表土剥ぎ取りを実施したところは、比較的に低減効果はあるが、傾斜地が多い本村においては、表土剥ぎ取りできない場所があり、また、居住環境が森林に囲まれていることで、不安が払拭できない。		(指定区域なし)
飯舘村	無回答	*●帰還にあたっては、村民の放射能に対する考えは、個々人それぞれが違う。村としては個々人の考えを尊重したい。*	可能	●除染による効果が見込めるため。	不可能	●除染後の線量が、住民の求める0.23μSv/hには、程遠いため。●営農再開に繋がる除染になっていないため。	不可能	●除染作業への不信と目標線量がないことでの不安のため。

注1：住民の帰還と安全・安心な生活の回復の可能性については、除染のみならず、公共・生活インフラの回復状況をはじめ、さまざまなことが条件になるが、この設問は、除染による被曝量の低減効果などの観点から回答を求めたものである。

注2：斜体の文字は、設問として求めた回答ではないが、市町村が記入した補足回答を指す。

注3：楢葉町では、2015年9月に避難指示解除準備区域における避難指示が解除されているが、2015年調査の回答は避難指示の解除前のものであったため、2015年調査にも回答が記載されている。

②居住制限区域における除染による住民の帰還と安全・安心な生活の回復の可能性

　居住制限区域については、2014 年 10 月に川内村の一部、2016 年 6 月に葛尾村の一部、同年 7 月に南相馬市で解除されており、同区域が指定されている市町村は、2013 年調査の時点では 8 市町村であったが、2016 年調査の時点では 5 市町村に減少している。この居住制限区域における除染による住民の帰還と安全・安心な生活の回復の可能性については、2013 年調査から一貫して、除染の進展や放射能の自然減衰の進行にかかわらず、「分からない」が 5～6 割で最も多く、次いで、「不可能」が 2～4 割程度で多くなっている（表 1-14、図 1-13）。

　「分からない」の理由としては、避難指示解除準備区域に関する理由と同様に、放射線被曝に関する考え方は住民一人ひとりで異なること（2013 年調査の富岡町、大熊町、2014 年調査の大熊町、浪江町、2015 年調査の南相馬市、大熊町、浪江町、2016 年調査の浪江町）、国が除染の目標値や信頼しうる安全基準を示していないこと（2013 年調査の川内村、2015 年調査の浪江町、2016 年調査の浪江町）などが挙げられている。

　「不可能」の理由としては、避難指示解除準備区域に関する理由と同様に、除染の実施後においても、国が長期的な目標としている年間追加被曝線量 1mSv（空間線量率 0.23μSv/h）、または、住民が求めている年間追加被曝線量 1mSv（空間線量率 0.23μSv/h）もしくは原発事故前の線量水準になっていないこと（2013 年調査の川俣町、葛尾村、2014 年調査の富岡町、葛尾村、2015 年調査の富岡町、飯舘村）、森林などが手つかずになっていること（2013 年調査の川俣町、2014 年調査の葛尾村、2015 年調査の葛尾村）などが挙げられている。

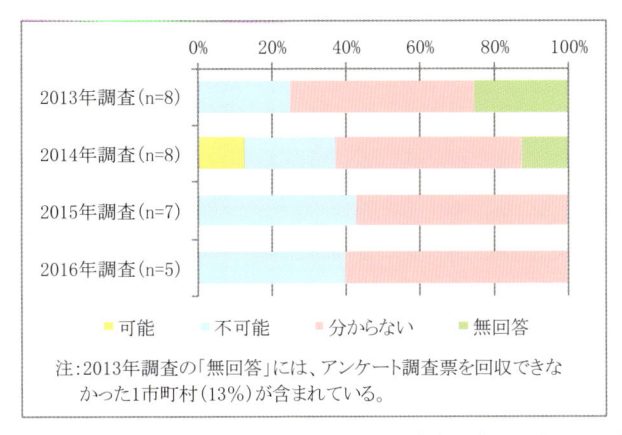

図 1-13　居住制限区域における除染による住民の帰還と安全・安心な生活の回復の可能性

③帰還困難区域における除染による住民の帰還と安全・安心な生活の回復の可能性

　帰還困難区域に関しては、これまで基本的に除染の対象とされておらず、解除された地域は存在しないため、同区域が指定されている市町村は、2013 年調査の時点から 7 市町村で変わらない。この帰還困難区域における除染による住民の帰還と安全・安心な生活の回復の可能性については、それぞれの割合は調査年によって大きく異なるが、2013 年調査から一貫して、「不可能」と「分からない」が大部分を占めている（表 1-15、図 1-14）。

　「不可能」の理由としては、2015 年調査までは、当面除染を実施しないものとされていること、または、除染の方針や方法が決まっていないこと（2013 年調査の葛尾村、2014 年調査の富岡町、葛尾村、2015 年調査の富岡町、葛尾村）などが挙げられていたが、2016 年 8 月に「帰還困難区域の取扱いに関

表 1-14　居住制限区域における除染による住民の帰還と安全・安心な生活の回復の可能性

	2013年調査		2014年調査		2015年調査		2016年調査	
	選択	選択の理由	選択	選択の理由	選択	選択の理由	選択	選択の理由
川俣町	不可能	●安全と安心は別物である。●国は年間20mSvにとらわれ、住民が求める年間1mSv以下へ低減させるという意気込みが感じられない。●森林全体を除染しなければ、住民は安心して生活できない。	分からない	●生活インフラの復旧はもとより、飲料水の確保、生活物資や医療などにかかわる整備は必要。事業再開、営農再開ができる環境が必要。	分からない	●生活インフラの復旧はもとより、飲料水の確保、生活物資や医療等に関わる整備は必要。事業再開、営農再開ができる環境が必要。	不可能	●放射線による人体への影響がないレベルになっても、完全に放射性セシウムは取り除かれていないため。
田村市	(指定区域なし)				(指定区域なし)		(指定区域なし)	
南相馬市	分からない	無回答	無回答	●安全について専門家の意見も分かれていることから、住民個々に様々な考え方を持っている。また、安心についても同様に、年齢や家族構成などで考え方が異なることから、回答できない。	分からない	●除染の結果と個々の住民の受け止め方による。	(指定区域なし)	
楢葉町	(指定区域なし)		(指定区域なし)		(指定区域なし)		(指定区域なし)	
富岡町	分からない	●低線量被曝に関する科学的な実証がなされていない中、どの程度の被曝であれば帰還し、安心して生活できるのかという基準は各住民が決めることになると思われるため。	不可能	●低線量被曝に対して科学的な実証がなされておらず、どの程度の被曝であれば、帰還し安心して生活できるのかの基準が示されていない状況の中で、原発事故前の水準に戻るまで安心できないという住民が多いため。	不可能	●低線量被曝に対して科学的な実証がなされておらず、どの程度の被曝であれば、帰還し安心して生活できるのかについての基準が示されていない状況の中で、原発事故前の基準に戻るまで安心できないという住民が多いため。	分からない	●低線量被曝に対して科学的な実証がなされておらず、どの程度の被曝であれば、帰還し安心して生活できるのかについての基準が示されていない状況の中で、原発事故前の基準に戻るまで安心できないという住民が多いため。
川内村	分からない	●除染の目標値が明確でない。しかし、低減率が高く、0.23μSv/h以下の地区が除染によって現れている。	分からない	●年間積算線量20mSv〜50mSvの区域であり、帰還のための除染作業実施や物理的な半減期などを考慮しても難しい地域が出てくると思われるため分からない。	(指定区域なし)		(指定区域なし)	
大熊町	分からない	●空間放射線量率の考え方には個人差があるので、回答できない。	分からない	●除染実施計画の通りに除染を実施したとしても、住民の帰還は個人の判断であることから、回答はできない。	分からない	●空間放射線量率の考え方は個人差があるので一概に回答できない。	分からない	無回答
双葉町	(指定区域なし)				(指定区域なし)		(指定区域なし)	
浪江町		無回答	分からない	●福島第一原子力発電所の廃炉作業が30年〜40年といわれる中で、政府は収束宣言をしているが、浪江町としては、収束したとは考えておらず、帰還に向けて不安があると考える。●除染後の低減率および絶対値によると思うが、除染を実施したことによって、住民が一定の安心感は得られるのではないか。ただし、各個人の被曝や除染に対する考え方が異なるため、一概に判断はできない。	分からない	●除染の効果については、一定の評価はされているが、帰還についての判断は個人の判断に差が出てしまう。安全のレベルの設定については、国が責任を持って実施計画に詳細な数値設定を示さなくてはいけない。	分からない	●除染の効果については、一定の評価がされているが、帰還についての判断は個人の判断に差が出てしまう。国が責任を持って安全であるという証明を数値で示さなければならない。●未だ手が付けられていない帰還困難区域に隣接している地域については、不安を感じる住民もいると思われる。
葛尾村	不可能	●現在の除染目標に則した形の除染では、住民の希望である最低限0.23μSv/hできることなら事故前の水準という数値にはなり得ないため。	不可能	●村内のほとんどが、年間積算量1mSvを超えているため。●森林除染方法が決定していないため。●村内各地(42カ所)に仮置場があるため。●除染後の線量がまだまだ高い。	不可能	●表土剥ぎ取りを実施したところは、比較的に低減効果はあるが、傾斜地が多い本村においては、表土剥ぎ取りできない場所が多く、居住環境が森林に囲まれていることで、不安が払拭できない。	(指定区域なし)	
飯舘村	無回答	●帰還にあたっては、村民の放射能に対する考えは、個々人それぞれが違う。村としては個々人の考えを尊重したい。	可能	●除染による効果が見込めるため。	不可能	●除染後の線量率が、住民の求める0.23μSv/hには、程遠いため。●営農再開に繋がる除染になっていないため。	不可能	●除染作業への不信と目標線量がないことでの不安のため。

注1：住民の帰還と安全・安心な生活の回復の可能性については、除染のみならず、公共・生活インフラの回復状況をはじめ、さまざまなことが条件になるが、この設問は、除染による被曝量の低減効果などの観点から回答を求めたものである。

注2：斜体の文字は、設問として求めた回答ではないが、市町村が記入した補足回答を指す。

する考え方」が示されたこともあって [12]、2016 年調査ではそのような理由はなくなり、現行の除染方法には限界があること（2016 年調査の飯舘村）などが挙げられている。

　「分からない」の理由としては、避難指示解除準備区域や居住制限区域に関する理由と同様に、放射線被曝に関する考え方は住民一人ひとりで異なること（2013 年調査の大熊町、2014 年調査の大熊町、2015 年調査の南相馬市、大熊町、2016 年調査の南相馬市、葛尾村）などが挙げられている。

表 1-15　帰還困難区域における除染による住民の帰還と安全・安心な生活の回復の可能性

	2013年調査		2014年調査		2015年調査		2016年調査	
	選択	選択の理由	選択	選択の理由	選択	選択の理由	選択	選択の理由
川俣町	(指定区域なし)		(指定区域なし)		(指定区域なし)		(指定区域なし)	
田村市	(指定区域なし)		(指定区域なし)		(指定区域なし)		(指定区域なし)	
南相馬市	分からない	無回答	無回答	●安全について専門家の意見も分かれていることから、住民個々に様々な考え方を持っている。また、安心についても同様に、年齢や家族構成などで考え方が異なることから、回答できない。	分からない	●除染の結果と個々の住民の受け止め方による。	分からない	●除染の結果と住民それぞれの受け止め方による。
楢葉町	(指定区域なし)		(指定区域なし)		(指定区域なし)		(指定区域なし)	
富岡町	分からない	●高線量であることから、除染作業が当面実施されない区域であるため。	不可能	●高線量のため、除染作業が当面実施されない区域であるため。	不可能	●高線量であることから、除染作業が当面実施されない区域となっているため。	分からない	●町の要望により重要な観光拠点である夜ノ森地区の除染が決定したが、町が復興計画を示さねば除染実施計画を作成しないことがおかしい。
川内村	(指定区域なし)		(指定区域なし)		(指定区域なし)		(指定区域なし)	
大熊町	分からない	●空間放射線量率の考え方には個人差があるので、回答できない。	分からない	●除染実施計画の通りに除染を実施したとしても、住民の帰還は個人の判断であることから、回答はできない。	分からない	●空間放射線量率の考え方は個人差があるので一概に回答できない。	分からない	無回答
双葉町	不可能	●本町では、除染はふるさと再建のためのステップのごく一部。安心・安全な社会構造を再建しなければ生活はできないと考える。生活は、衣食住環境だけでなく医療・福祉環境、公的インフラ・流通・経済活動が動かなければ、山村僻地と同様の暮らしを強いられる。震災後、既に2年以上経過し、今後4年間帰宅制限・事業制限がかかる中で放置された社会は、簡単には元には戻らない。心理的にも荒れた光景からの再生は負担が大きい。	不可能	●核燃料のすべての取り出しが終わり、それを最終処分でき得れば可能かもしれないが。	不可能	●町民の心理的な問題(国への不信感等)が大きな割合を占めていると考えられるから。	不可能	●町民の心理的な問題(国への不信感等)が大きな割合を占めていると考えられるから。
浪江町	無回答		無回答	●福島第一原子力発電所の廃炉作業が30年～40年といわれる中で、政府は収束宣言をしているが、浪江町としては、収束したとは考えておらず、帰還に向けて不安があると考える。 ●この区域に関しては、まだ除染計画(モデル除染は実施したが)が策定されておらず、現段階では回答できない。	無回答	●除染計画が策定されていないため、現段階では回答不可。	分からない	●現段階では回答不可。
葛尾村	不可能	●未だ除染の方針も決まっていないため。	不可能	●村内のほとんどが、年間積算量1mSvを超えているため。 ●森林除染方法が決定していないため。 ●村内各地(42カ所)に仮置場があるため。 ●帰還困難区域は、除染方法が決定していないため。	不可能	●帰還困難区域の除染方法が示されていないため。	分からない	●住民は、放射線量に対する考え方がそれぞれ違うため、一概に想定することはできない。ただし、帰還困難区域については除染実施計画上記載がないため、国の指針待ち。
飯舘村	無回答	●帰還にあたっては、村民の放射能に対する考えは、個々人それぞれが違う。村としては個々人の考えを尊重したい。	可能	●除染による効果が見込めるため。	不可能	●除染後の線量が、住民の求める0.23μSv/hには、程遠いため。 ●営農再開に繋がる除染になっていないため。	不可能	●現在の除染方法では、一定程度からの低減は見込めない。

注1：住民の帰還と安全・安心な生活の回復の可能性については、除染のみならず、公共・生活インフラの回復状況をはじめ、さまざまなことが条件になるが、この設問は、除染による被曝量の低減効果などの観点から回答を求めたものである。

注2：斜体の文字は、設問として求めた回答ではないが、市町村が記入した補足回答を指す。

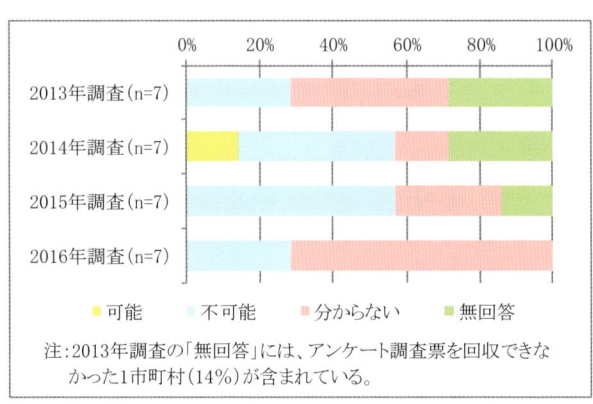

注：2013年調査の「無回答」には、アンケート調査票を回収できなかった1市町村(14%)が含まれている。

図 1-14　帰還困難区域における住民の帰還と安全・安心な生活の回復の可能性

④避難指示が解除された地域における除染による住民の安全・安心な帰還生活の回復の状況

　上述した避難指示解除準備区域と居住制限区域の解除に伴って、避難指示が解除された地域がある市町村は、2014年調査の時点では1市町村であったが、2016年調査の時点では5市町村に増加している。この避難指示が解除された地域における除染による住民の安全・安心な帰還生活の回復の状況については、対象となる市町村が少ないこともあって明確なことは言い難いが、2016年調査では、「分からない」が6割、「回復した」が4割となっている（表1-16、図1-15）(9)。

　2016年調査では、「分からない」の理由として、避難指示解除準備区域や居住制限区域や帰還困難区域に関する理由と同様に、放射線被曝に関する考え方は住民一人ひとりで異なることのほか（南相馬市、葛尾村）、生活圏などにホットスポットなどが多数残っていること（楢葉町）、里山などにおいて除染が行われていないこと（楢葉町）が挙げられている。他方、「回復した」の理由として、国が事後モニタリングなどのフォローアップを行っていること（田村市）、除染によって一定の線量低減効果が得られたこと（川内村）が挙げられている。

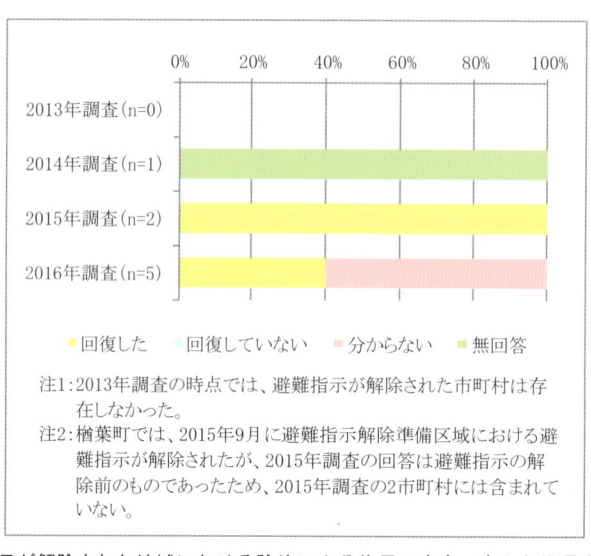

図1-15　避難指示が解除された地域における除染による住民の安全・安心な帰還生活の回復の状況

写真1-12　避難指示解除後の田村市都路地区
（2014年4月、田村市）

写真1-13　避難指示解除後の楢葉町
（2015年11月、楢葉町）

表 1-16　避難指示が解除された地域における除染による住民の安全・安心な帰還生活の回復の状況

	2013年調査		2014年調査		2015年調査		2016年調査	
	選択	選択の理由	選択	選択の理由	選択	選択の理由	選択	選択の理由
川俣町	（解除区域なし）		（解除区域なし）		（解除区域なし）		（解除区域なし）	
田村市	（解除区域なし）		無回答		回復した	●除染作業の完了後も福島環境再生事務所によりフォローアップが行われているため。	回復した	●除染作業の完了後も福島環境再生事務所によりフォローアップが行われているため。
南相馬市	（解除区域なし）		（解除区域なし）		（解除区域なし）		分からない	●除染の結果と住民それぞれの受け止め方による。
楢葉町	（解除区域なし）		（解除区域なし）		（解除区域なし）		分からない	●2015年9月で避難指示が解除され町民が帰町し始めており、町民は除染効果による線量低減や国からの説明などを通して安全とは理解してきているが、生活圏等に比較的線量の高い箇所が多数残っているため、不安視している箇所や、ホットスポット等の除染を引き続き要望し、震災以前と同等の安心して暮らせる環境づくりが必要と考える。 ●また、今後は里山等の未除染箇所の除染範囲の拡大が重要視されると考える。
富岡町	（解除区域なし）		（解除区域なし）		（解除区域なし）		（解除区域なし）	
川内村	（解除区域なし）		（解除区域なし）		回復した	●除染作業において、現場内にある放射性物質の除去がなされ、一定の低減効果があったと考えられるため。	回復した	●除染作業において、現場内にある放射性物質の除去がなされ、一定の低減効果があると考えられるため。
大熊町	（解除区域なし）		（解除区域なし）		（解除区域なし）		（解除区域なし）	
双葉町	（解除区域なし）		（解除区域なし）		（解除区域なし）		（解除区域なし）	
浪江町	（解除区域なし）		（解除区域なし）		（解除区域なし）		（解除区域なし）	
葛尾村	（解除区域なし）		（解除区域なし）		（解除区域なし）		分からない	●住民は、放射線量に対する考え方がそれぞれ違うため、一概に想定することはできない。
飯舘村	（解除区域なし）		（解除区域なし）		（解除区域なし）		（解除区域なし）	

注1：住民の安全・安心な帰還生活の回復の状況については、除染のみならず、公共・生活インフラの回復状況をはじめ、さまざまなことが条件になるが、この設問は、除染による被曝量の低減効果などの観点から回答を求めたものである。

注2：楢葉町では、2015年9月に避難指示解除準備区域における避難指示が解除されているが、2015年調査の回答は避難指示の解除前のものであったため、2015年調査では回答の対象になっていない。

(8) 除染の終了後における除染の実施の必要性

　除染の終了後における除染の実施の必要性については、除染の進展状況を踏まえて 2014 年調査から設けた問いである。この問いは、除染実施計画に基づく除染が終了した市町村を対象としたため、回答の対象となった市町村は、2014 年調査と 2015 年調査では 4 市町村、2016 年調査では 6 市町村であるが、2014 年調査から一貫して、「今後とも除染を実施する必要がある」と認識している市町村が半数以上となっており、2015 年調査と 2016 年調査では約 8 割となっている（表 1-17、図 1-16）。

　「今後とも除染を実施する必要がある」の理由としては、除染の実施後にも除染の実施基準である 0.23μSv/h を超える箇所が残っていること（2014 年調査の楢葉町、2015 年調査の楢葉町、川内村、大熊

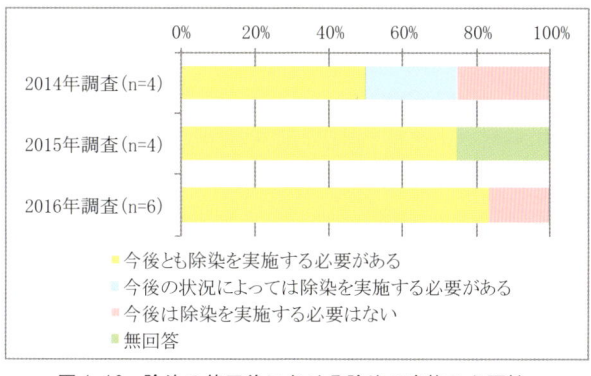

図 1-16　除染の終了後における除染の実施の必要性

表1-17 除染の終了後における除染の実施の必要性

	2014年調査		2015年調査		2016年調査	
	選択	理由	選択	理由	選択	理由
川俣町	—					
田村市	今後は除染を実施する必要はない	無回答		無回答	今後は除染を実施する必要はない	●福島環境再生事務所がフォローアップを実施しているため。
南相馬市	—					
楢葉町	今後とも除染を実施する必要がある	●当初、国が示した目標値(0.23μSv/h)に達していない地区や箇所が多く見受けられるため。	今後とも除染を実施する必要がある	●国が目標とする年間追加被ばく線量1mSvの根拠としている1時間あたりの空間線量率の0.23μSv/hを超える箇所が多数残っており、継続的なモニタリング及びびきめ細やかな除染を実施すべきと考える。	今後とも除染を実施する必要がある	●国が目標とする年間追加被ばく線量1mSvの根拠としている1時間あたりの空間線量0.23μSv/hを超える箇所が多数残っており、避難指示解除後も町民の帰町を妨げる原因となっているため、継続的なモニタリング及びびきめ細やかな除染を実施すべきといえる。
富岡町	—					
川内村	今後の状況によっては除染を実施する必要がある	●事後モニタリングにより、局所的に線量が高い箇所があればフォローアップ除染など必要と考える。	今後とも除染を実施する必要がある	●局所的であるが、線量の高い場所があるため、安全、安心な生活環境を回復させるためには必要と考える。	今後の状況によっては除染を実施する必要がある	●局所的に線量が高い箇所があれば、フォローアップ除染など必要と考える。
大熊町	今後とも除染を実施する必要がある	●除染後に線量上昇が見受けられる箇所などを再除染すべきであり、山林の除染は手付かずの状況である。また、国による除染実施計画は居住制限区域及び避難指示解除準備区域のみの計画であり、空間線量率が比較的低い帰還困難区域の除染も計画を立て、除染も実施すべきと考える。	今後とも除染を実施する必要がある	●除染の実施後においても、ホットスポットが残っていること、線量が高い宅地などが存在することのほか、林縁部から20mを超える森林の除染が実施されていないこと。	今後とも除染を実施する必要がある	●林縁部から20mを超える森林の除染が実施されていないため。●帰還困難区域の除染がまだ一部の地域でしか行われていないため。
双葉町	—		—		今後とも除染を実施する必要がある	●双葉町は96%が帰還困難区域、4%が避難指示解除準備区域である。国の除染実施計画は避難指示解除準備区域のみであるため、町の復旧、復興を推進していくためには、帰還困難区域も除染実施計画を策定し、除染を実施してもらう必要がある。
浪江町	—		—		—	
葛尾村	—		—		今後とも除染を実施する必要がある	●現在、事後モニタリング調査が実施されており、モニタリング結果によってはフォローアップ除染を実施することになっている。●また、本村は山林に囲まれた中山間地域であることから、森林除染については今後も何らかの形で実施していく必要があると考える。
飯舘村	—				—	

町、2016調査の楢葉町)、生活圏以外の森林や帰還困難区域の除染が実施されていないこと（2014年調査の大熊町、2015年調査の大熊町、2016年調査の大熊町、双葉町、葛尾村）などが挙げられている。

(9) 除染に関する課題

　除染に関する課題については、市町村によって、また、調査年によって多様であるが、2013年調査から一貫して、仮置場と中間貯蔵施設、森林や河川・ため池等、除染の効果と除染の目標値とフォローアップ除染に関することが多く挙げられている（表1-18、図1-17）。

　以下では、これらの課題について分析する。

①仮置場と中間貯蔵施設に関する課題

　2013年調査と2014年調査では、仮置場の確保が課題として多く挙げられている（2013年調査の楢葉町、川内村、大熊町、葛尾村、2014年調査の川俣町、楢葉町、大熊町、浪江町、飯舘村）。これは、除

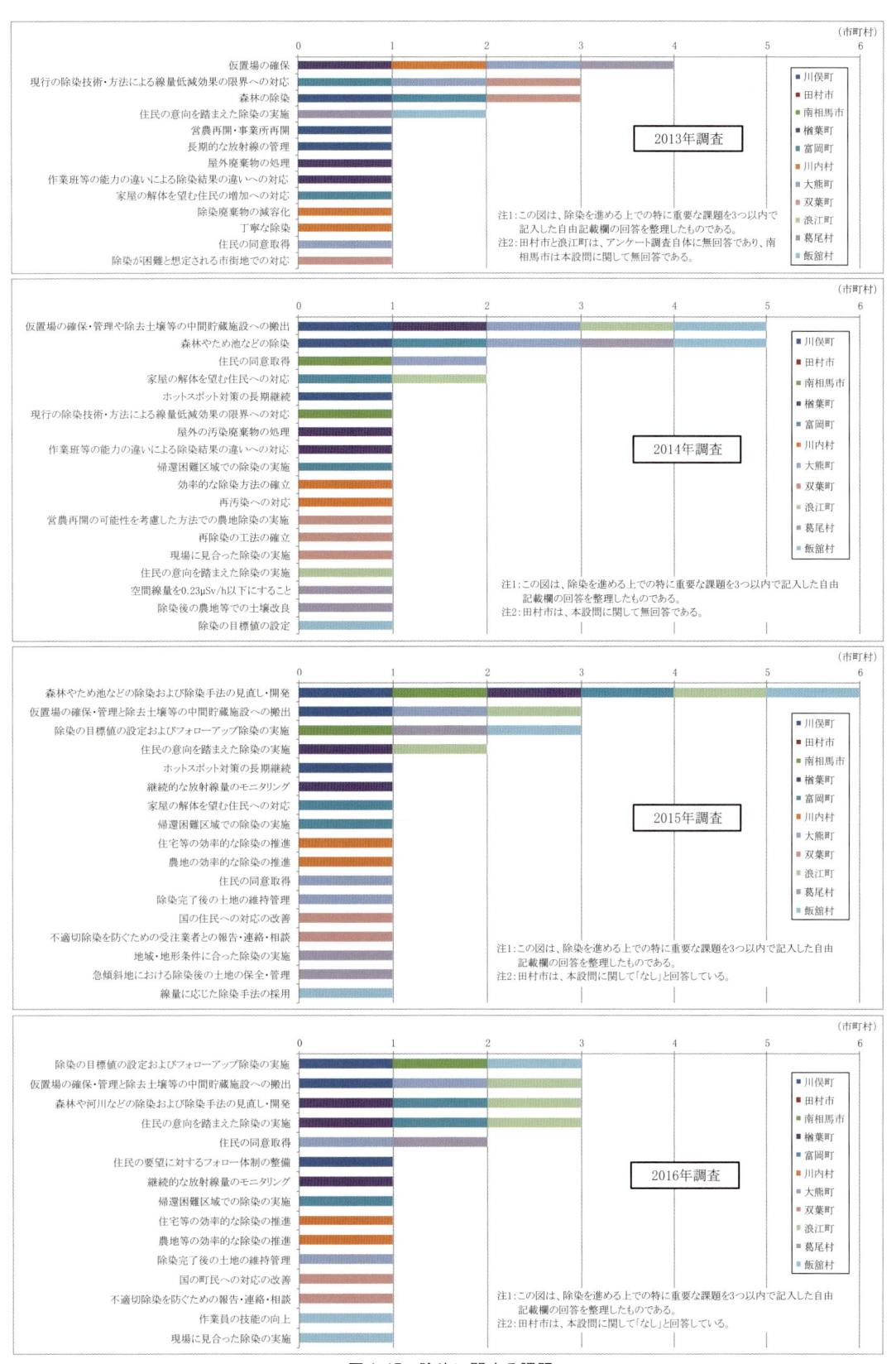

図 1-17　除染に関する課題

表 1-18　除染に関する課題　(1/2)

	2013年調査			2014年調査		
川俣町	●森林全体の除染による放射線量の低減。	●営農再開・事業所再開。	●長期的な放射線の管理。	●未だ方針が定まらない森林と営農再開に不可欠な溜池などの除染の進め方(災害防止、水源涵養、農業用水確保などを考慮して)。	●仮置場の確保・管理、除染廃棄物の行き場(中間貯蔵施設の行方)。	●高線量ポイント、いわゆるホットスポット対策の長期継続。
田村市	無回答			無回答		
南相馬市	無回答			●線量の高い地域において除染を実施しても、住民が望む状況と異なることが予想されること(住民が望む状況は0.23μSv/hとは限らず、人それぞれであり、また、今の除染の技術・方法や森林等周囲からの影響により、線量の低減には限界がある)。	●除染同意書の取得率を上げること。	－
楢葉町	●仮置場の確保。仮置場は各行政区の説明会において行政区毎に設置することになり、20行政区に設置したが、何処に設置するかで難航し、除染を遅らせた。	●屋外廃棄物の処理。2年以上避難していて除染箇所の屋外に廃棄した物が沢山あり、除染で回収できない物や、屋根の補修で出た瓦などの汚染物が除染完了箇所に処分できないまま存在している。	●除染の結果の違いへの対応。除染は人力作業で行ったため、除染作業班や作業員の能力で除染の結果や見栄えに差が出ている。	●仮置場の確保。仮置場は各行政区の説明会において行政区毎に設置することになり、20行政区に設置したが、何処に設置するかで難航し、除染を遅らせた。	●屋外廃棄物の処理。2年以上避難していて除染箇所の屋外に廃棄した物が沢山あり、除染で回収できない物や、屋根の補修で出た瓦などの汚染物が除染完了箇所に処分できないまま存在している。	●除染の結果の違いへの対応。除染は人力作業で行ったため、除染作業班や作業員の能力で除染の結果や見栄えに差が出ている。
富岡町	●町民の帰還を目的とした除染作業であるが、現行の家屋除染方法では放射線量の低減率が低いため、あまり期待できないので、これへの対応が必要である。	●森林除染については、居住地より20m以内となっているが、森林に隣接する町民は、汚染物質が森林より流れてくるのではないかと不安を抱えている。	●避難指示が出され、全町民が長期間にわたり家屋の管理ができないので、雨水の侵入やネズミ等の侵入により、家屋内の老朽化が進んでいるため、家屋の取り壊しを望む町民が増えてきており、これへの対応が必要である。	●森林等の除染において は、現在は生活圏より20mとなっているが、それ以外の大半の森林の除染はどうするのか。また国の考え方として道路については、生活圏となっていないので、20mの除染となっていない。	●帰還困難区域の取り扱い(具体的な除染の実施時期など)。早期除染により放射線量の半減期が短縮できる。	避難指示により全町民が長期間にわたり家屋や庭木の管理ができない状況となってしまったことから、雨水の侵入やネズミなどの侵入により家屋内の荒廃が進んでおり、家屋の取り壊しを望む住人が増えている。
川内村	●仮置場の確保。	●除染廃棄物の減容化(焼却炉の設置等)。	●丁寧な除染。	●避難指示区域において は、年間積算線量が20mSv超の区域が大半を占めるため、効率的な除染方法をいかに確立させるか。	●立ち入り時間等の制限があるため、除染作業で線量が下がって、その後の継続的な住宅などの管理ができない場合、局所的に線量が戻ってしまう恐れがある。	
大熊町	●仮置場の確保(高線量放射性廃棄物の仮置場の確保等)。	●除染効果の限界への対応(低減率等ではなく数値)。	●住民の同意取得(共有地や未登記土地の除染同意取得等)。	●地権者からの同意取得(除染特別地域内において、地権者から除染の同意を得られない場合、その土地は除染事業から取り残されてしまう。後年、同意をした際に、再度除染を実施するのかどうか国の方針が不明である)。	●仮置場の確保(除染特別地域内においても、仮置場を各地権者から国が借りていき、賃貸借期間が延期になった場合の対応が問題である。地権者が延長に同意しなかった場合の対応策に苦慮すると思われる)。	●林地や農業用施設などの生活圏以外の除染(国は山林を生活圏から20mの範囲しか除染を実施しないが、当町の除染特別地域はほとんどが国有林であり、除染が手付かずである。また、農業用施設(ため池等)の底質土等の除去が進んでいない)。
双葉町	●除染の効果的な技法が限定されており、住民に除染の結果に対する不信感を生んでいるので、効果的な技法を柔軟に取り入れるなど、現在の技法による除染効果の限界への対応が必要である。	●本町は海岸と反対の山間部が高濃度汚染地区のため、山林の完全除染が求められるが、国から明確な回答はない。	●震災による半壊・全壊相当の家屋が放置され、倒壊家屋は除染の対象外で、半壊家屋・被災家屋等の除染も実質的には除染不可能。このため、市街地の除染は困難になることが想定できる(帰還困難区域の見直しまであと4年であるが、自然減衰や高濃度汚染のバラつきが極端になった場合、国は年間1mSv以下のエリアは除染しない方針であるため、市街地はホットスポットの除染になる確率が高い)。	●農地の除染については、単に線量を下げることだけを目的とするのではなく、その先の営農再開を考えたうえでの除染方法を考慮する必要がある。現在、主となっている表土剥ぎ取りと山砂の敷設という工法では、土が痩せすぎて営農再開後の数年間はまともに作物が育たない。	●高線量地区において、現行工法の除染を行っても線量が下がらなかった場合においての再除染の工法の確立が必要である。	●現在までの環境省の対応はガイドラインに沿ったマニュアル通りの除染なので、その現場ごとに見合った対応・工法の除染方法を選択する必要がある。
浪江町	無回答			●除染方法について、個別の要望にどの程度まで応えられることができるか。各個人により除染工事内容についての要望が異なるので、差異が出ないほど町民に寄り添った除染が実施できるかが課題である。	●仮置場の確保。浪江町は各行政区(地区)ごとに仮置場を設けている。行政区ごとに設置する上で、状況が異なるため(例えば仮置場の必要面積や設置に対する理解度など)、行政区ごとの仮置場の確保の進捗状況に時間差が出ている。	●家屋の除染と解体との兼ね合い。除染をするにあたり、建物の除染ではなく、解体を希望する町民もおり、そのような解体する家屋の処理方法と時期を除染実施時期とすりあわせながら、効率良く進めていかなくてはならない。
葛尾村	●除染廃棄物の保管場所(仮置場)の確保。除染に伴う排出される廃棄物の保管場所の確保が必須であり、それが確保されないことには除染そのものが進捗を見ないため。	●住民の要望に見合った除染の実施。現在、本格除染が始まっているが、除染範囲や、除染手法等で住民の要望に沿えないケースが多い。帰還を促すためには、住民の要望に見合った除染ができるようにならなくてはならない。	－	●空間線量を目標とする0.23μSv/h以下にすること。	●居住空間の間近に森林があるため、森林の除染方法が重要である。早急の解決策がなければ、除染が終了した居住空間に放射能物質が移動しないような方策を考えなければならない。	●剥ぎ取り方式で行われた農地等の土壌改良が必要である。
飯舘村	●国のガイドラインの除染内容が、村民が意とする除染内容または村民に寄り添った除染内容になっていないので、除染同意取得が進まない。	－	－	●除染工事の目標線量値がない。工事での目標がないので、成果を数値で評価できない。	●溜池・用排水路・河川・山林の除染量見通しがない。また、営農再開や帰村に向けて、里山除染などを早期に実現してほしい。	●仮置場の確保ができない。仮置場の容量が少なく、仮仮置場からの搬出ができないでいる。

注:この表は、除染を進める上での特に重要な課題を3つ以内で記入した自由記載欄の回答を整理したものである。

表 1-18 除染に関する課題 (2/2)

市町村	2015年調査			2016年調査		
川俣町	●森林の除染手法の開発。	●仮置場の設置・管理と中間貯蔵施設への搬出時期の明確化。	●高線量ポイント、いわゆるホットスポット対策の長期継続。	●取り残し箇所があるため、フォローアップ除染を実施すること。	●数十か所の仮置場が設置されており、長期的な保管お よび大量に貯蔵である除去土壌等の運搬の交通事故等 の懸念があること。	●除染作業完了後に、地域住民からの様々な要望に対するフォロー体制の整備をすること。
田村市	(なし)			(なし)		
南相馬市	●多くの市民が、除染により追加被ばく線量が年間1mSv以下(空間線量率0.23μSv/h以下)となることを望んでいるが、汚染度合いが高かった地域では、除染後でも1μSv/hを超える箇所があり、市民が望む0.23μSv/h以下と乖離がある。特に屋敷林部分の線量が高い傾向にあり、この部分の線量低減が課題である。	●森林、山林に囲まれた当地域において、安心して山菜やきのこ採りができる環境を回復するためには、森林の除染が必要である。	–	●多くの市民が、除染により追加被ばく線量が年間1mSv以下(空間線量率0.23μSv/h以下)となることを望んでいるが、汚染度合いが高かった地域では、除染後でも1μSv/hを超える箇所があり、市民が望む0.23μSv/h以下と乖離がある。特に屋敷林部分の線量が高い傾向にあり、この部分の線量低減が課題である。	–	–
楢葉町	●継続的な放射線量のモニタリング。環境省事業である除染後の事後モニタリングを実施しているが、定点測定では発見できないホットスポット等が新たに発見されているため、継続的なモニタリングを実施し、町民へ周知することが必要と考える。	●住宅地以外の生活圏周辺の除染。森林や河川等の町民生活に密接な関わりがある箇所のため細やかな除染が必要であると考える。	●除染並びに放射線に対する不安を抱える町民へのリスクコミュニケーション。除染工法そのものに疑問を抱いている町民がおり、また国に対しての不信感から、除染の同意を得られていない現状があるため。	●継続的な放射線量のモニタリング。環境省事業である除染後の事後モニタリングを実施しているが、事後モニタリング等で発見できないホットスポット等があるため、広範囲できめ細やかな定点モニタリングを実施し、町民への現状周知が必要と考える。	●住宅地以外の生活圏外の除染。生活圏にあたる森林や河川等の町民生活に密接な関わりがある箇所のうち細やかな除染が必要と考える。住宅地圏外森林(里山)などについては、震災以前はキノコ類の栽培などで日頃から立ち入ることが多々あったし、今後の生活にも関わりがあるため、除染を要望していきたいと考える。	●森林並びに放射線に対する不安を抱える町民へのリスクコミュニケーション。除染工法によって異なっていることに疑問を抱いている町民や、国に対しての不信感が今以上に町民目線になった除染が必要と考える。
富岡町	●避難指示により全町民が長期間にわたり家屋や庭の管理ができない状況となってしまったことから、雨水の侵入やネズミ等の侵入により家屋内の荒廃が進んでおり、家屋の取り壊しを望む町民が増えている。	●帰還困難区域の取り扱いについて(具体的な除染の実施時期など)。早期除染により放射線量の半減期が短縮できる。	●山林の除染は、堆積物除去や除草のみの除染だが、宅地に隣接している山林はそれだけでは不十分であり、表土の剥ぎ取りや覆土を行わないと住民の安心にはつながらない。	●長期避難により家屋や農地の管理が頻繁にできない状況にあるため、樹木の伐採などの要望があった場合において は、権利者の要望に沿った形が必要になる。	●帰還困難区域の取り扱いについて(具体的な除染の実施時期など)。居住制限区域と隣接する帰還困難区域についても、それ以外の帰還困難区域について早期除染を行うことにより半減期の短縮に繋がる。	●山林の除染は、堆積物除去や除草のみの除染だが、宅地に隣接している山林はそれだけでは不十分であり、表土の剥ぎ取りや覆土を行わないと住民の安心にはつながらない。
川内村	●放射線量が村内でも他と比べ高い地区では、住宅、道路除染など日々の生活に直接に関わりのある箇所について、安心、安全な生活ができる環境まで回復させるために工期短縮も含めて効率的な除染をどのように進めていくかが課題である。	●放射線量が村内でも他と比べ高い地区では、農地等の除染にあたり、安心、安全な農作物の作付ができるように回復させるか、工期短縮も含めて効率的な除染をどのように進めていくかが課題である。	–	●放射線量が村内でも他と比べ高い地区では、住宅、道路除染など日々の生活に直接に関わりのある箇所について、安心、安全な生活ができる環境まで回復させるために工期短縮も含めて効率的な除染をどのように進めていくかが課題である。	●放射線量が村内でも他と比べ高い地区では、農地等の除染にあたり、安心、安全な農作物の作付ができる環境などに回復させるか、工期短縮も含めて効率的な除染をどのように進めていくかが課題である。	–
大熊町	●住宅除染同意(共有地や未登記の土地の取扱、賠償関係など)。	●仮置場の確保(中間貯蔵施設建設の見通しが立っていない状況で除染を行っているため、仮置場が必要になってくるが、大きな用地を確保するのが難しい)。	●除染完了後の維持管理(除染をしてキレイにしてもその後の管理が難しく土地が荒れてしまう)。	●除染の同意(共有地や未登記地の取扱、東電賠償関係の絡み等)	●仮置場の確保(中間貯蔵施設建設の見通しが立っていない状況で除染を行っているため、仮置場が必要になってくるが、大きな用地を確保するのが難しい)。	●除染完了後の維持管理(除染をしてキレイにしてもその後の管理が難しく土地が荒れてしまう)。
双葉町	●町民の立場をしっかりと考え、町民への丁寧な説明と理解を求めるための国の対応の改善(仮置場の確保や除染の同意等)。	●町民の不安を煽るような不適切除染がないよう受注業者との報告、連絡、相談。		●町民の立場をしっかりと考え、町民への丁寧な説明と理解を求めるための国の対応の改善(仮置場の確保や除染の同意等)。	●町民の不安を煽るような不適切除染がないよう受注業者との報告、連絡、相談。	
浪江町	●除染方法について、個別の要望にどの程度まで応えられることができるか。各個人により除染工事内容についての要望が異なるので、差異が出ない上で町民に寄り添った除染が実施できるかが課題である。	●仮置場の確保と延長。確保が終わったとしても、中間貯蔵施設の確保で、運びだし先及び期限がわからない。	●森林及びため池等の除染について、現在の除染範囲では森林(生活圏)が20m以外)やため池等は除染対象外となっている。	●除染方法について、個別の要望にどの程度まで応えられることができるか。各個人により除染工事内容についての要望が異なるので、差異が出ない上で町民に寄り添った除染が実施できるかが課題である。	●当町の面積のうち森林が約7割を占めているが、現在の森林の除染範囲は生活圏周辺から20m以内となっているため、除染できていない森林が多々ある。	●仮置場の延長について、中間貯蔵施設の建造の遅れまたは、除染作業の実施日より延びてしまいます。また仮置場の延長については、現在の状況を鑑みると契約年数である3年は超えると思われる。
葛尾村	●現在行っている除染は、数値目標がないため、「除染をしました」だけとなっており、除染に対する不満がある。数値目標を示し、1回目の除染で達成できなければ、対策方法を練り直し2回目除染を実施すべきである。	●本村は、山間傾斜地の地形形状にあるため、平場平坦地とは大きく条件が異なっているため、地域・地形条件に合った除染を実施すること。	●本村は、急傾斜地を村内全域一斉に表土剥ぎ等除染を実施したため、事後の保全管理が容易でなく、客土流出の対策支援が必要である。	●住民の同意。住民が除染実施計画に基づく除染について内容を理解した上で、同意をいただくことがもっとも重要な課題であると考える。		
飯舘村	●除染の目標値がないため、除染工事の出来形・施工管理等ができない。現地作業の手法を示し、各個人への除染で達成できなければ、対策方法を練り直し2回目除染を実施すべきである。現地作業の手法や、見抜けない等、現場の仕上がりに不均衡がある。	●営農再開に繋がる、河川・ため池・水路等の除染工法が計画されていない。生活の術である水に心配がある状況では、復興にならない。	●線量に関係なく一律の除染工法では、高線量地区の低減にならない。法面の剥ぎ取りや林縁部の剥ぎ取りをしないと、低減されない。	●除染作業の目標線量値がない。	●未熟な作業員が多いため、高品質な作業が見込めない。	●国発注のため、作業時の応用が利かない。

注:この表は、除染を進める上での特に重要な課題を3つ以内で記入した自由記載欄の回答を整理したものである。

染が開始された当初には、中間貯蔵施設の整備時期と整備場所の見通しが立っておらず、住民は仮置場がそのまま最終処分場になってしまうのではないかとの不安感と行政に対する不信感を抱いていたこともあって、仮置場の確保が難航し、除染がなかなか進まないという事態が生じていたことを背景とするものである。

これに対して、環境省が中間貯蔵施設の供用開始時期として示していた2015年1月が経過した後の2015年調査と2016年調査では、引き続き、除染が終了していない市町村においては仮置場の確保が課題として挙げられているものの、いくつかの市町村では仮置場の管理や除去土壌等の中間貯蔵施設への搬出が課題として挙げられるようになっている（2015年調査の川俣町、大熊町、浪江町、2016年調査の川俣町、大熊町、浪江町）。

②森林や河川・ため池等に関する課題

先述の通り、森林や河川・ため池等については、基本的に除染の対象外とされているが、これらの除染が課題として多く挙げられている。

森林の除染については、2013年調査から一貫して多く挙げられている（2013年調査の川俣町、富岡町、双葉町、2014年調査の川俣町、富岡町、大熊町、葛尾村、飯舘村、2015年調査の川俣町、南相馬市、楢葉町、富岡町、浪江町、2016年調査の楢葉町、富岡町、浪江町）。福島県は県土面積の約7割が森林で[33]、約8割が中山間地域であって[34]、森林全体を除染しなければ放射線量は下がらないし、安心して暮らせる環境は回復しないというのが市町村の認識である。

河川・ため池等の除染については、2014年調査から挙げられている（2014年調査の川俣町、大熊町、飯舘村、2015年調査の楢葉町、浪江町、飯舘村、2016年調査の楢葉町）。除染特措法が問題とする空間線量率にはほとんど影響しないとしても、河川・ため池等の底質に放射能が溜まっているので、避難指示が解除されても、水道水などの生活用水や農業用水の安全性に不安があって、住民は帰還できないし、基幹産業であった農業も再開できないというのが市町村の認識である。

③除染の効果と除染の目標値とフォローアップ除染に関する課題

2013年調査から一貫して、現行の除染技術・方法による線量低減効果の限界への対応、除染の目標値の設定、フォローアップ除染の実施が課題として挙げられている（2013年調査の富岡町、大熊町、双葉町、2014年調査の南相馬市、2015年調査の南相馬市、葛尾村、飯舘村、2016年調査の川俣町、南相馬市、飯舘村）。

これらの課題は密接に関連しており、国は、避難指示解除の要件の一つとして、年間積算線量が20mSv以下になることを示しているが[10][17]、住民は、帰還して安全に安心して生活できるように、少なくとも年間追加被曝線量1mSv（空間線量率0.23μSv/h）、できれば原発事故前と同程度まで回復することを望んでいる。しかし、現行の除染技術・方法による線量低減効果には限界があって、そこまで下がらない場合が多く、また、除染の目標値が存在せず、0.23μSv/hは除染の実施基準値であってもフォローアップ除染の実施基準値ではないとされていて、除染の実施後に空間線量率が0.23μSv/h以上であっても除染は終了ということになっており、これでは住民は帰還しないし、安全に安心して生活できるようにはならないというのが市町村の認識である。

（10）中間貯蔵施設に関する問題

　中間貯蔵施設に関して、2013 年調査と 2014 年調査では、中間貯蔵施設の整備時期と整備場所が決定していなかったことから、その整備の必要性や可能性について回答を求めたが、2015 年調査と 2016 年調査では、国が当初予定していた中間貯蔵施設への搬入開始時期が経過し、パイロット輸送が開始されたことを背景として、その整備・完成、または、除去土壌等の搬出にかかわる経緯や現状に関して問題と考えること、あるいは、それらに関してこれから生じると考えられる問題について回答を求めた。

　2013 年調査と 2014 年調査における中間貯蔵施設の整備の必要性や可能性については、いずれの調査においても、無回答の市町村を除けば、すべての市町村が中間貯蔵施設の整備は必要だと認識している（表 1-19）。その理由としては、住民の帰還や町の復興のためには除去土壌等を仮置場から移動させる必要があることが最も多く挙げられており（2013 年調査の川俣町、楢葉町、葛尾村、2014 年調査の川俣町、楢葉町、川内村、葛尾村）、次いで、仮置場を確保することが困難であること（2013 年調査の南相馬市、富岡町、2014 年調査の富岡町）が多く挙げられている。また、中間貯蔵施設の整備の可能性については、2014 年調査までは、中間貯蔵・環境安全事業株式会社法が施行される前であったこともあり、県外最終処分の実現性が明確になっていないことが課題であると指摘されていた（2014 年調査の楢葉町、富岡町、双葉町）。

　2015 年調査と 2016 年調査における中間貯蔵施設の整備・完成または中間貯蔵施設への除去土壌等の搬出にかかわる経緯や現状に関する問題などについては、いずれの調査においても、すべての市町村が「問題がある」と回答している（図 1-18）。問題の具体的な内容としては、中間貯蔵施設の整備が遅れていることが最も多く挙げられており（2015 年調査の川俣町、田村市、南相馬市、富岡町、川内村、浪江町、葛尾村、2016 年調査の田村市、南相馬市、楢葉町、川内村、双葉町、浪江町、葛尾村、飯舘村）、次いで、本格輸送を実施するにあたっては適切なルート選定や交通安全対策の実施などが必要であること（2015 年調査の川俣町、楢葉町、川内村、大熊町、双葉町、2016 年調査の川俣町、南相馬市、楢葉町、富岡町、大熊町、双葉町）、中間貯蔵施設の整備の遅れに伴って、仮置場での除去土壌等の保管の延長に関する住民や地権者との協議・調整が必要になること（2015 年調査の川内村、浪江町、2016 年調査の楢葉町、川内村、浪江町）が多く挙げられている。

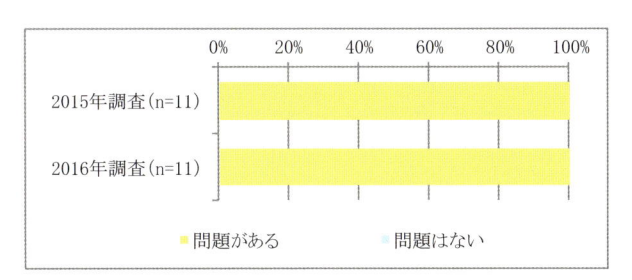

図 1-18　中間貯蔵施設の整備・完成または中間貯蔵施設への
除去土壌等の搬出にかかわる経緯や現状に関する問題など

表 1-19　中間貯蔵施設の整備・完成または中間貯蔵施設への除去土壌等の搬出にかかわる経緯や現状に関する問題など

	2013年調査	2014年調査	2015年調査		2016年調査	
	中間貯蔵施設の設置の必要性や可能性〔自由に記入〕		中間貯蔵施設に関して問題と考えること、あるいは、これから生じると考えられる問題			
			選択	具体的な内容〔選択肢から1つ選択し、「ある」を選択した場合には具体的な内容を記入〕	選択	具体的な内容
川俣町	●帰還する上で、仮置場の存在を問題にしている住民が多いことから、中間貯蔵施設は必要ではあるしかし、双葉町・大熊町の地元住民の意向にもよるので、可能性については疑問が残る。	●帰還する上で仮置場の存在を問題にしている住民が多いことから施設は必要である。本来、非のない被災地域に加害者側の廃棄物を置くことは受け入れられないが、中間貯蔵施設はやむを得ないと考える。●設置を想定している地域の住民の将来のことを十分に考慮することで可能性が出るのではないか。	ある	●用地取得等の問題による整備の遅れは喫緊の課題であるが、本格輸送が開始された際の積込・作業ヤードの確保、フレコンバッグの破損の恐れ、輸送ルート周辺住民の理解などで、その時点で問題・課題は生じると考えられる。	ある	●大量の除去土壌等を運搬するダンプトラックの走行に対する交通事故及び路面損傷の懸念。
田村市	無回答	●県内より各市町村が各地域内に仮置きの状況で保管されている現状において、管理し続けることが困難であることも明白であり、中間貯蔵施設に集約しなければならないことは言うまでもない。	ある	●早期の搬出ができないことによる、維持管理上のさまざまな課題が生じてくる。	ある	●早期の搬出ができないことによる、維持管理上のさまざまな課題が生じてくる。
南相馬市	●仮置場を確保して除染作業に着手するが、中間貯蔵施設の設置が決まらないと仮置場が最終処分場になるのではないかと住民が不安になり、仮置場の確保に向けての住民の合意形成にも時間を要する。	●除去物の長期的な保管・管理には、それに対応した施設が必要であることから、中間貯蔵施設は必要である。	ある	●当初、3年で供用開始することとしていたが、現在も供用開始できていないこと。	ある	●当初、3年で中間貯蔵施設を供用開始すると言われていたが、現在も土地取得・整備中であること。●中間貯蔵施設への除去土壌等の搬出について、南相馬市に関しては、他市町村分の輸送で、県道12号線の利用が想定されており、交通量増加による渋滞、交通事故の増加等が危惧される。●除去土壌等については、中間貯蔵施設への搬出だけでなく、減容化が必要と考える。
楢葉町	●仮置場が各行政区に点在しているため、今後の町の復興や町民の帰還に支障が出る。仮置場から早期に廃棄物を移動し、国が一括管理する施設は必要であり、どこかに整備しなくてはならない施設であると考える。	●仮置場が各行政区に点在しているため、今後の町の復興や町民の帰還に支障が出る。仮置場から早期に廃棄物を移動し、国が一括管理する施設であり、どこかに整備しなくてはならない施設であると考える。現状では30年間という保管期間を設けているが、30年後に他県への搬出が具体的にされていない現状であり課題でもある。	ある	●運搬時の安全対策並びに放射線モニタリングの徹底。●当初、仮置きする期間を3年としていたが、中間貯蔵施設への搬入が完成、完成状況が十分でないため、フレキシブルコンテナの耐久性や仮置場の設置延長または、中間貯蔵施設への運搬工程を具体的に公表すべき。	ある	●中間貯蔵施設の整備・完成の見通しが不透明なため、当初3年の期限付きで仮置場の地権者から継続的に土地の借用ができるか。また、フレキシブルコンテナ容器の耐久性は3年とされているため今後劣化・破損が生じた際の具体的な対処法の整備が必要と考える。●楢葉町は2015年9月に避難指示が解除されており、仮置場から中間貯蔵施設へ搬出する際には、市街地を避ける経路と時間の選定及び搬出を行うことについて町民へ広く通知することが必要であると考えられる。
富岡町	●除染に伴い莫大な量の放射性廃棄物が発生しており、仮置場の設置もままならず、苦慮している自治体が殆ど。高レベル廃棄物等を長期的に貯蔵して安定化する施設は必要。候補地となる地権者や自治体に対して十分な補償を行うことも重要。	●県内の除染に伴い莫大な量の放射性物質が発生しており、仮置場の設置もままならず、苦慮している自治体がほとんどであり、必要性は誰もが認めるところであるが、候補地となる自治体や地権者に対して説明や補償が十分でないため進んでいないのが現状である。また30年以内に県外処分する案も不透明な部分が多く、それが候補地となる地元にとっても不信感に繋がっている。	ある	●県内の除染に伴い莫大な量の放射性物質が発生しており、仮置場の設置もままならず、苦慮している自治体がほとんどであり、必要性は誰もが認めるところであるが、候補地となる自治体や地権者に対して説明や補償が十分でないため遅々として進んでいないのが現状である。また30年以内に県外処分する案も不透明な部分が多く、それが候補地となる地元にとっても不信感に繋がっている。	ある	●搬入ルートや搬入日時、時間帯を明確にし、沿線住民をはじめ、地域住民に広く周知することが必要となる。●搬出、搬入の際に事故があった場合にどのような対応をとるのか、あらかじめ想定しておく必要がある。
川内村	●中間貯蔵施設は必ず国が責任を持って建設をしなければならない。必要性や可能性などと言っている段階でない。	●避難指示区域において、他の地域より高い放射能廃棄物が保管されていることから、安心、安全な生活圏の確立のために中間貯蔵施設を早急に整備する必要性があると考える。	ある	●村内に仮置場を設置するにあたり、搬入完了から3年後には除染廃棄物の搬出を始めると住民へ説明しており、それ以上の遅れることが行政に対しての不信感を抱かせてしまう。●中間貯蔵施設については、大型車両を利用して輸送を行うことになるが、本村の道路は幅員が狭いため、本格運用されるまでには道路輸員の改良工事が必要と考える。	ある	●仮置場の設置にあたっては、住民または地権者の方々と保管期間の約束をしており、それまでには中間貯蔵施設へ搬出しなければならない。
大熊町	無回答	無回答	ある	●搬出に関しては運搬路の選定に問題がある。具体的には、選定されたルート自体と選定のプロセスのどちらにも問題がある。運搬ルートの選定は近隣の市町村との調整も必要になるが、現状ではほぼされていない。大熊より南にある町村の廃棄物は国道6号を通過していくのが確実で速いが、わざわざ高速道路に乗り、大熊の町中を通るルートで運んでいる。本来は運搬にあたっては各町村との協議が必要であるが、ちゃんとされないまま始まっているので、県や国が主体になり福島県全域の輸送の計画を調整してほしい。	ある	●除染土壌の搬出に関しては国、県が中心になって関係市町村との調整を行ってほしい。●輸送路については大型の車両が往来するため、破損等発生すれば国で早急に補修が必要である。
双葉町	●候補地の町としては、必要性はあるが、なぜ双葉町と大熊町と楢葉町なのかの疑問は永久に残る。町の将来を左右する施設を一方的に進めている環境省の姿勢は、住民の反発を招く結果となっている。帰宅できる見通しも示さずに、施設を作る〔故郷・財産を奪われる〕計画ばかりを先行させているとの批判も多く、この迷惑施設の計画は簡単には進まないと受け止めている。	●県内の各市町村に仮置きしてある除染物質の最終処分場が建設されるまでの保管所としては必要なものである。しかし、地権者及び自治体の理解を得るのが難しい。あまつさえ、30年後には最終処分場に運び出すと国は公言しているが、その最終処分場は本当に県外に確保できるのかという問題があり、経ても了線量が10万Bq/kgを下回った場合、30年を待たずに管理型処分場に指定してしまい、なし崩し的にうやむやにするのではないかという嫌な可能性もある。	ある	●中間貯蔵施設予定地の地権者はもとより、双葉・大熊両町町民に対する丁寧な説明が行われていない。●輸送が始まるまでに、全ての工程表及びルートの決定がされていない。●関係市町村への説明、協議をしっかり行い理解を求め、国が独自に判断した。●県外最終処分へ向けた具体的な取組がない。●町道等の補修について、災害復旧事業との整理がされていない。	ある	●用地取得の進捗が遅い。●中間貯蔵施設予定地の地権者はもとより、双葉・大熊両町に対する丁寧な説明等が行われてない。●輸送が始まるまでに、全ての工程表及びルートの決定がされていない。●関係市町村への説明、協議をしっかり行い理解を求め、国が独自に判断した。●県外最終処分へ向けた具体的な取組がない。●町道等の補修について、災害復旧事業との整理がされていない。
浪江町	無回答	●一番良いのは、除染廃棄物を直接最終処分場に搬出することであると考える。そうすれば、仮置場および中間貯蔵施設自体必要がない。ただ現状では、最終処分場が決まっていないこともあり、現状として、「仮置場→中間貯蔵施設→最終処分場」ということになっている。浪江町には施設の建造の予定は今のところないが、隣接している双葉町と大熊町が候補地ということで、早く完成したい反面、両町の地権者のことを考えると複雑な思いに駆られる。県県が受け入れ先が明確に決定していない以上、双葉郡への設置は致し方ない部分もあるので、地元住民への理解〔周辺町村も同様〕を十分に得た上で進めていただきたい。政府が誠意ある対応をしていけば、当該地域への施設の設置は可能であると思われる。	ある	●本来、最終処分場に搬入するのであれば、そこから解決しなくてはいけない。最終処分ができるのであれば、仮置場及び中間貯蔵施設自体、必要がない。しかし、現状ではそれは先送りされ、中間貯蔵施設は建設が遅れている状態である。●今後に関しては①パイロット輸送を先行で行ったら候補地性を進めること、②本格輸送時期を明示すること、③本格運用のあり方を明示すること、④仮置場の延長に対して住民の理解を得ること。	ある	●中間貯蔵施設の建設が遅れている状態である。このしわ寄せは町内の農地に発生し、地権者との契約年数の3年は大幅に超えてしまう。また、遅れることにより、住民との軋轢が生じる可能性もある。
葛尾村	●環境省が地元に仮置場の設置を説明する際、必ず中間貯蔵施設の設置時期が質問に上がり、設置が決定しないと残置される仮置場が永久に化して帰還は行えないとの意見が出る。このことからも、除染を完了し帰還を促すためにも中間貯蔵施設は必須である。	●現在村内にある仮置場のほとんどが優良農地にあるため、営農再開のため早期に中間貯蔵施設に移動してもらいたい。	ある	●除去土壌等を優良農地に保管していることから、中間貯蔵施設の完成が遅れれば、営農再開に支障となることが懸念される。	ある	●帰還困難区域など地域が避難指示解除となった本村では、すでに生活を再開した方もいるが、仮置場が村内農地に点在しているところもあり、営農再開には支障が出ている。中間貯蔵施設への土壌搬出が進んでいないことから、今後の本村農業の復興については問題が発生している。
飯舘村	●国は除染廃棄物や汚染廃棄物の搬入場所として中間貯蔵施設が必要である。住民説明会では、国が示したロードマップに基づいて除染や廃棄物処理について説明しているので、計画通りに進める必要がある。	●国の予定している搬入開始に向けて、努力してほしい。また、搬出の積み込みヤードの設置についても、国の責任において実行してほしい。	ある	●村内の除染実証から、170万袋のフレコンパックが発生する予定である。運び出しが始まり、50台/日のダンプで18年以上の日数を要することを周知すべきである。	ある	●用地確保の遅延や搬出時のボリュームから相当の時間を要する。

（11）仮置場の除去土壌等をすべて中間貯蔵施設に搬出するまでの想定年数

　仮置場の除去土壌等をすべて中間貯蔵施設に搬出するまでの想定年数に関する問いは、2016年調査にのみ設けたものであるが、「5 年以上 10 年以内」が 4 市町村（36%）で最も多く、次いで、「10 年以上20 年以内」と「20 年以上 30 年以内」が 2 市町村（18%）で多くなっている（表 1-20、図 1-19）。

　市町村ごとの回答を見ると、これらの想定年数は、必ずしも除去土壌等の保管量や搬出量に比例しているわけではないことがわかる。また、先述の通り、30 年以内の県外最終処分が法制化されているが、「30 年以上」と考えている市町村も見られる。

表 1-20　仮置場の除去土壌等をすべて中間貯蔵施設に搬出するまでの想定年数

	2016年調査	備考	
		2016年9月末現在の除去土壌等の保管量（袋≈m³）	2016年9月末現在の除去土壌等の搬出量（袋≈m³）
川俣町	10年以上20年以内	612,574	0
田村市	1年以上3年以内	36,286	1,254
南相馬市	10年以上20年以内	783,399	0
楢葉町	5年以上10年以内	585,251	3,465
富岡町	5年以上10年以内	1,129,690	319,344
川内村	30年以上	93,748	1,600
大熊町	20年以上30年以内	271,657	5,499
双葉町	5年以上10年以内	122,744	6,287
浪江町	5年以上10年以内	796,223	250,413
葛尾村	無回答	392,189	170,644
飯舘村	20年以上30年以内	2,303,351	19,913

注：葛尾村は無回答であるが、補足的に「現在の契約は、当初契約時には年数が記載されていたものの、中間貯蔵施設へと搬出されるまでという形に変更されており、中間貯蔵施設の土地取得状況に鑑みると、年数を想定することは困難である」と回答している。

資料：環境省（2016）「平成28年9月30日時点の仮置場等の箇所数、保管物数及び搬出済保管物数（市町村別）」、
http://josen.env.go.jp/area/provisional_yard/number.html（2016年11月1日に最終閲覧）

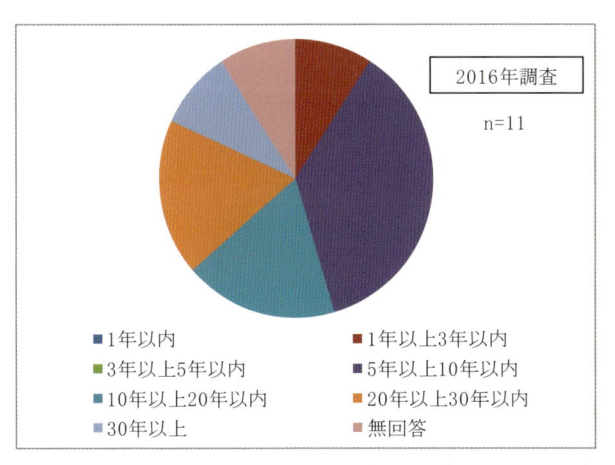

図 1-19　仮置場の除去土壌等をすべて中間貯蔵施設に搬出するまでの想定年数

（12）国による除染と市町村の復興まちづくりを連動させた取り組み

　先述の通り、除染特別地域における除染の主体は国であるが、東日本大震災からの復興を担う行政主体は市町村が基本であるとされている [4]。このため、除染特別地域に指定されている市町村の復興を効果的かつ効率的に進める上では、国による除染と市町村による復興まちづくりの連動が重要だと考えられる。

　環境省は、2013 年 12 月に除染特別地域における除染スケジュールの見直しを行った際に、インフラ復旧などの復興の動きと連携した除染を推進するものとした [19]。その後、主として環境省と福島県が連携し、道路やダムなどのインフラ復旧・整備などに先行して除染が実施されてきたが、国による除染と市町村の復興まちづくりの連動については、個別的な取り組みが見られるといった程度である（表 1-21、図 1-20）。

表 1-21　除染と復興まちづくりを連動させた取り組み

	2013年調査		2014年調査		2015年調査		2016年調査	
	選択	具体的な内容	選択	具体的な内容	選択	具体的な内容	選択	具体的な内容
川俣町	ある	●スマートコミュニティ構想（再生可能エネルギー事業、過疎型スマートコミュニティの推進）。	ある	●農地の活用に対する連携を取っている。例えば、除染に合わせて圃場整備（暗渠排水整備）を進めている。●スマートコミュニティ構想（再生可能エネルギー事業、過疎型スマートコミュニティの推進）。	ある	●農地の活用に対する連携を取っている。例えば、除染に合わせて圃場整備（暗渠排水整備）を進めている。	ない	—
田村市		無回答	ない	—	ない	—	ない	—
南相馬市	ある	●国に要望して、市の公共施設を除染作業の拠点にした事例がある。●避難指示解除準備区域では、早期に従前の生活を取り戻すため、例年実施されていた文化祭を本年10月に実施する予定であり、この準備として会場となる公共施設等の除染を優先して実施する予定。		無回答	ない	—	ない	—
楢葉町	ある	●楢葉町除染推進組合を組織し、町民参加型の除染や資機材の購入先、雇用など請負企業JVの施工体制に当組合を取り入れている。	ある	●楢葉町除染推進組合を組織し、町民参加型の除染や資機材の購入先、雇用など請負企業JVの施工体制に当組合を取り入れている。	ない	—	ない	—
富岡町	ある	●企画課において、「まちづくり検討委員会」を立ち上げ、復興期における町の再生方法などを検討している。	ある	●第二次復興計画を策定中。	ある	●2015年6月策定の富岡町災害復興計画（第二次）の中で、復旧・復興の大前提として「除染」の実施を掲げている。		
川内村	ある	●今後、富岡町や大熊町の除染がスタートすると思うが、除染作業員や町の住民が宿泊できる施設やミニ仮の町を建設することにより、まちづくりをしていく。	ある	●富岡町や大熊町での除染の開始を見据えた除染作業員や町民の宿泊施設などの建設。	ある	●富岡町や大熊町での除染の開始を見据えた除染作業員や町民の宿泊施設などの建設。		
大熊町	無回答	●除染が始まったばかりであり、まだ、その段階に至っていない。		無回答	ない	—	ない	—
双葉町	ない	●避難指示解除準備区域の復興に向けた除染については、計画として連動しているが、津波被災地区として海岸線の復旧と、防潮堤の再整備等、町としての社会・経済的機能の帰着を前提としている。現状としてこの地区は、ここ2～3年以内に年間1mSvを下回る可能性があり、その場合の対応と復興事業との兼ね合い・連携が難しい。	ない	●復興まちづくり事業は、除染が先行して実施されることを前提としている。	ある	●双葉町復興まちづくり長期ビジョン（27年3月策定）を実現していくために、帰還困難区域の面的除染を国に求めている。	ある	●双葉町復興まちづくり長期ビジョン（27年3月策定）を実現していくために、帰還困難区域の面的除染の実施の決定。（双葉駅西地区　約40ha）
浪江町		無回答	ある	●営農及び事業再開、町内における集約させたコミュニティーの形成など、当町各担当課で復興のための動きはあるが、全てが「除染ありき」である現状。まずは、除染を実施してからがスタートということになる。その中で、業務に密接な部分に関しては、他課とも連携を取りながら進めている。	ある	●復旧工事などで除染が必要な場合は先行的に対応するものとしている。	ある	●復旧工事等で除染が必要になった場合は先行して対応するものとしている。
葛尾村	ない	—	ない	—	ない	—	ない	—
飯舘村	ある	●村の復興、帰村には除染が不可欠である。村復興計画では、帰村宣言の時期が除染完了と連動している。	ある	●除染の完了を前提とした復興計画に基づく復興まちづくり。	ある	●除染の完了を前提とした復興計画に基づく復興まちづくり。	ない	—

注：斜体の文字は、設問として求めた回答ではないが、市町村が記入した補足回答を指す。

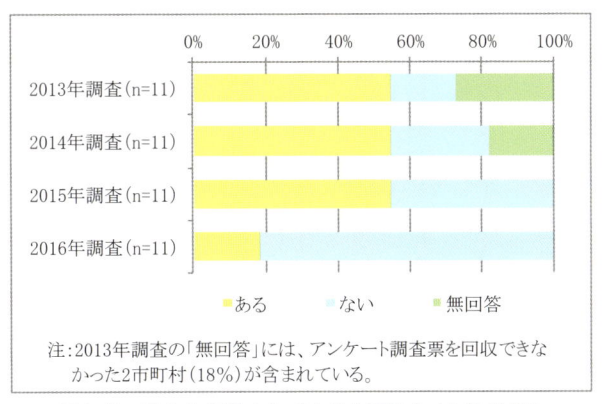

注：2013年調査の「無回答」には、アンケート調査票を回収できなかった2市町村（18%）が含まれている。

図 1-20　除染と復興まちづくりを連動させた取り組み

（13）除染を効果的かつ効率的に進めるにあたって必要なことなど

　除染を効果的かつ効率的に進めるにあたって必要なことなどについては、市町村によって、また、調査年によって多様であるが、2013 年調査から一貫して、除染の目標値とフォローアップ除染の実施基準値を定め、除染の実施後にそれらを上回る場合においては、フォローアップ除染を実施する必要があること（2013 年調査の飯舘村、2014 年調査の楢葉町、葛尾村、2015 年調査の楢葉町、葛尾村、2016 年調査の川俣町、楢葉町）が挙げられている（表 1-22）。また、先述の除染に関する課題においても見られたように、住民の意向を踏まえた除染の実施が必要であること（2013 年調査の富岡町、2014 年調査の浪江町、2015 年調査の楢葉町、2016 年調査の楢葉町）が多く挙げられている。

4. 除染特別地域における除染に関する今後の課題

　本章の対象期間である 2013 年から 2016 年までの 4 年間は、福島復興の起点かつ基盤としての位置づけのもとに、除染が世界的に前例のない規模で実施された期間である。その除染は、除染特別地域のうち、避難指示解除準備区域と居住制限区域に指定された地域では、当初のスケジュールよりは遅れることになったものの、福島原発事故が発生してから 6 年後にあたる 2017 年 3 月で終了になることが予定されている。

　しかし、以上の分析からは、除染の終了が予定されているこれらの地域において、除染に関する多くの課題が積み残されていることが明らかになった。そして、それらの課題は、除染の終了に伴って避難指示が解除され、住民の帰還がはじまっている地域では既に顕著になっており、今後、避難指示が解除される地域が増加するにつれて、ますます顕著になってゆくように思われる。

　以下では、以上における分析の結果を踏まえて、除染特別地域における除染に関する主な課題を提示する。

（1）森林や河川・ため池等の環境回復を目的とする "除染" の実施

　除染の根拠法である除染特措法は放射線防護を目的とする法律であるので、森林や河川・ため池等に

表 1-22　除染を効果的かつ効率的に進めるにあたって必要なことなど

	2013年調査	2014年調査	2015年調査	2016年調査
川俣町	●住民の除染に対する期待がある反面、若い世代の帰還への意向が少ないことが課題である。	●住民の除染に対する期待がある反面、若い世代の帰還への意向が少ないことが課題である。 ●その影響で、町外に移転先を求める動きがあることも課題である（人口流出）。	●住民の除染に対する期待がある反面、若い世代の帰還への意向が少ないことが課題である。 ●その影響で、町外に移転先を求める動きがあることも課題である（人口流出）。	●取り残し箇所のフォローアップ除染を徹底してほしい。
田村市	無回答	無回答	無回答	無回答
南相馬市	●除染を効果的かつ効率的に進めるにあたって必要なことは、除染の進捗状況が地域の住民に確実に伝わること。安心して暮らせる南相馬市であるように線量の低減に努める。	無回答	無回答	無回答
楢葉町	無回答	●除染の方法については、当初より国が一定の仕様のもとで、家屋の構造や敷地の形状により実施されたが、家屋の構造（瓦、壁材など）によって効果が見られない箇所があり、今後の追加除染では、実施結果を踏まえ除染方法の仕様を変更し、効率のある方法を取り入れ実施してほしい。	●町民はホットスポット等の点的除染ではなく、面的除染を求めている。 ●自宅周辺の放射線量が0.23μSv/hを下回っていなくても、環境省は健康に影響する可能性は極めて低いとの見解を示し、フォローアップ除染の対象とする箇所が少ないため、フォローアップ除染の基準を明確にし、対象箇所を増やすことが必要である。 ●飲料水の安全を周知できるよう町民の不安を払拭するような除染工法を講じなければ、宅地等の線量低減率を示すだけでは理解を得ることは難しく、帰町する町民が少なくなると考える。	●町民はホットスポット等の点的除染ではなく、面的除染を求めている。 ●自宅周辺の放射線量が0.23μSv/hを下回っていなくても、環境省は健康に影響する可能性は極めて低いとの見解を示し、フォローアップ除染の対象とする箇所が少ないため、フォローアップ除染の基準を明確にし、対象箇所を増やし住民目線になった除染を行わなければならない。 ●現在までの除染で実施されていない里山等の除染を求めている。
富岡町	●効果的かつ効率的な除染を実施するのであれば、家屋の取り壊しを望む方に対しては取り壊しを、取り壊しを望まない家屋に対しては屋根瓦や雨どい・集積枡等の交換を実施するべき。	●家屋の解体を望む方についても現在は、仮置場の問題から除染してから解体の流れになっているが、費用面や効率から二度手間ではないか、解体してから除染の方が効率的で費用も抑えられるのではないかという意見がある。	●樹木の伐採については、樹冠の半分もしくは4mまでの枝打ちとなっているが、全町避難により管理することが困難であるため根本からの伐採を求める意見が多数ある。	無回答
川内村	●除染作業員が担当している除染現場の線量を知ることと、除染によって線量がどの程度まで下がったかを一人一人把握することが必要。中間貯蔵施設の設置は緊急の課題。可燃性除染廃棄物の焼却処分は必要。	無回答	無回答	無回答
大熊町	無回答	●国の基準が朝令暮改になっており、地方自治体としても、住民に説明できない場合があるため、対応に苦慮している（例えば、年間被ばく量1mSvの考え方など）。	●中間貯蔵施設の早期建設が必要である。	●中間貯蔵施設の早期建設が必要である。
双葉町	●マスコミの取り上げ方と、国の評価との間にかい離があり、住民は国の対応に疑問を持っている。 ●除染の効果について疑問視する声も増えている。生活再建が困難な状況下で、避難されている方たちは、故郷の不確かな先の見えない除染よりも、新たな生活再建や原子力損害賠償の充実・早期対応に対する要望・意見が多い。	●モデル除染のみしか実施していないため、あまり住民の意見はないが、その中では「帰還困難区域も早急に除染してほしい」という要望が多い。	●帰還困難区域の除染方針を早急に定めてほしい。 ●除染の効果についてもっと積極的に周知してほしい。	●帰還困難区域の除染方針を早急に定めてほしい。 ●除染の効果についてもっと積極的に周知してほしい。
浪江町	無回答	●今、実施されている除染が「誰のための除染」なのかを各行政機関が今一度十分に考え、取り組んでいかなくてはならない。そして、一日でも早く、目に見える形で町民の皆様へお示しできるように、関係機関との連携を密に、町民の皆様の声に耳を傾けて実施していきたい。	無回答	無回答
葛尾村	無回答	●除染については、環境省の環境再生事務所担当部署が誠意を持って進めていると思うが、環境省の本庁がもっと現場の意向を聴き対応してほしい。 ●除染は一回実施して終わりでなく、原発事故前と同程度に戻るまで、あらゆる手法を駆使して除染を継続すべきである。 ●農地除染については、環境省任せにせず、農林水産省でも除染後の地力回復等の措置を考えるべきである。	●除染後のフォローアップを事業として行うこと。具体的には、数値目標を示し、それを上回る場合には除染を実施することが必要である。	無回答
飯舘村	●国が除染後のモニタリング調査でホットスポット、取り残しがあった際に「再除染」をするとの考え方をきちんと示せば除染同意取得や国の考え方が村民に理解されると国に要望や提案をしている。しかし、その考えは今のところないようである。	●帰村や営農再開に向けて、居住空間以外の除染も同時に進めてほしい。	●除染特別地域内の除染事業を、市町村でも事業主体になれるものとすれば、除染の目標値の設定や地域密着の工事が可能となる。 ●除染特別地域内は、住民や市町村が自ら除染した廃棄物は、線量が高くても特定廃棄物とならないため、行き場がない状態となっている。例えば、除染が終わり、営農再開に向けて、関係者が用排水路の土砂上げをしているが、その土砂の線量がとても高い状況にある。また、地域内の防火水路も、維持作業で土砂上げしているが、行き場がない状況である。	●直轄除染工事には、除染の目標とする線量値がないことで、作業員による除染効果のばらつきが多い。

　ついては、健康や生活環境に影響を及ぼす場所ではないとして、基本的に除染の対象外とされている。しかし、多くの市町村は、2013 年調査から、国の除染に関する取り組みが「不適切」な理由として、また、除染による住民の帰還と安全・安心な生活の回復が「不可能」な理由として、さらに、除染に関する課題として、「森林や河川・ため池等の除染」が実施されていないことを挙げている。

　もっとも、これらに関して何も行われていないということではない。森林に関しては、国は 2016 年 3月に新たな方針を示し、除染特措法に基づく除染（環境省）、林業再生事業（林野庁）、福島再生加速化交付金事業（復興庁等）を組み合わせつつ、住居周辺の里山等の森林については、森林内の憩いの場や日常的に人が立ち入る場所を対象とする除染や林業再生等のための取り組みなどを実施する、奥山については、間伐等の森林整備と放射性物質対策を一体的に実施する事業や林業再生に向けた実証事業など

を推進するものとしたが [35)36)]、今なお具体的な事業は行われていない。河川に関しては、福島県は 2016 年 3 月に、比較的高い放射線量が確認された河川のうち、土砂の堆積量が多く洪水時の危険性が高い河川を対象として、県が独自に堆積土砂の除去工事を実施するとの方針を示し [37)]、2016 年度から事業を実施しているが、堆積土砂の除去が必要な河川は、放射線量が高く、洪水時の危険性が高い河川に限られない。ため池に関しては、営農再開・農業復興の観点から放射性物質対策が必要なものについて、2014 年から、除染特措法に基づく除染とは別に、福島再生加速化交付金事業によって底質の除去などを進めるものとされているが、全体的にはモニタリング調査の実施段階であって、ほとんど成果が上がっていない [(11)]。

　水や緑は暮らしの基盤であり、物質的な意味でも象徴的な意味でも、それらの安全性と安心性の回復なしには、生活の再建も場所の再生もありえない。復興庁が実施した原子力被災自治体における住民意向調査によると、「戻らないと決めている」と回答した住民の理由として、すべての市町村において、「水道水などの生活用水の安全性に不安があるから」といったことが挙げられているが [38)]、これは、水と緑が手つかずのままである限り、住民の帰還を促し、安全・安心な生活を回復させることは難しいことを示唆しているものと考えられる。

　こうしたことを踏まえれば、除染特別地域のうち、避難指示解除準備区域と居住制限区域に指定された地域では、放射線防護を目的とする除染特措法に基づく除染が 2017 年 3 月で終了になることが予定されているが、今後は森林や河川・ため池等の除染特措法に基づかない環境回復を目的とする "除染" の実施が重要な課題だと考えられる。この環境回復を目的とする森林や河川・ため池等の "除染" は、対象範囲が広大であることや現在の除染の技術水準などを考慮すれば、長期にわたる事業にならざるをえないことから、上記のような個別的な取り組みによるのではなく、放射線防護を目的とする除染特措法とは別に、環境回復を目的とする新たな法律を制定し、これに基づいて実施することが求められる。

（2）場所の特性に即した総合的な放射線防護措置の一つとしての
フォローアップ除染の実施

　多くの市町村は、除染によって達成すべき空間線量率については「0.23μSv/h」、住民が安全に安心して生活できる空間線量率については「原発事故前と同程度」または「0.23μSv/h」と考えている。これらの理由として、「0.23μSv/h」については、国が長期的な目標とする年間追加被曝線量 1mSv を空間線量率に換算した値であること、住民に除染の実施基準値や目標値として浸透していること、「原発事故前と同程度」については、低線量被曝による健康影響については科学的に十分には解明されていないこと、住民の願い・思いであることなどが挙げられている。

　しかし、除染特別地域では、除染実施前の空間線量率が高いので、除染による線量低減率が高くても、除染の実施後に「原発事故前と同程度」はもとより、「0.23μSv/h」を下回らない場合が多い。このため、除染が終了した市町村の多くは、「今後とも除染を実施する必要がある」と考えており、先にも引用した復興庁による原子力被災自治体における住民意向調査では、「戻りたいと考えている」と回答した住民が帰還する場合に希望する行政の支援として「被ばく低減対策」が多くなっている [38)]。

　ところが、先述の通り、環境省は、フォローアップ除染について、事後モニタリングの結果等を踏まえ、除染効果が維持されていない箇所が確認された場合には、個々の現場の状況に応じて原因を可能な限り把握し、合理性や実施可能性を判断した上で実施するとの方針を示しているのみであり、具体的な実施基準を定めていない [15)16)]。放射性物質による汚染の状況は多様であり、除染の効果も実施箇所毎に

しかし、放射能汚染の状況や除染の効果が場所によって異なることは、除染の実施基準を 0.23μSv/h と定めた時も同じである。現在では、年間追加被曝線量 1mSv に相当する空間線量率が 0.23μSv/h ではなく、その 2〜3 倍であることが経験的に明らかになっているのであるから、こうした知見を踏まえてフォローアップ除染の実施基準を定めることは可能なはずである。

もっとも、環境省が説明する通り、除染の線量低減効果には限界があるので、フォローアップ除染のみによって年間 1mSv を実現することは困難な場合があると考えられる。このため、第一に、場所の特性に即した総合的な放射線防護措置体系を構築すること、第二に、放射線防護措置の一つとしてフォローアップ除染を位置づけることが必要である。そうだとすれば、今後は、住民、市町村、県、国の協働のもとに、例えば、地区を単位として放射線防護計画を策定し、その中でフォローアップ除染の実施基準を定めて実行するという制度体系を構築することが検討されるべきだと考えられる。

(3) 中間貯蔵施設の早期整備・完成と仮置場の適正管理と 県外最終処分の実現可能性の検討

中間貯蔵施設の整備・完成または中間貯蔵施設への除去土壌等の搬出にかかわる経緯や現状に関する問題などについて、すべての市町村が「問題がある」と考えており、その理由として、多くの市町村が中間貯蔵施設の整備が遅れていることを挙げている。確かに、避難指示の解除が進む中にあって、中間貯蔵施設を早期に整備・完成させ、仮置場に保管されている除去土壌等を中間貯蔵施設へと搬出することは、住民の帰還を促し、安全・安心な生活を回復する上で重要な課題である。

しかし、現状からすれば、将来的に中間貯蔵施設が完成するとしても、相当の期間が要されると思われるし、先述の通り、環境省による 2020 年度までの搬入の見通しの通りに進んだとしても、当分の間、除去土壌等の半分は仮置場に保管され続けることになる [22]。このため、国は、多くの市町村が除染に関する課題として指摘している仮置場の管理、中間貯蔵施設に関する問題として指摘している仮置場での除去土壌等の保管にかかわる諸問題への対応を適切に行うことが求められる。

また、中間貯蔵施設は、中間貯蔵開始後 30 年以内における県外最終処分の完了を前提として、その整備が受け入れられたものである。中間貯蔵・環境安全事業株式会社法において、県外最終処分に関する国の責務が規定されたものの、その見通しはまったく立っていない。もちろん、国による県外最終処分の実現に向けた努力に手抜かりがあってはならないが、その実現が不可能になった場合のことを考慮して、長期にわたる除去土壌等の保管・管理のあり方について検討しておいた方がよいと思われる。

(4) 帰還困難区域全域を対象とする除染の計画策定と実施

先述の通り、これまで、除染特別地域においては、早期に避難指示を解除し、住民の帰還を促すという観点から、避難指示解除準備区域と居住制限区域に指定された地域において除染が優先的に実施され、帰還困難区域に指定された地域は、基本的に除染の対象外とされてきた。しかし、国が 2016 年 8 月に公表した「帰還困難区域の取扱いに関する考え方」において、市町村が帰還困難区域に指定された地域に復興拠点等を整備する場合、国がインフラ整備とあわせて除染を行うとの方針が示されたところであ

る[12]。

　この方針の意味するところは、帰還困難区域とは避難指示区域の中で最も放射能汚染が深刻な地域であり、放射能の自然減衰によって空間線量率が低下しつつあるとはいっても、今なお一律に避難指示を解除できるような状況にはないが、例えば行政区域面積の 96％が帰還困難区域に指定された双葉町の場合、帰還困難区域の中でも相対的に放射能汚染の度合いが低い地域に復興拠点を整備し、これを足掛かりとして住民の生活再建とふるさとの再生を同時的に実現するという計画を持っているので、国としてはこうした市町村の意思を尊重し、まずは復興拠点の整備予定地から除染を実施するということだと思われる。

　もちろん、国は、復興拠点外の地区に関してまったく方針を示していないというわけではなく、例えば、「市町村が、帰還困難区域の今後の整備方針等の方向性を定めた全体構想を策定した場合には、国はこれを踏まえ、中長期的な浜通りの復興のための施策につなげるものとする」と述べている。しかし、帰還困難区域の復興の前提として、国は、これまで原子力政策を推進してきたことに伴う社会的な責任を負う者として、その全域について除染を実施する必要があるのであって、今後、住民や市町村との協働により、帰還困難区域の全域を対象とする除染の計画を策定し、これを的確に実施してゆくことが求められる。

【補注】

(1)　放射性物質汚染対処特別措置法の正式名称は、「平成二十三年三月十一日に発生した東北地方太平洋沖地震に伴う原子力発電所の事故により放出された放射性物質による環境の汚染への対処に関する特別措置法」である。

(2)　汚染状況重点調査地域についても、2017 年 3 月をもって除染が終了になることが予定されている。

(3)　除染特別地域の面積は、表 1-2 に掲げた避難指示区域内の数値に、楢葉町の避難指示区域外の数値を加えて算出したものである。次に述べる除染特別地域内の人口も、同様の方法で算出したものである。

(4)　「除染に関する緊急実施基本方針」では、2013 年 8 月末までの一般公衆と子どもの推定年間被曝線量の減少率のうち、それぞれ約 40％は放射能の物理的減衰および風雨などの自然要因による減衰（ウェザリング効果）によるものと試算されており、除染による減少率の目標は、一般公衆の場合で約 10％、子どもの場合で約 20％とされている。

(5)　原子力災害対策本部が 2011 年 12 月に決定した「ステップ 2 の完了を受けた警戒区域及び避難指示区域の見直しに関する基本的考え方及び今後の検討課題について」においては、「来年 3 月末を一つの目途に、新たな避難指示区域を設定することを目指す」と示されていたが、実際にすべての市町村で避難指示区域の見直しが終了したのは、2013 年 8 月であった。

(6)　2013 年 12 月 26 日に開催された第 10 回環境回復検討会において環境省が提示した「国及び地方自治体が実施した除染事業における除染の効果（空間線量率）について」によると、主に 2012 年度以降に実施された国直轄事業については、除染前の空間線量率が $1\mu Sv/h$ 未満の場合は平均で 33％の低減、$1\mu Sv/h$ 以上 $3.8\mu Sv/h$ 以下の場合は平均で 45％の低減、$3.8\mu Sv/h$ 超の場合は平均で 52％の低減、全体では平均で 37％の低減となっている。また、土地利用別に見ると、平均値としては、公共施設等は 34％の低減、住宅地は 43％の低減、道路は 33％の低減、農地は 34％の低減、森林は 22％の低減となっている。

(7)　福島県における福島原発事故の発生前の空間線量率は、$0.04\mu Sv/h$ 前後であった。

(8)　川内村では、2014 年 10 月に避難指示解除準備区域における避難指示が解除されたが、居住制限区域が避難指示解除準備区域に再編され、また、楢葉町では、2015 年 9 月に避難指示解除準備区域における避難指示が解除されたが、2015 年調査の回答は避難指示の解除前のものであったため、2015 年調査における回答の対象となった市町村は 10 市町村である。

(9)　楢葉町では、2015 年 9 月に避難指示解除準備区域における避難指示が解除されたが、2015 年調査の回答は避難指示の解除前のものであったため、2015 年調査では回答の対象になっていない。

(10)　2011 年 12 月に閣議決定された「ステップ 2 の完了を受けた警戒区域及び避難指示区域の見直しに関する基本的考え方及び今後の検討課題について」において、①年間積算線量 20mSv 以下となることが確実であることが確認された地域を「避難指示解除準備区域」に設定し、②電気、ガス、上下水道、主要交通網、通信など日常生活に必須な

インフラや医療・介護・郵便などの生活関連サービスがおおむね復旧し、子どもの生活環境を中心とする除染作業が十分に進捗した段階で、県、市町村、住民との十分な協議を踏まえ、避難指示を解除するとされている。

(11) 福島再生加速化交付金事業によって底質の除去が実施されるのは、底質における放射能濃度が 8,000Bq/kg を超える農業用ため池である。福島県のモニタリング調査によると、福島県にある約 3,000 ヵ所の農業用ため池のうち、この要件を満たすのは約 700 ヵ所であるが、2016 年 3 月末現在、事業が実施されたのは川俣町の 1 ヵ所と広野町の 2 ヵ所のみであり、ほとんどの農業用ため池では、福島県のモニタリング調査の結果を受けて、市町村が詳細モニタリング調査を実施している状況にある。

【参考文献】

1) Kota KAWASAKI（2013）"Present Status and Problems of Decontamination Planning and Activities by Municipalities in Fukushima Prefecture: Records of the Early Stage after the Fukushima Daiichi Nuclear Disaster" *Proceedings of International Symposium on City Planning 2013*, pp.1-22

2) 「『復興・創生期間』における東日本大震災からの復興の基本方針」（2016 年 3 月 11 日閣議決定）、http://www.reconstruction.go.jp/topics/main-cat12/sub-cat12-1/20160311_kihonhoushin.pdf(2016 年 10 月 31 日に最終閲覧)

3) 川﨑興太（2016a）「政策移行期における福島の除染・復興まちづくり－福島原発事故の発生から 5 年後の課題－」日本建築学会東日本大震災における実効的復興支援の構築に関する特別調査委員会『日本建築学会東日本大震災における実効的復興支援の構築に関する特別調査委員会 最終報告書（2016 年度日本建築学会大会総合研究協議会資料「福島の現状と復興の課題」）』、ii69-ii86 頁

4) 東日本大震災復興対策本部（2011）「東日本大震災からの復興の基本方針」（2011 年 7 月 29 日閣議決定）、http://www.reconstruction.go.jp/topics/doc/20110729houshin.pdf（2016 年 10 月 31 日に最終閲覧)

5) 川﨑興太（2016b）「原発避難 12 市町村の復興拠点の実態－福島原発事故から約 5 年が経過した現在－」『日本建築学会 2016 年度大会（九州）学術講演梗概集 F-1』、33-36 頁

6) 川﨑興太（2015a）「除染特別地域における除染の実態と市町村の評価と見解－福島第一原子力発電所事故から 2 年半後の記録－」『日本都市計画学会 都市計画論文集』第 50 巻第 1 号、8-19 頁

7) 川﨑興太（2015b）「除染特別地域における除染に関する市町村の評価・見解－福島第一原子力発電所事故から 3 年半後の記録－」『環境放射能除染学会 環境放射能除染学会誌』第 3 巻第 3 号、161-178 頁

8) 川﨑興太（2016c）「除染特別地域における除染に関する市町村の評価・見解－福島第一原子力発電所事故から 4 年半後の記録－」『環境放射能除染学会 環境放射能除染学会誌』第 4 巻第 1 号、15-34 頁

9) 環境省（2015a）「森林における放射性物質対策の方向性について（案）」第 16 回環境回復検討会資料（2015 年 12 月 21 日公表）、 https://www.env.go.jp/jishin/rmp/conf/16/mat05.pdf（2016 年 10 月 31 日に最終閲覧)

10) 環境省（2014a）「除染関係ガイドライン 第 2 版（平成 26 年 12 月追補）」（2014 年 12 月 26 日公表)

11) 環境省（2012）「除染特別地域における除染の方針（除染ロードマップ）について」（2012 年 1 月 26 日公表）、http://www.env.go.jp/press/files/jp/19091.pdf（2016 年 10 月 31 日に最終閲覧)

12) 原子力災害対策本部・復興推進会議（2016）「帰還困難区域の取扱いに関する考え方」（2016 年 8 月 31 日公表）、http://www.meti.go.jp/earthquake/nuclear/kinkyu/pdf/2016/0831_01.pdf（2016 年 10 月 31 日に最終閲覧)

13) 「平成二十三年三月十一日に発生した東北地方太平洋沖地震に伴う原子力発電所の事故により放出された放射性物質による環境の汚染への対処に関する特別措置法 基本方針」（2011 年 11 月 11 日閣議決定）、http://www.env.go.jp/jishin/rmp/attach/law_h23-110_basicpolicy.pdf（2016 年 10 月 31 日に最終閲覧)

14) 原子力災害対策本部（2011a）「除染に関する緊急実施基本方針」（2011 年 8 月 26 日決定）、https://www.env.go.jp/council/10dojo/y100-29/ref02-04.pdf（2016 年 10 月 31 日に最終閲覧)

15) 環境省（2014b）「除染のフォローアップについて」第 11 回環境回復検討会資料（2014 年 3 月 20 日公表）、http://www.env.go.jp/jishin/rmp/conf/11/mat02-1.pdf（2016 年 10 月 31 日に最終閲覧)

16) 環境省（2015b）「フォローアップ除染の考え方について（案）」第 16 回環境回復検討会資料（2015 年 12 月 21 日公表）、 https://www.env.go.jp/jishin/rmp/conf/16/mat02.pdf（2016 年 10 月 31 日に最終閲覧)

17) 原子力災害対策本部（2011b）「ステップ 2 の完了を受けた警戒区域及び避難指示区域の見直しに関する基本的考え方及び今後の検討課題について」（2011 年 12 月 26 日閣議決定）、http://www.meti.go.jp/earthquake/nuclear/pdf/111226_01a.pdf（2016 年 10 月 31 日に最終閲覧)

18) 環境省水・大気環境局（2013a）「除染の進捗状況についての総点検」（2013 年 9 月 10 日公表）、

http://www.env.go.jp/press/files/jp/23009.pdf（2016 年 10 月 31 日に最終閲覧）

19)　環境省水・大気環境局（2013b）「特別地域内除染実施計画の見直しについて」（2013 年 12 月 26 日公表）、http://www.env.go.jp/press/files/jp/23592.pdf（2016 年 10 月 31 日に最終閲覧）

20)　原子力災害対策本部（2015）『『原子力災害からの福島復興の加速に向けて』改訂」（2015 年 6 月 12 日閣議決定）、http://www.meti.go.jp/earthquake/nuclear/kinkyu/pdf/2015/0612_02.pdf（2016 年 10 月 31 日に最終閲覧）

21)　環境省（2011）「東京電力福島第一原子力発電所事故に伴う放射性物質による環境汚染の対処において必要な中間貯蔵施設等の基本的な考え方について」（2011 年 10 月 29 日公表）、https://www.env.go.jp/jishin/rmp/attach/roadmap111029_a-0.pdf（2016 年 10 月 31 日に最終閲覧）

22)　環境省（2016a）「中間貯蔵施設に係る『当面 5 年間の見通し』」（2016 年 3 月 27 日公表）、http://josen.env.go.jp/chukanchozou/action/acceptance_request/pdf/correspondence_160327_01.pdf（2016 年 10 月 31 日に最終閲覧）

23)　環境省（2013）「除染特別地域における計画に基づく除染の進捗状況（平成 25 年 11 月 8 日付け）」

24)　環境省（2014c）「国直轄除染の進捗状況（平成 26 年 10 月 31 日現在）」、http://josen.env.go.jp/area/index.html（2014 年 10 月 31 日に最終閲覧）

25)　環境省（2015c）「国直轄除染の進捗状況の概要（平成 27 年 9 月 30 日時点）」、http://josen.env.go.jp/area/index.html（2015 年 10 月 31 日に最終閲覧）

26)　環境省（2016b）「国直轄除染の進捗状況（平成 28 年 9 月 30 日時点）」、http://josen.env.go.jp/area/index.html（2016 年 10 月 31 日に最終閲覧）

27)　環境省（2015d）「平成 27 年 9 月 30 日時点の仮置場等の箇所数・保管物数・搬出済保管物数（市町村別）」、http://josen.env.go.jp/area/provisional_yard/number.html（2015 年 10 月 31 日に最終閲覧）

28)　環境省（2016c）「平成 28 年 9 月 30 日時点の仮置場等の箇所数、保管物数及び搬出済保管物数（市町村別）」、http://josen.env.go.jp/area/provisional_yard/number.html（2016 年 10 月 31 日に最終閲覧）

29)　環境省（2014d）「国直轄による福島県における災害廃棄物等の処理進捗状況」（平成 26 年 9 月 29 日公表）、http://shiteihaiki.env.go.jp/initiatives_fukushima/waste_disposal/pdf/progress_1409.pdf（2016 年 10 月 31 日に最終閲覧）

30)　環境省（2015e）「国直轄による福島県における災害廃棄物等の処理進捗状況」（平成 27 年 10 月 2 日公表）、http://shiteihaiki.env.go.jp/initiatives_fukushima/waste_disposal/pdf/progress_1509.pdf（2016 年 10 月 31 日に最終閲覧）

31)　環境省（2016d）「国直轄による福島県における災害廃棄物等の処理進捗状況」（平成 28 年 9 月 30 日公表）、http://shiteihaiki.env.go.jp/initiatives_fukushima/waste_disposal/pdf/progress_1609.pdf（2016 年 10 月 31 日に最終閲覧）

32)　環境省除染チーム（2013）「国及び地方自治体が実施した除染事業における除染の効果（空間線量率）について」第 10 回環境回復検討会資料（2013 年 12 月 26 日公表）、http://www.env.go.jp/jishin/rmp/conf/10/ref05.pdf（2016 年 10 月 31 日に最終閲覧）

33)　福島県企画調整部土地・水調整課（2016）「福島県土地利用の現況」、https://www.pref.fukushima.lg.jp/sec/11015c/fukushimaken-tochi-riyou-genkyou.html（2016 年 10 月 31 日に最終閲覧）

34)　農林水産省（2015）「平成 27 年 都道府県別総土地面積」（2015 年農林業センサスのデータを組み替えたデータ）

35)　復興庁・農林水産省・環境省（2016）「福島の森林・林業の再生に向けた総合的な取組（案）」第 2 回福島の森林・林業の再生のための関係省庁プロジェクトチーム会議資料（2016 年 3 月 9 日公表）、http://www.reconstruction.go.jp/topics/main-cat1/sub-cat1-4/forest/160309_4_siryou2.pdf（2016 年 10 月 31 日に最終閲覧）

36)　環境省（2016e）「除染関係ガイドライン 第 2 版（平成 28 年 9 月追補）」（2016 年 9 月 12 日公表）、http://josen.env.go.jp/material/pdf/josen-gl-full_ver2_supplement_1609.pdf（2016 年 10 月 31 日に最終閲覧）

37)　福島県土木部河川整備課（2016）「放射性物質の影響が懸念される河川において堆積土砂の除去を開始します。」（2016 年 3 月 31 日公表）、https://www.pref.fukushima.lg.jp/uploaded/attachment/159186.pdf（2016 年 10 月 31 日に最終閲覧）

38)　復興庁「原子力被災自治体における住民意向調査」（2012 年度から 2016 年度まで毎年度実施）、http://www.reconstruction.go.jp/topics/main-cat1/sub-cat1-4/ikoucyousa/（2016 年 10 月 31 日に最終閲覧）

第2章 汚染状況重点調査地域等における除染の実態と課題

写真 2-1 住宅の除染の風景（福島市、2013 年 3 月）

1. 本章の目的と方法

(1) 本章の背景と目的

　2011 年 3 月の福島第一原子力発電所事故（以下「福島原発事故」）の発生に伴って、福島県は、重大かつ深刻な放射能被害を受けた。これまで、その福島県の復興に向けて、“除染なくして復興なし”との理念のもとに、除染を復興の起点かつ基盤として位置づけた上で、避難指示区域内にあっては「将来的な帰還」、避難指示区域外にあっては「居住継続」を前提として、「被災者の復興＝生活の再建」と「被災地の復興＝場所の再生」を同時的に実現することが可能な法的・制度的状態を創造することをめざして、復興政策が組み立てられ、実行されてきた [1)2)]。

　除染の根拠法は、2011 年 8 月に公布・一部施行され、2012 年 1 月に全面的に施行された放射性物質汚染対処特別措置法（以下「除染特措法」）である。福島県では、除染特措法に基づき、2011 年 12 月に、全 59 市町村のうち、おおむね避難指示区域が設定された地域に相当する 11 市町村に除染特別地域、おおむね避難指示区域外の地域のうちの 40 市町村に汚染状況重点調査地域が指定された。その後、除染特別地域では国が主体となって、汚染状況重点調査地域では主として市町村が主体となって除染が実施されてきたが、福島原発事故が発生してから 6 年後にあたる 2017 年 3 月までに、除染特別地域では帰還困難区域を除く全域において、汚染状況重点調査地域では全域において、除染（面的除染）が終了になることが予定されている [3)4)]。

　本章は、除染が本格的に実施され始めた 2012 年から、除染の終了を間近に控えた 2016 年までの 5 年にわたって、行政区域の全域が除染特別地域に指定されている 7 市町村を除く 52 市町村を対象として実施したアンケート調査などの結果に基づき（p.10 の図 1-1 を参照）、汚染状況重点調査地域等における市町村主体の除染の実態と課題について明らかにすることを目的とするものである [5)6)7)8)]。除染を起点かつ基盤として位置づけてきた福島復興政策の合理性や妥当性を検証するための基礎研究として、また、その除染が終了になることの合理性や妥当性を検証するための基礎研究として、さらに、世界的に前例のない規模での除染に関して継続的に実施してきた学術的な記録として、重要な意義を有するものと考えられる。

写真 2-2　事故発生直後の除染の実証実験（福島市、2011 年 6 月）

写真 2-3　屋根の高圧水洗浄（福島市、2013 年 10 月）

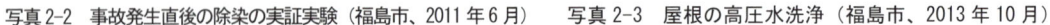

(2) 研究の方法

　先述の通り、本章は、汚染状況重点調査地域等における市町村主体の除染の実態と課題について明らかにすることを目的として、行政区域の全域が除染特別地域に指定されている 7 市町村を除く 52 市町村を対象に、2012 年から 2016 年までの 5 年にわたって実施してきたアンケート調査などの結果に基づくものである（表 2-1）。アンケート調査の内容は、基本的には 2012 年調査から 2016 年調査まで同様であるが、例えば、2012 年調査にのみ、除染特措法の施行前における非法定の除染に関する問いを設けたほか、2014 年調査からは、除染が進展してきたことを背景として、再除染（フォローアップ除染）に関する問いを設けるなど、一部変更した。

　アンケート調査票は、毎年、7 月初旬に 52 市町村の除染担当課宛てに電子メールで配布し、9 月または 10 月までに回収した。2012 年調査については川俣町、2013 年調査については大玉村、田村市、玉川村から調査票を回収することができなかったが、2014 年調査からは、すべての市町村から調査票を回収することができた。なお、除染特別地域が行政区域の一部の区域に指定されている市町村からは、当該区域以外の区域、すなわち汚染状況重点調査地域に指定されている区域に関する回答を得た。

　また、福島原発事故の発生後から、ヒアリング調査、現地調査、文献調査を継続的に実施した。ヒアリング調査の対象は、52 市町村のほか、住民、福島県、環境省などである。

(3) 本章の構成

　第 2 節では、アンケート調査、ヒアリング調査、現地調査、文献調査の結果に基づき、市町村主体の除染の実態について分析する。具体的には、汚染状況重点調査地域の指定状況、除染実施計画の策定状況と変更予定、市町村主体の除染の取り組み状況と実施状況、汚染状況重点調査地域における市町村主体の除染の進捗状況、除去土壌等の保管状況、中間貯蔵施設の整備状況と除去土壌等の輸送状況について分析する。

　第 3 節では、アンケート調査とヒアリング調査の結果に基づき、市町村の除染に関する認識について分析する。具体的には、除染に関する課題、国と福島県の除染に関する取り組み、目標とすべき空間線量率と除染による安全・安心性の回復可能性について分析する。

　第 4 節では、第 2 節における市町村主体の除染の実態についての分析の結果、第 3 節における市町村

写真 2-4　住宅の除染（福島市、2012 年 5 月）

写真 2-5　店舗の除染（福島市、2014 年 3 月）

表 2-1　アンケート調査の概要

【　●：設問あり　　×：設問なし　】

調査名称	2012年調査	2013年調査	2014年調査	2015年調査	2016年調査
調査目的	市町村主体の除染の実態と課題について詳細かつ体系的に明らかにすること				
調査対象	行政区域の全域が除染特別地域に指定されている7市町村を除く福島県内の52市町村				
調査期間	2012年 7月～10月	2013年 7月～9月	2014年 7月～9月	2015年 7月～9月	2016年 7月～9月
配布数	52	52	52	52	52
回収数	51	49	52	52	52
回収率	98%	94%	100%	100%	100%
1. 地域指定の状況、除染実施計画の策定状況、除染の進捗状況などについて					
(1) 除染特措法の全面施行前における市町村除染の取り組み状況〔選択肢から1つ選択し、「取り組んだ」を選択した場合は内容、「取り組まなかった」を選択した場合は理由を記入〕	●	×	×	×	×
(2) 除染特措法の全面施行前における非法定除染計画の策定状況〔選択肢から1つ選択し、「策定した」を選択した場合は名称と年月日、「策定しなかった」を選択した場合は理由を記入〕	●	×	×	×	×
(3)【非法定除染計画を策定した市町村が対象】非法定除染計画の策定過程における住民参加機会の確保状況〔選択肢から1つ選択し、「確保した」を選択した場合は内容、「確保しなかった」を選択した場合は理由を記入〕	●	×	×	×	×
(4) 汚染状況重点調査地域の指定・解除状況〔選択肢から1つ選択し、指定予定または解除予定がある場合は予定年月日を記入〕	●	●	●	●	●
(5) 除染特措法に基づく除染実施計画の策定状況〔選択肢から1つ選択〕	●	●	●	●	●
(6)【除染実施計画を策定した市町村が対象】除染実施計画の策定過程における住民参加機会の確保状況〔選択肢から1つ選択し、「確保した」を選択した場合は内容、「確保しなかった」を選択した場合は理由を記入〕	●	×	×	×	×
(7)【除染実施計画の変更の予定がある市町村が対象】除染実施計画の変更の理由〔選択肢から該当するものをすべて選択〕	×	●	●	●	●
(8) 除染特措法の全面施行後における市町村除染の実施状況〔選択肢から1つ選択〕	●	●	●	●	●
(9) 市町村除染の進捗状況〔選択肢から1つ選択〕	×	●	●	●	●
(10)【市町村主体の除染が既に終了した市町村が対象】再除染の実施の必要性の有無〔選択肢から1つ選択した上で理由を記入〕	×	×	●	●	●
(11) 除去土壌等の発生量およびその保管のために必要な仮置場の面積・容量の把握状況〔選択肢から1つ選択し、「把握している」を選択した場合は除去土壌等の発生量と仮置場の容量・面積等を記入〕	●	●	●	●	●
(12) 除去土壌等の保管のために必要な仮置場の確保の現状と見通し〔選択肢から1つ選択〕	●	●	●	●	●
(13) 除染をすべて実施した場合に必要となる費用の把握状況〔選択肢から1つ選択し、「把握している」を選択した場合は金額を記入〕	●	●	●	×	×
(14) 除去土壌等の減容化に関する取り組み状況〔選択肢から1つ選択し、「ある」を選択した場合は内容を記入〕	●	●	●	●	●
2. 除染に関する課題について					
(1) 除染に関する課題〔選択肢から該当するものをすべて選択した上で、特に重要な課題を3つ以内で選択して内容を記入〕	●	●	●	●	●
(2) 中間貯蔵施設の整備・完成または中間貯蔵施設への除去土壌等の搬出にかかわる経緯や現状に関する問題の有無〔選択肢を1つ選択し、「問題あり」を選択した場合は内容を記入〕	×	×	●	●	●
(3) 仮置場の確保または仮置場の維持管理にかかわる経緯や現状に関する問題の有無〔選択肢から1つ選択し、「問題あり」を選択した場合は内容を記入〕	×	×	×	●	●
(4) 除去土壌等をすべて中間貯蔵施設等に搬出するまでの想定年数〔選択肢から1つ選択〕	×	×	×	●	●
(5) 住宅・宅地の除染に関する問題の有無〔選択肢から1つ選択し、「問題あり」を選択した場合は内容を記入〕	●	●	●	●	●
(6) 農地の除染に関する問題の有無〔選択肢から1つ選択し、「問題あり」を選択した場合は内容を記入〕	●	●	●	●	●
(7) 森林の除染に関する問題の有無〔選択肢から1つ選択し、「問題あり」を選択した場合は内容を記入〕	●	●	●	●	●
(8) 道路の除染に関する問題の有無〔選択肢から1つ選択し、「問題あり」を選択した場合は内容を記入〕	×	●	●	●	●
(9) 河川・水路等の除染に関する問題の有無〔選択肢から1つ選択し、「問題あり」を選択した場合は内容を記入〕	●	●	●	●	●
(10)「除染関係ガイドライン」に関する問題の有無〔選択肢から1つ選択し、「問題あり」を選択した場合は内容を記入〕	×	●	●	●	●
(11) 再除染（フォローアップ除染）の実施の必要性の有無〔選択肢から1つ選択し、「必要がある」を選択した場合は理由を記入〕	×	●	●	●	●
3. 除染に関する国と福島県の取り組みについて					
(1) 国の除染に関する取り組みについての評価〔選択肢から1つ選択し、「不適切」を選択した場合は理由と今後希望することを記入〕	●	●	●	●	●
(2) 福島県の除染に関する取り組みについての評価〔選択肢から1つ選択し、「不適切」を選択した場合は理由と今後希望することを記入〕	●	●	●	●	●
4. 除染の効果などについて					
(1) 除染によって達成すべき空間線量率〔選択肢から1つ選択。2014年調査からは選択した理由を記入〕	×	●	●	●	●
(2) 住民が安全に安心して生活できる空間線量率〔選択肢から1つ選択。2014年調査からは選択した理由を記入〕	×	●	●	●	●
(3) 除染の安全・安心な生活環境の回復効果〔選択肢から1つ選択した上で理由を記入〕	●	●	●	●	●
(4) 除染による安全・安心な住民生活の回復可能性〔選択肢から1つ選択した上で理由を記入〕	●	●	●	●	●
(5) 空間線量率ではなく個人被曝線量を基準として除染を実施することになった場合の問題の有無〔選択肢から1つ選択した上で理由を記入〕	×	×	●	×	×
(6) 除染と復興まちづくりを連動させた取り組みの有無〔選択肢から1つ選択し、「ある」を選択した場合は内容を記入〕	×	●	●	●	●
(7) 除染を効果的かつ効率的に進めるにあたって必要なことなど〔自由に記入〕	●	●	●	●	●

注：1-(9)以降の設問は、除染特措法の全面施行後に市町村除染を実施しておらず、実施する予定もない市町村は対象外である。

の除染に関する認識について分析の結果を踏まえ、市町村主体の除染に関して、特に重要だと考えられる今後の課題を提示する。

2. 市町村主体の除染の実態

　本節では、アンケート調査、ヒアリング調査、現地調査、文献調査の結果に基づき、市町村主体の除染の実態について分析する。

(1) 汚染状況重点調査地域の指定状況

　汚染状況重点調査地域は、2011 年 12 月に 40 市町村に指定され、2012 年 2 月に柳津町に指定された（表 2-2）。その後、放射能の物理的減衰や自然要因による減衰に伴って、汚染状況重点調査地域の指定基準である空間線量率 0.23μSv/h を面的に上回る場所がなくなったことを理由として、2012 年 12 月には昭和村、2014 年 11 月には三島町、2016 年 9 月には矢祭町で解除された。このため、汚染状況重点調査地域に指定されているのは、2012 年調査では 41 市町村（79%）であるのに対して、2013 年調査と 2014 年調査では 40 市町村（77%）、2015 年調査では 39 市町村（75%）、2016 年調査では 38 市町村（73%）である。当初から同地域に指定されていない 11 市町村については、すべて今後指定を受ける予定はない。

　2016 年調査の時点において、汚染状況重点調査地域に指定されている 38 市町村のうち、指定解除を受ける予定があるのは大玉村、田村市、白河市、矢吹町、塙町、柳津町、広野町の 7 市町村（18%）である。これらの 7 市町村の指定解除の予定時期については、柳津町は 2016 年度内、塙町は 2017 年と回答しており[1]、その他の 5 市町村は未定と回答している。

(2) 除染実施計画の策定状況と変更予定

　2016 年調査の時点において、汚染状況重点調査地域に指定されている 38 市町村のうち、除染実施計画を策定済みであるのは 36 市町村（95%）、未策定であるのは 2 市町村（5%）であり、策定済みの市町村数は 2013 年調査の時点から変わっていない[2,9,10,11]。なお、汚染状況重点調査地域が解除された昭和村、三島町、矢祭町では、除染実施計画は策定されていない。

　汚染状況重点調査地域に指定されているにもかかわらず、除染実施計画が未策定であるのは、塙町と柳津町であるが、塙町におけるその理由は、2011 年に環境省から汚染状況重点調査地域の指定に関する意見照会があった際には、将来的な見通しが立たなかったために指定を受けることにしたものの、その後、放射能の物理的減衰や自然要因による減衰に伴って空間線量率が 0.23μSv/h を下回るようになったことから、除染特措法に基づく除染を実施しないことにしたためである[3]。柳津町については、当初、町の一部において空間線量率が 0.23μSv/h を上回る状況にあったことから、詳細なモニタリング調査を実施するため、汚染状況重点調査地域の指定を受けることにしたものの、調査の結果に基づき、計画を策定せず除染を実施しないと判断するに至っている。なお、これらの 2 市町村では、今後とも除染実施計画を策定する予定はない。

　他方、除染実施計画を策定済みの 36 市町村のうち、計画の変更の予定があるのは 8 市町村（22%）、

表 2-2　地域指定状況・計画策定状況・除染進捗状況（2016 年 9 月末現在）

【　●：該当する項目　ー：回答の対象外の項目　】

市町村	汚染状況重点調査地域 指定あり（▲は行政区域の一部の区域）	解除予定 あり	解除予定 なし	除染実施計画 策定済	変更・廃止予定 あり	変更・廃止予定 なし	未策定	除染特措法に基づく除染を実施	除染特措法に基づかない除染を実施	未実施 実施予定あり	未実施 実施予定なし	終了 除去土壌等の搬出も終了	終了 除去土壌等の搬出は未了	実施中	実施予定
福島県	38	7	31	36	8	28	2	36	4	0	12	8	7	25	0
県北管内	8	1	7	8	3	5	0	8	0	0	0	0	0	8	0
福島市	●		●	●	●			●						●	
二本松市	●		●	●	●			●						●	
伊達市	●		●	●	●			●						●	
本宮市	●		●	●		●		●						●	
桑折町	●		●	●		●		●						●	
国見町	●		●	●		●		●						●	
川俣町	▲		●	●		●		●						●	
大玉村	●	●		●		●		●						●	
県中管内	12	1	11	12	1	11	0	12	0	0	0	6	0	6	0
郡山市	●		●	●	●			●						●	
須賀川市	●		●	●		●		●						●	
田村市	▲		●	●		●		●						●	
鏡石町	●		●	●		●		●						●	
天栄村	●		●	●		●		●						●	
石川町	●		●	●		●		●				●			
玉川村	●		●	●		●		●				●			
平田村	●		●	●		●		●				●			
浅川町	●		●	●		●		●				●			
古殿町	●		●	●		●		●				●			
三春町	●		●	●		●		●						●	
小野町	●		●	●		●		●				●			
県南管内	8	3	5	7	2	5	1	7	1	0	1	1	2	5	0
白河市	●	●		●	●			●						●	
西郷村	●		●	●		●		●						●	
泉崎村	●		●	●		●		●					●		
中島村	●		●	●		●		●						●	
矢吹町	●	●		●		●		●						●	
棚倉町	●		●	●	●			●						●	
矢祭町											●			—	
塙町	●	●					●		●				●		
鮫川村	●		●	●		●		●				●			
会津管内	4	1	3	3	1	2	1	3	3	0	7	1	4	1	0
会津若松市								●					●		
喜多方市								●				●			
北塩原村											●			—	
西会津町											●			—	
磐梯町											●			—	
猪苗代町								●						●	
会津坂下町	●		●	●		●			●				●		
湯川村	●		●	●		●			●				●		
柳津町	●	●					●				●			—	
三島町											●			—	
金山町											●			—	
昭和村											●			—	
会津美里町	●		●	●	●				●				●		
南会津管内	0	0	0	0	0	0	0	0	0	0	4	0	0	0	0
下郷町											●			—	
檜枝岐村											●			—	
只見町											●			—	
南会津町											●			—	
相双管内	5	1	4	5	1	4	0	5	0	0	0	0	1	4	0
相馬市	●		●	●		●		●						●	
南相馬市	▲		●	●	●			●						●	
広野町	●	●		●		●		●						●	
川内村	▲		●	●		●		●						●	
新地町	●		●	●		●		●					●		
いわき管内	1	0	1	1	0	1	0	1	0	0	0	0	0	1	0
いわき市	●		●	●		●		●						●	

注1：網掛けのある市町村は、汚染状況重点調査地域に指定されていない市町村である。

注2：行政区域の一部の区域に汚染状況重点調査地域が指定されている市町村では、その他の行政区域の全域に除染特別地域が指定されている。

予定がないのは 28 市町村（78%）である。計画の変更の予定がある理由としては、「計画スケジュールと除染の進捗状況に乖離が生じたため」が 5 市町村（63%）で最も多く、ほとんどの市町村では 2016年度内の変更を予定している。

(3) 市町村主体の除染の取り組み状況と実施状況

①市町村主体の除染の取り組み状況

　除染特措法の全面施行後において、市町村主体の除染の実績があるのは、2012 年調査の時点では 39市町村（75%）、2013 年調査の時点以降は 40 市町村（77%）である。その 40 市町村のうち、2016 年調査の時点において汚染状況重点調査地域に指定されている市町村は、除染実施計画を策定済みの 36 市町村（69%）と未策定の 1 市町村（2%）の合計 37 市町村（71%）、同地域に指定されていない市町村は 3 市町村（6%）である。他方、除染特措法の全面施行後に、市町村主体の除染の実績がない 12 市町村のうち、2016 年調査の時点において汚染状況重点調査地域に指定されている市町村は、除染実施計画を未策定の 1 市町村（2%）、同地域に指定されていない市町村では 11 市町村（21%）であり、これらの 12 市町村では、すべて今後実施する予定はない。

　2016 年調査の時点において、汚染状況重点調査地域に指定されているものの、除染実施計画が未策定であるのは先述の塙町と柳津町の 2 市町村であるが、そのうち塙町では、主として 2011 年度から 2012年度にかけて、除染特措法に基づかない市町村主体の除染、具体的には幼稚園や小・中学校の除染を実施している[4]。

　他方、汚染状況重点調査地域に指定されていないものの、市町村主体の除染を実施しているのは、会津若松市、喜多方市、猪苗代町である。会津若松市では、文部科学省の保育施設等表土改善事業や福島県の線量低減化活動支援事業に基づくホットスポット除染委託経費を活用し、保育園や小・中学校の園庭・校庭の表土除去や地中埋め立てを実施しており、喜多方市では、福島県のホットスポット除染委託経費を活用し、中学校の校庭の天地返しを実施している[5]。猪苗代町では、2011 年に環境省から汚染状況重点調査地域の指定に関する意見照会があった際には、空間線量率が法定基準を上回る地域があったものの、大部分が森林であり、生活圏では放射能の減衰によって早期に法定基準を下回ることが予想されたこと、また、その指定によって町全域が汚染地域であるかのような印象が持たれ、基幹産業である農業や観光業に悪影響が及びかねないとの懸念があったことから、指定を受けないこととし、そのかわり、非法定除染計画を策定して、除染特措法に基づかないホットスポット除染を実施している[6]。

②市町村主体の除染の実施状況

　除染特措法の全面施行後において、市町村主体の除染の実績がある 40 市町村のうち、2016 年調査の時点で、既に除染が終了したのは 15 市町村（38%）、実施中は 25 市町村（63%）である。除去土壌等の中間貯蔵施設等への搬出を含めて除染が終了した市町村は、2015 年調査の時点では浅川町の 1 市町村（3%）のみであったが、2016 年調査の時点では、汚染状況重点調査地域に指定されている石川町、玉川村、平田村、浅川町、古殿町、小野町、鮫川村と、同地域に指定されていない喜多方市の合計 8 市町村（20%）となっている。

　実施中の 25 市町村は、猪苗代町を除けば、すべて汚染状況重点調査地域に指定されている市町村であるが、除染の終了の見込みについては（除去土壌等の搬出を除く）、見込みが立っているのは 18 市町村（45%）、見込みが立っていないのは 7 市町村（18%）である。見込みが立っている 18 市町村におけ

る終了予定時期は、すべて 2016 年度内である。

（4）汚染状況重点調査地域における市町村主体の除染の進捗状況

　先述の通り、汚染状況重点調査地域に指定されている市町村は、2012 年調査から 2016 年調査にかけて 41 市町村（79%）から 38 市町村（73%）へと減少しているが、これらの市町村における除染実施状況を整理した福島県生活環境部除染対策課の資料によると、市町村主体の除染をそれぞれの調査年の年度末までに実施する計画がある市町村、除染の発注実績がある市町村、除染実施済みの実績がある市町村は、2012 年調査の時点では、それぞれ 36 市町村（88%）、33 市町村（80%）、31 市町村（76%）であった。これに対して、2013 年調査と 2014 年調査の時点では、いずれも 38 市町村（95%）、2015 年調査と 2016 年調査の時点では、三島町での汚染状況重点調査地域の解除に伴って、いずれも 37 市町村（2016 年調査の時点で 97%）となっており、2013 年調査の時点以降は、除染に取り組む市町村の数としては頭打ちになっている（表 2-3、表 2-4、図 2-1）[12)13)14)15)16)17)18)19)20)21)22)23)24)25)]。

　2016 年調査の時点における除染の実施状況を土地・建物の利用用途ごとに見ると、公共施設等については計画数の 11,762 施設に対して実施率が 91%、住宅については 418,028 戸に対して 96%、道路については 17,515km に対して 60%、水田については 20,103ha に対して 92%、畑地については 3,211ha に対して 99%、樹園地については 7,768ha に対して 66%、牧草地については 3,037ha に対して 97%、森林（生活圏）については 4,760ha に対して 62% となっている。これらは全体的な計画数と実施率であり、市町村によって事情は異なるが、道路、樹園地、森林（生活圏）の実施率が特に低くなっているのは、道路であれば福島市、本宮市、いわき市、樹園地であれば福島市、森林（生活圏）であれば福島市や二本松市など、特定の市町村において 2015 年調査の時点から 2016 年調査の時点にかけて計画数が増加したことによるところが大きい。

　注意すべきことは、計画数とは必ずしも除染の実施基準を満たすすべての対象数を意味するものではないということである。例えば、牧草地については、反転耕や深耕などの手法で実施可能な土壌・土質条件がよいところに限って計画の対象とされている場合があり、森林（生活圏）については、除染を実施した場合の仮置場の問題などがあって計画の対象が事実上制限されている場合がある。

写真 2-6　マンションでの除染実施後における
　　　　　モニタリング（福島市、2015 年 3 月）

写真 2-7　道路の除染（福島市、2016 年 9 月）

表 2-3　汚染状況重点調査地域における市町村主体の除染の進捗状況の推移

		2012年9月末			2013年9月末			2014年9月末			2015年9月末			2016年9月末			差引(2016.9末-2012.9末)			参考：福島県内の全数量
		計画	発注	実施	計画	発注	実施	計画	発注	実施	計画	発注	実施	計画	発注	実施	計画	発注	実施	
公共施設等	市町村数	33 (80%)	32 (78%)	31 (76%)	38 (95%)	38 (95%)	31 (76%)	38 (95%)	38 (95%)	38 (95%)	37 (95%)	37 (95%)	37 (95%)	36 (95%)	36 (95%)	36 (95%)	3 (14%)	4 (17%)	5 (19%)	59
	施設数	3,208 (100%)	2,922 (91%)	2,326 (73%)	5,774 (100%)	5,127 (89%)	4,062 (70%)	8,102 (100%)	6,755 (83%)	6,107 (75%)	9,631 (100%)	9,437 (98%)	8,350 (87%)	11,762 (100%)	11,076 (94%)	10,712 (91%)	8,554 (—)	8,154 (3%)	8,386 (19%)	99,702
住宅	市町村数	26 (63%)	21 (51%)	14 (34%)	33 (83%)	33 (83%)	14 (34%)	35 (88%)	35 (88%)	30 (75%)	35 (90%)	35 (90%)	34 (87%)	35 (92%)	35 (92%)	34 (89%)	9 (29%)	14 (41%)	20 (55%)	59
	戸数	81,092 (100%)	34,828 (43%)	5,011 (6%)	242,426 (100%)	158,721 (65%)	58,662 (24%)	313,553 (100%)	263,063 (84%)	165,209 (53%)	400,032 (100%)	373,728 (93%)	293,520 (73%)	418,028 (100%)	417,980 (100%)	400,753 (96%)	336,936 (57%)	383,152 (57%)	395,742 (90%)	782,300
道路	市町村数	21 (51%)	17 (41%)	11 (27%)	23 (58%)	23 (58%)	19 (48%)	28 (70%)	28 (70%)	25 (63%)	30 (77%)	30 (77%)	29 (74%)	31 (82%)	31 (79%)	30 (79%)	10 (30%)	13 (37%)	19 (52%)	59
	延長(km)	3,830 (100%)	1,878 (49%)	367 (10%)	5,037 (100%)	2,658 (53%)	1,664 (33%)	8,358 (100%)	5,546 (66%)	2,675 (32%)	11,268 (100%)	7,662 (68%)	5,955 (53%)	17,515 (100%)	16,384 (94%)	10,539 (60%)	13,685 (45%)	14,506 (45%)	10,172 (51%)	38,852
農地	市町村数	25 (61%)	24 (59%)	23 (56%)	29 (73%)	26 (65%)	25 (63%)	25 (63%)	25 (63%)	24 (60%)	26 (67%)	26 (67%)	26 (67%)	26 (68%)	26 (68%)	26 (68%)	1 (7%)	2 (10%)	3 (12%)	59
	面積(ha)	25,205 (100%)	18,770 (74%)	12,108 (48%)	23,107 (100%)	21,400 (93%)	18,281 (79%)	30,373 (100%)	27,334 (90%)	21,050 (69%)	30,992 (100%)	29,694 (96%)	26,194 (85%)	34,119 (100%)	31,380 (92%)	29,780 (87%)	8,914 (7%)	12,611 (18%)	17,672 (39%)	120,163
水田	市町村数	21 (53%)	18 (44%)	17 (41%)	21 (53%)	20 (50%)	19 (48%)	20 (50%)	20 (50%)	19 (48%)	20 (51%)	20 (51%)	20 (51%)	20 (53%)	20 (53%)	20 (53%)	0 (4%)	2 (9%)	3 (11%)	59
	面積(ha)	13,892 (100%)	10,262 (74%)	6,644 (48%)	12,101 (100%)	11,128 (92%)	9,817 (81%)	18,008 (100%)	15,563 (86%)	11,311 (63%)	19,298 (100%)	18,030 (93%)	15,629 (81%)	20,103 (100%)	19,981 (99%)	18,538 (92%)	6,211 (4%)	9,719 (26%)	11,894 (44%)	100,400
畑地	市町村数	14 (34%)	14 (34%)	8 (20%)	17 (43%)	18 (45%)	14 (35%)	17 (43%)	18 (45%)	14 (35%)	14 (36%)	15 (38%)	14 (36%)	15 (39%)	15 (39%)	15 (39%)	1 (5%)	1 (5%)	5 (20%)	59
	面積(ha)	3,849 (100%)	1,704 (44%)	507 (13%)	3,118 (100%)	2,492 (80%)	1,651 (53%)	4,251 (100%)	3,805 (90%)	2,215 (52%)	3,678 (100%)	3,680 (100%)	2,702 (73%)	3,211 (100%)	3,203 (100%)	3,170 (99%)	-638 (86%)	1,499 (55%)	2,664 (86%)	30,500
樹園地	市町村数	18 (44%)	18 (44%)	17 (41%)	18 (45%)	18 (45%)	17 (43%)	18 (45%)	17 (43%)	17 (43%)	18 (44%)	17 (44%)	17 (44%)	17 (45%)	17 (45%)	17 (45%)	-1 (1%)	0 (3%)	0 (3%)	59
	面積(ha)	5,053 (100%)	4,669 (92%)	4,618 (91%)	5,086 (100%)	5,055 (99%)	5,008 (98%)	5,129 (100%)	5,106 (99%)	5,068 (99%)	5,148 (100%)	5,127 (100%)	5,103 (99%)	7,768 (100%)	5,237 (67%)	5,137 (66%)	2,715 (1%)	567 (-25%)	519 (-25%)	6,820
牧草地	市町村数	18 (44%)	15 (37%)	6 (15%)	20 (50%)	18 (45%)	16 (40%)	19 (48%)	18 (45%)	18 (45%)	18 (46%)	18 (46%)	18 (45%)	18 (47%)	18 (47%)	18 (47%)	0 (3%)	0 (3%)	3 (10%)	59
	面積(ha)	2,411 (100%)	2,135 (89%)	339 (14%)	2,802 (100%)	2,725 (97%)	1,806 (64%)	2,985 (100%)	2,860 (96%)	2,456 (82%)	2,868 (100%)	2,857 (100%)	2,760 (96%)	3,037 (100%)	2,960 (97%)	2,934 (97%)	626 (0%)	825 (9%)	2,595 (83%)	5,480
森林(生活圏)	市町村数	11 (27%)	10 (24%)	6 (15%)	23 (58%)	20 (50%)	6 (15%)	25 (63%)	25 (63%)	18 (45%)	25 (64%)	21 (54%)	23 (58%)	25 (66%)	25 (66%)	25 (66%)	14 (39%)	15 (41%)	19 (51%)	59
	面積(ha)	4,110 (100%)	263 (6%)	217 (5%)	3,810 (100%)	1,358 (36%)	413 (11%)	3,083 (100%)	2,180 (71%)	964 (31%)	2,932 (100%)	2,187 (75%)	1,805 (62%)	4,760 (100%)	3,804 (80%)	2,937 (62%)	650 (39%)	3,541 (74%)	2,721 (56%)	975,439

注1：「市町村数」については、以下の点に留意する必要がある。
①「市町村数」とは、汚染状況重点調査地域に指定されている市町村のうち、除染を計画「発注」「実施」している市町村数を指し、その割合は各々の分母にあたっての分母は汚染状況重点調査地域に指定されている市町村数を指し、すなわち2012年9月末にあっては41市町村、2013年9月末にあっては40市町村、2015年9月末にあっては39市町村、2016年9月末にあっては38市町村である。
②差引（2016.9末-2012.9末）については、2時点において対象となる市町村数の違いは3市町村のみであること、また、2時点における比較を行うというこの表の目的に鑑み、2時点における市町村数を単に差し引いた数量を掲げている。

注2：「施設数」「戸数」「面積」「延長」に関しては、以下の点に留意する必要がある。
①「計画」とは、それぞれの年度末までに除染を実施することを計画している数量を示す。また、所有者の事情等で当面実施できないものは計画から除かれているため、状況が変われば計画に計上する場合もあり、状況によっては増減がある。
②「計画」に対して、「実施」は、2011年度（除染特措法の全面施行以前を含む）を含む計画数、発注数、実施数の累計数を示す。
③「実施」に関して、公共施設等と住宅については2014年9月末以降、道路については2014年9月末以降には福島市と三島町の発注数の数値が掲載されているデータで、福島県生活環境部除染対策課（2016）には福島市の数値が掲載されているため、2014年9月末には横ばいと三島町の集計数量が分母となっている。
④掲設を複数回の発注に分けた場合も「1」として集計されており、各市町村の発注数などとは一致しない場合がある。

注3：下記の資料に掲げる福島県生活環境部除染対策課（2012）および福島県生活環境部除染対策課（2013）には、除染実施状況に基づかない表土剥ぎなどを実施した数値が含まれているデータで、除染実施状況に基づく数値とは比較的に直接的には比較できない。なお、公共施設等には、学校、幼稚園、保育所等の公共教育施設のほか、庁舎、病院、公民館、集会場等、都市公園、上水道施設、下水道施設、福島県立図書館（2016）「福島県公共図書館実態調査報告書」（福島県立図書館（2016）、総務省・経済産業省（2015）「平成26年経済センサス基礎調査、総務省統計局、土地統計調査」を加えて集計したもの。「2016年9月末の計画数量」は「福島県内の全数量」を上回っているが、これは、樹体活圏で続いて実を実施する福島市の集計が分母がプルカウントになっていることによる。

資料：福島県生活環境部除染対策課（2012）「市町村除染地域における除染実施状況（平成24年9月末時点）」（2012年9月末時点）」「市町村除染地域における除染実施状況（平成25年9月末時点）」、福島県生活環境部除染対策課（平成26年9月末時点）」（2013年10月31日付け）、福島県生活環境部除染対策課（2013）「市町村除染地域における除染実施状況（平成25年9月末時点）」（2013年10月30日付け）、福島県生活環境部除染対策課（2016）「市町村除染地域における除染実施状況（平成28年9月末時点）」（2016年11月15日付け）、厚生労働省（2016）「平成27年度除染事業（2015年9月末時点）」（2015年10月30日付け）、福島県生活環境部除染対策課（2015）「平成27年度学校等（本調査）、文部科学省（2016）「平成26年度　福島県立図書館　福島県公共図書館実態調査報告書」（福島県立図書館（2016）「業務資料」、福島県教育委員会（2016）「平成25年度社会教育調査」、福島県統計年鑑（2015）「平成26年度福島市経済センサス基礎調査、総務省統計局、土地統計調査」、福島県統計年鑑（2015）「業務資料」、福島県企画調整部統計課（第130回　福島県統計年鑑（2016）所収、福島県農林水産省（2016）所収、農林水産省（2016）「平成28年耕地面積」、福島県農林水産省（2015）「平成27年農林業センサス」。

表 2-4　汚染状況重点調査地域における市町村主体の除染の進捗状況（2016 年 9 月末現在）

市町村	公共施設等施設 計画	発注	除染実施	調査にて終了	住宅・戸 計画	発注	除染実施	調査にて終了	道路・km 計画	発注	除染実施	調査にて終了	農地・ha 計画	発注	除染実施	樹園地・ha 計画	発注	除染実施	牧草地・ha 計画	発注	除染実施	森林（生活圏）・ha 計画	発注	除染実施
福島県	11,762	11,076	9,345	1,367	418,028	417,980	315,711	85,042	17,515.2	16,383.7	8,147.9	2,390.7	20,102.8	19,980.7	18,588.2	7,768.2	5,236.5	5,137.4	3,037.5	2,959.8	2,933.8	4,760.1	3,803.8	2,937.3
計画に対する進捗率		94%	79%	12%		100%	76%	20%		94%	47%	14%		99%	92%		67%	66%		97%	97%		80%	62%
進捗率			9%																					
県北保健	6,641	5,969	5,371	405	153,176	153,128	145,579	5,728	4,989.9	4,187.1	3,450.5	33.0	7,556.6	7,556.5	7,556.5	7,270.0	4,739.3	4,640.2	1,359.4	1,284.2	1,276.9	3,025.2	2,773.1	2,038.4
福島市	1,520	1,517	1,503	405	92,366	92,366	92,366	5,476	1,614.3	1,614.3	1,409.9	0.0	2,361.0	2,361.0	2,361.0	4,720.0	2,192.3	2,093.2	130.5	130.5	130.5	1,411.4	1,411.4	852.7
二本松市	807	807	671	14	18,856	18,815	17,533	61	630.0	583.7	551.7	0.0	2,468.8	2,468.8	2,468.8	69.0	69.0	69.0	855.5	788.8	781.5	957.9	778.2	605.8
伊達市	1,675	1,675	1,285	390	17,228	17,277	11,801		948.2	948.2	665.0	0.0	1,302.5	1,302.5	1,302.5	1,665.0	1,665.0	1,665.0	29.4	29.4	29.4	72.7	72.4	72.1
本宮市	207	207	207	1	8,534	8,534	8,012	0	900.0	252.0	127.0	33.0	18.5	18.5	18.5	13.0	13.0	13.0	90.2	90.2	90.2			
桑折町	800	800	767	0	4,636	4,636	4,575	0	235.0	196.7	196.7	0.0	552.0	552.0	552.0	380.0	380.0	380.0				13.4	13.4	13.4
国見町	649	649	624	0	3,085	3,085	3,085	0	357.7	357.7	357.7	0.0	456.0	456.0	456.0	409.1	406.1	406.1				100.6	30.0	27.2
川俣町	164	164	164	0	6,011	6,011	6,008	0	106.0	9.8	6.0	0.0	298.9	298.9	298.9	5.0	5.0	5.0				469.2	467.2	467.2
大玉村	150	150	150	0	2,410	2,405	2,199	191					98.8	98.8	98.8	8.9	8.9	8.9						
県中保健	3,077	3,077	2,313	630	146,500	146,500	113,308	20,971	5,260.6	5,161.5	2,817.4	453.4	8,587.7	8,494.7	7,126.7	357.8	357.8	357.8	247.9	247.9	247.9	859.1	859.1	245.3
郡山市	1,040	1,040	1,037	0	95,151	95,151	92,012		3,271.3	3,172.2	1,543.3	0.0	4,501.6	4,501.6	3,335.6	74.0	74.0	74.0				247.9	247.9	247.9
須賀川市	708	708	459	121	25,070	25,070	9,702	7,777	823.7	823.7	662.0	9.7	3,178.0	3,178.0	2,976.0	175.8	175.8	175.8	17.3	17.3	17.3	859.1	859.1	859.1
田村市	651	651	338	313	11,779	11,779	4,845	6,934	270.1	270.1	219.0	51.1	710.2	710.2	710.2							17.3	17.3	17.3
鏡石町	73	73	49	24	3,666	3,666	3,666	308	174.0	174.0	28.4	84.9	104.9	104.9	104.9	474.4	474.4	474.4	353.0	353.0	353.0	49.4	49.4	49.4
天栄村	115	115	111	2	2,049	2,049	1,871	28	83.2	83.2	67.1	0.0				57.4	57.4	57.4	57.4	57.4	57.4	4.2	4.2	4.2
石川町	15	15	15	0	115	115	5		2.4	2.4	0.2	2.2							35.0	35.0	35.0			
玉川村	9	9	9	0	9	9	9									35.0	35.0	35.0						
平田村	6	6	6	0	811	811	25	786																
浅川町								5														0.3	0.3	0.3
三春町	287	287	272	6	5,176	5,176	4,475	193	329.0	329.0	295.9	0.4				8.9	8.9	8.9	9.0	9.0	9.0	36.1	79.5	79.5
小野町	162	162	6	156	2,759	2,759	41	2,718	306.5	306.5	1.1	305.4							79.5	79.5	79.5	28.2	28.2	28.2
県南保健	1,024	1,014	803	194	38,866	38,866	25,262	12,996	1,256.7	723.7	513.2	353.7	41.2	41.2	41.2	32.0	32.0	32.0	41.8	41.8	41.8	247.6	247.6	223.8
白河市	344	344	342	2	18,776	18,776	14,279	4,199	723.7	723.7	315.9	275.8	5.6	5.6	5.6	32.0	32.0	32.0	175.0	175.0	175.0	111.2	67.8	47.4
西郷村	343	343	331	0	7,602	7,602	7,529	426	207.9	207.9	98.6	0.0	23.0	23.0	23.0	40.0	40.0	40.0				690.0	127.3	125.8
泉崎村	80	80	62	18	2,343	2,343	1,917	1,161	148.6	148.6	77.0	71.6										13.6	13.6	13.6
中島村	67	67	67	0	1,527	1,527	269	5,357	3.3	3.3	0.0	0.0	132.0	132.0	132.0							14.9	10.8	8.9
矢祭町	90	90	31	59	6,356	6,356	999	1,683	27.3	27.3	21.0	6.3												
棚倉町	87	87	77	16	2,043	2,043	190		0.8	0.8	0.7	0.0										13.1	13.1	13.0
矢吹町	8	8	8	0	219	219	79	79																
塙町	5	5	5	0																				
鮫川村								140																
会津管内	144	144	111	33	6,359	6,359	2,024	4,335	272.5	272.5	45.3	227.2							61.8	61.8	61.8	15.0	15.0	15.0
会津若松市																								
喜多方市																								
北塩原村																								
西会津町																								
磐梯町																								
猪苗代町																								
会津坂下町																								
湯川村																								
柳津町																								
三島町																								
金山町																								
昭和村																								
会津美里町																								
南会津管内																								
下郷町																								
只見町																								
南会津町																								
相双管内	465	461	379	62	25,982	25,982	22,164	2,118	1,321.1	1,259.0	1,165.3	0.1	3,666.5	3,637.5	3,563.0	108.4	107.4	107.4	540.4	537.9	519.2	729.8	643.7	541.2
相馬市	212	212	150	62	2,521	2,521	1,888	633	17.9	17.9	17.9	0.0	35.3	35.3	32.0	43.8	43.8	43.8	204.2	204.2	186.0	21.0	186.0	186.0
南相馬市	165	161	141	0	19,355	19,355	17,206	449	906.3	874.2	780.6	0.0	2,923.4	2,894.4	2,893.1	29.6	28.6	28.6	253.9	251.4	250.9	64.8	251.4	64.8
広野町	46	46	46	0	1,831	1,831	1,750	81	121.9	121.9	121.8	0.1	88.6	88.6	70.6							237.6	237.6	227.3
川内村	20	20	20	0	1,070	1,070	1,070		245.0	245.0	245.0	0.0	413.0	413.0	413.0				65.0	65.0	65.0	405.0	405.0	227.0
新地町	22	22	22	0	1,205	1,205	250	955	228.9	228.9	1.7	227.2	131.5	131.5	131.5	35.0	35.0	35.0	17.3	17.3	17.3	1.1	1.1	17.3
いわき管内	411	411	368	43	47,145	47,145	7,374	142	4,414.3	4,395.2	156.2	1,323.3	7.2	7.2	7.2							7.7	7.7	7.7
いわき市	411	411	368	43	47,145	47,145	7,374	142	4,414.3	4,395.2	156.2	1,323.3	7.2	7.2	7.2							7.7	7.7	7.7

注1：網掛けのある市町村は，汚染状況重点調査地域に指定されていない市町村である。
注2：計画欄に「一」の標記のある市町村は，今後の計画策定により数字が変わる可能性がある。
注3：発注，除染実施，調査にて終了とは，2011年度（除染特措法の全面施行を含む）の2016年9月末時点での発注数，実施数，調査にて終了数と一致しない場合がある。
注4：計画数と複数回に分けた発注により上乗せされており，各市町村の発注数の合計とは一致しない場合がある。
注5：調査にて終了とは，調査を実施し，詳細測定（事前測定）の結果により，除染が必要でないと判断されたものを示す。
注6：「一」は実施予定のないことを示す。
注7：表中の資料1欄に掲げる福島県の資料には，汚染状況重点調査地域の解除等を実施した地域を対象とする2012年9月末時点と2013年9月末時点との比較対象とする2012年9月末時点においては，本研究では平成28年9月末時点で掲載されていないため，本研究では平成28年9月末時点で三島町の数値を独自に追加し，それ以外では城町と三島町の数値を独自に追加し「計画」に計上する。

資料：福島県生活環境部除染対策課（2016）「市町村除染の実施状況（平成28年9月末時点）」（2016年11月15日付け）

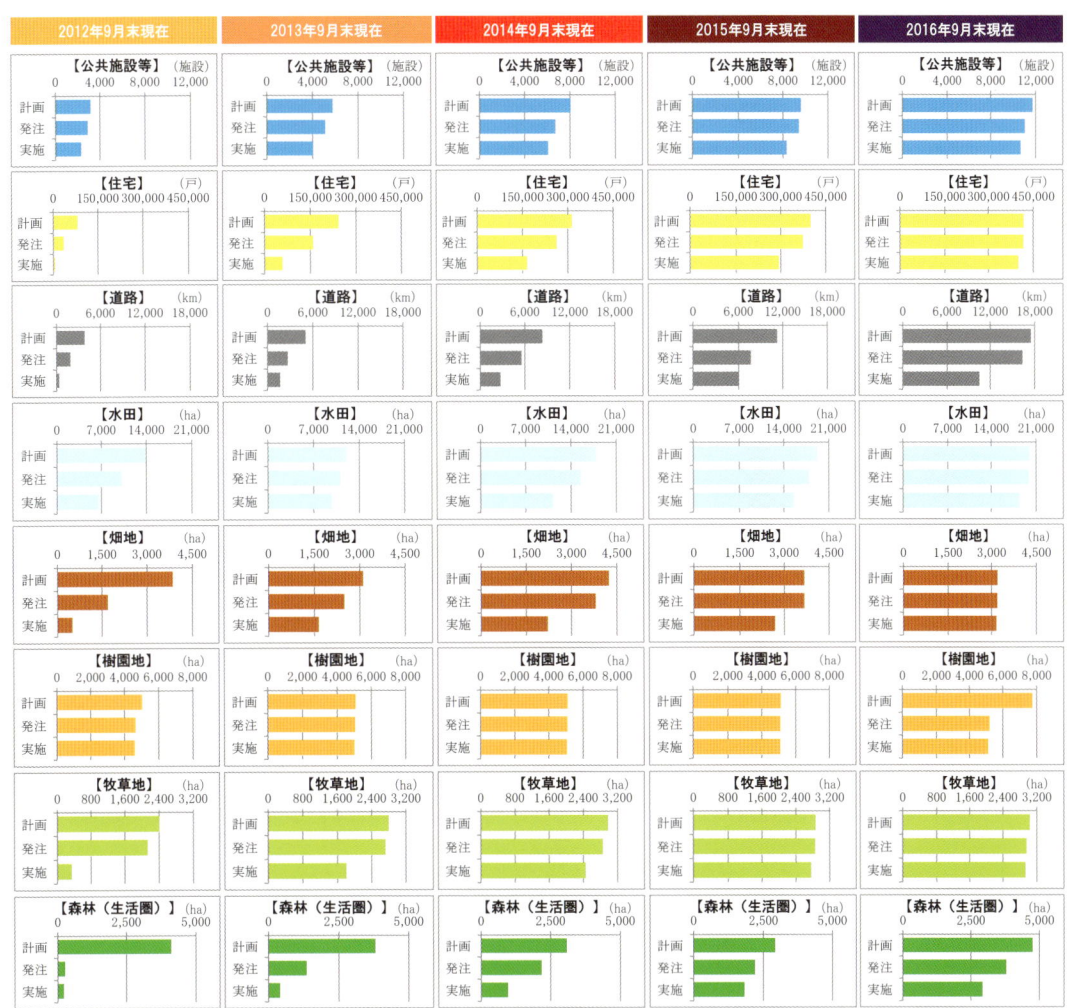

注1：「計画」は、それぞれの年度末までに除染を実施することが計画されている数量を示す。また、所有者の事情で当面実施できないものはいったん「計画」から除かれており、状況が変われば「計画」に計上するものとされている。
注2：「計画」、「発注」、「実施」は、2011年度（除染特措法の全面施行前を含む）を含む計画数、発注数、実施数の累計を示す。
注3：「実施」に関して、公共施設等と住宅については2014年9月末以降、道路については2015年9月末以降には調査にて終了となった分が含まれている。
注4：下記の「資料」欄に掲げる福島県生活環境部除染対策課（2012）および福島県生活環境部除染対策課（2013）には、除染特措法に基づかない表土剥ぎなどを実施した塩町と三島町の数値が掲載されている一方で、福島県生活環境部除染対策課（2014）には塩町と三島町、福島県生活環境部除染対策課（2015）と福島県生活環境部除染対策課（2016）には塩町の数値が掲載されていいないため、「2014年9月末」には塩町と三島町の数値、「2015年9月末」と「2016年9月末」には塩町の数値を独自に追加して整理した。
資料：福島県生活環境部除染対策課（2012）「市町村除染地域における除染実施状況（平成24年9月末時点）」〔2012年10月22日付け〕、福島県生活環境部除染対策課（2013）「市町村除染地域における除染実施状況（平成25年9月末時点）」〔2013年10月30日付け〕、福島県生活環境部除染対策課（2014）「市町村除染地域における除染実施状況（平成26年9月末時点）」〔2014年10月31日付け〕、福島県生活環境部除染対策課（2015）「市町村除染地域における除染実施状況（平成27年9月末時点）」〔2015年10月30日付け〕、福島県生活環境部除染対策課（2016）「市町村除染の実施状況（平成28年9月末時点）」〔2016年11月15日付け〕

図 2-1　汚染状況重点調査地域における市町村主体の除染の進捗状況の推移

写真 2-8　樹園地の除染（福島市、2016 年 12 月）

写真 2-9　生活圏森林の除染（福島市、2016 年 12 月）

(5) 除去土壌等の保管状況

　福島県生活環境部除染対策課の資料によれば、2016年9月末現在、除染特措法に基づく除染のみならず、同法施行前の"除染"、福島県の線量低減化活動支援事業に基づく"除染"、林野庁の「森林における除染等実証事業」に基づく"除染"などの実績を含めると、除去土壌等を伴う除染の実績があるのは、52市町村のうちの46市町村（88%）、実績がないのは6市町村（12%）であり、これらの市町村数は、2013年調査の時点から変わっていない[6)26)27)28)]。

　2014年調査以降のデータになるが、除去土壌等を伴う除染の実績がある46市町村のうち、仮置場がある市町村、現場保管がある市町村、除染実施計画に基づかない仮置場（「その他の仮置場」）がある市町村は、2014年調査の時点では、それぞれ34市町村（74%）、37市町村（80%）、12市町村（26%）であった。その後、除去土壌等を除染現場から仮置場へと移動した市町村などが存在するので、単純な比較はできないが、2014年度末からパイロット輸送[7)]、2016年度から学校等に保管されている除染土壌等の輸送が実施されたことなどを背景として、2016年調査の時点では、それぞれ29市町村（63%）、31市町村（67%）、10市町村（22%）へと減少している（表2-5）。

　除去土壌等の保管状況を見ると、保管箇所数については、2014年調査の時点では76,389ヵ所、2016年調査の時点では147,403ヵ所であり、保管量については、それぞれ3,069,444m^3、5,740,883m^{3}である（図2-2）。市町村によって事情は異なるが、福島県全体としては、2014年調査の時点から2016年調査の時点にかけて、箇所数については71,014ヵ所、保管量については2,671,439m^{3}増加している。なお、2016年調査の時点において、市町村以外の主体による"除染"の実施に伴って発生した除去土壌等を含めて、除去土壌等の保管量が0m^{3}となっているのは、玉川村、平田村、浅川町、古殿町、小野町、鮫川村、西会津町、磐梯町の8市町村（17%）である[8)]。

　除去土壌等の保管状況を保管形式別に見ると、保管箇所数については、2014年調査の時点では、仮置場が763ヵ所（1%）、現場保管が75,537ヵ所（99%）、その他の仮置場が89ヵ所（0.12%）、2016年調査の時点では、それぞれ847ヵ所（1%）、146,489箇所（99%）、67ヵ所（0.05%）であり、全体の構成比は変わらないが、絶対数としては現場保管の増加が著しい。ただし、これは特定の市町村での増加によるところが大きく、多くの市町村では現場保管の箇所数が減少する中で、福島市、郡山市、須賀川市では、合計で全体の増加分の100%を占める70,953ヵ所増加している。また、保管量については、2014年調査の時点では、仮置場が1,780,237m^3（58%）、現場保管が1,287,477m^3（42%）、その他の仮置場が1,731m^3（0.06%）、2016年調査の時点では、それぞれ3,764,150m^3（66%）、1,975,443m^3（34%）、1,264m^3（0.02%）であり、特に仮置場での増加が著しい。ただし、これも特定の市町村での増加によるところが大きく、福島市、二本松市、白河市、西郷村、南相馬市において、合計で全体の増加分の71%を占める1,418,074m^{3}増加している。

表2-5　除染に伴い発生した除去土壌等の保管状況（2016年9月末現在）

方部	市町村	仮置場 除去土壌等の搬入が終了した仮置場 箇所数	保管量	単位	除去土壌等を搬入している仮置場 箇所数	保管量	単位	除去土壌等を搬入する場所が決定しているが、まだ搬入されていない仮置場 箇所数	保管量	単位	県有施設で発生した除去土壌等で市町村が設置している仮置場へ搬入しているもの 箇所数	保管量	単位	現場保管 住宅、事業所等除染を実施した場所で除去土壌等を保管 箇所数	保管量	単位	学校、幼稚園、保育所、児童養護施設、障がい児施設等の敷地内で除去土壌等を保管 箇所数	保管量	単位	その他（公園等）で除去土壌等を保管 箇所数	保管量	単位	その他の仮置場 注3 箇所数	保管量	単位 注4
県北	福島市	2	14,144	m³	13	201,897	m³	5		m³	303	6,381	m³	62,789	313,932	m³	224	90,063	m³	717	154,075	m³	1	200	m³
	二本松市	81	32,086	m³	190	286,730	m³	1		m³	6,381	57,343	m³	4,147	57,343	m³	52	18,976	m³	88	8,793	m³	2	66	m³
	伊達市	105	183,452	m³	7	9,446	m³	1		m³	8,969	14	m³	14	66	m³	42	20,915	m³	87	11,291	m³	6	159	m³
	本宮市	8	58,413	m³	12	68,540	m³	1		袋	33	15	m³	15	4,334	m³	27	10,366	m³	76	8,497	m³	21	146	m³
	桑折町	8	10,097	m³	28	85,192	袋	3		m³	1,176	1	m³	1	1,005	m³	8	3,138	m³	2	1,930	m³	0	0	m³
	国見町	3	18,084	m³	8	35,224	m³			袋	193	1	m³	1	21	m³	1	21	m³	60	4,792	m³	0	0	m³
	川俣町	22	155,127	m³	5	6,403	m³	2		m³	3,301	1	m³	1	1,532	m³	1	1,532	m³	0	0	m³	0	0	m³
	大玉村	6	1,350	m³		0	m³			m³	415		m³	1,413		m³			m³	18	615	m³	0	0	m³
県中	郡山市	64	5,905	m³	6	136,133	m³	8		m³	235	1,413	m³	63,207	29,141	m³	247	73,006	m³	919	109,323	m³	27	453	m³
	須賀川市	97	45,243	袋	2	248,084	m³			m³	2,044	63,207	m³	9,284	636,102	m³	53	12,667	m³	75	12,990	m³	0	0	m³
	田村市	9	274,566	袋	3	563,245	袋	2		m³	5,071	9,284	m³		110,066	m³	39	9,306	m³	5	86	m³	0	0	m³
	鏡石町		3,018	m³		0	m³			m³	5	0	m³		820	m³	4	1,649	m³	6	1,172	m³	0	0	m³
	天栄村	9	17,398	m³		10,871	m³			m³	1,188	0	m³		0	m³	2	859	m³	0	0	m³	0	0	m³
	石川町	1	0	m³		0	m³			m³	0	0	m³	0	0	m³	0	0	m³	0	0	m³	0	0	m³
	玉川村	1	0	m³		0	m³			m³	0	0	m³	0	0	m³	0	0	m³	0	0	m³	0	0	m³
	平田村	1	0	m³		0	m³			m³	0	0	m³	0	0	m³	0	0	m³	0	0	m³	0	0	m³
	浅川町		0	m³		0	m³			m³	0	0	m³	0	0	m³	0	0	m³	0	0	m³	0	0	m³
	古殿町	6	5,905			136,133	m³	8		m³	7,521		m³	1,413	3,157	m³	1	45	m³	5	261	m³	0	0	m³
	三春町	3	0	m³		0	m³			m³	0	0	m³	0	0	m³	1	45	m³	5	261	m³	0	0	m³
	小野町		0	m³		0	m³			m³	0	0	m³	0	0	m³	0	0	m³	0	0	m³	0	0	m³
県南	白河市	1	4,264	袋	2	248,084	袋	2		m³	6,921	48	m³	48	9,766	m³	4	3,852	m³	3	82,124	袋	1	17	m³
	西郷村	6	41,267	m³	3	563,245	m³			m³	1,097	1	袋	1	34,885	袋	1	439	袋	3	82,124	袋	1	4	t
	泉崎村	6	0	m³		0	m³			m³	0	63	m³	63	2,327	m³	1	439	袋	0	0	m³	0	0	m³
	中島村		0	m³		0	m³			m³	0	0	m³	0	0	m³	0	0	m³	0	0	m³	0	0	m³
	矢吹町	4	21,706	m³	4	10,871	袋	4		袋	601	3	袋	3	6,428.0	袋	1	322	袋	1	2,518	袋	1	205	m³
	棚倉町	7	6,837	袋	7		袋			m³	234	12	m³	12	127	m³	12	1,733	m³	4	18	m³	6		m³
	塙町		0	m³		0	m³			m³	0	0	m³	0	0	m³	0	100	m³	0	0	m³	0	0	m³
	鮫川村		0	m³		0	m³			m³	0	0	m³	0	0	m³	9	642	m³	0	0	m³	0	5	m³
会津	会津若松市	1	824	袋	1					m³	0	4	m³	4	3	m³	19	798	m³	1	40	m³	1	17	t
	喜多方市	1	2,000	m³		0	m³			m³	0		m³			m³		0	m³	1		袋	1	4	t
	北塩原村		0	m³		0	m³			m³	0	0	m³	0	0	m³	0	0	m³	0	0	m³	0	0	m³
	西会津町		0	m³		0	m³			m³	0	0	m³	0	0	m³	0	0	m³	0	0	m³	0	0	m³
	磐梯町		0	m³		0	m³			m³	0	0	m³	0	0	m³	0	0	m³	0	0	m³	0	0	m³
	猪苗代町		0	m³		0	m³			m³	0	0	m³	0	0	m³	0	0	m³	0	0	m³	0	0	m³
	会津坂下町	1		袋	1	824	袋	1		m³	0	1	m³	1	879	m³	1	879	m³	1	40	m³	6	205	m³
	湯川村		2,000	m³		0	m³			m³	0	0	m³		0.02	m³		0.3	m³		0	m³	0	0	m³
	柳津町		0	m³		0	m³			m³	0	0	m³	0	0	m³	0	0	m³	0	0	m³	0	0	m³
	三島町		0	m³		0	m³			m³	0	2	m³	2	58	m³	2	58	m³	1		m³	0	0	m³
	金山町		0	m³		0	m³			m³	0	0	m³	0	0	m³	0	0	m³	0	0	m³	0	0	m³
	昭和村	1	1,912	m³	1	10,871	m³	3		m³	401		m³		10	m³	5	1,482	m³		2,101	m³	1	13	m³
	会津美里町		0	m³		0	m³			m³	0	0	m³	0	0	m³	0	0	m³	0	0	m³	0	0	m³
相双	新地町	1	1,912	m³	1	10,871	m³			m³	358	4	m³	4	3	m³	5	1,482	m³		2,101	m³	1	13	m³
	相馬市	3	24,892	袋	1		m³			m³	4,482	1	m³	1	201	m³	17	5,510	m³	63	29,460	m³	0	0	m³
	南相馬市	7	83,583	袋	30	551,887	袋			m³	3,047	4	m³	4	966	m³	27	25,456	m³	63	29,460	m³	1	13	m³
	広野町		120,647	m³		120,647	m³			m³	4,471	0	m³	0	0	m³	0	0	m³	0	0	m³	0	0	m³
	川内村	5	127,789	m³	4	30,219	m³	3		m³	401	2,153	m³	2,153	4,741	m³	209	37,369	m³		8,562	m³	1	58	袋
いわき	いわき市	34	133,666	m³	2	368	m³			m³		143,171	m³	143,171	1,164,342	m³	209	37,569	m³	174	8,562	m³	67	1,262	m³
合計		485	840,854	t	328	947,961	t	34		袋		58,522	袋	143,171	1,164,342	t	1,009	320,574	t	2,309	354,011	t	67	1,262	t
	市町村数	29	426,769		19	1,490,044		11	0		21	58,522		21	51,079			761			58		10	4	
	保管量計 注2	1,267,623			2,438,005			0			58,522			1,215,421			321,335			84,642			1,264		
	箇所数		485			847						146,489			146,489											

仮置場　箇所数：847　保管量計：3,764,150 m³
現場保管　箇所数：146,489
その他の仮置場　箇所数：67　保管量計：1,264 m³

注1：網掛けのある市町村は、汚染状況重点調査地域に指定されていない市町村である。
注2：単位は立方メートル（m³）であり、重量については1t＝1.7m³（「道路土工 盛土工指針」）（社団法人 日本道路協会）の自然地盤における砂質土（密実でないもの）における単位体積重量を使用し、袋数については仮に1袋＝1m³として換算、推計している。
注3：「その他の仮置場」とは、市町村の除染実施計画に基づかない仮置場であり、例えば、計画策定前（除染特措法施行前）に学校等で実施された校庭の表土改善事業や、県の事業である「線量低減化支援事業」で発生した除去土壌等を仮置きしている場所、汚染状況重点調査地域外の市町村が設置した「仮置場」である。
注4：会津若松市には、大熊町が実施した分（1箇所、60m³）が含まれており、喜多方市には、西会津町が実施した分（1箇所、2.8t）が含まれる。
資料：福島県生活環境部除染対策課（2016）「市町村が設置する仮置場の整備状況等（平成28年9月30日調査時点）」

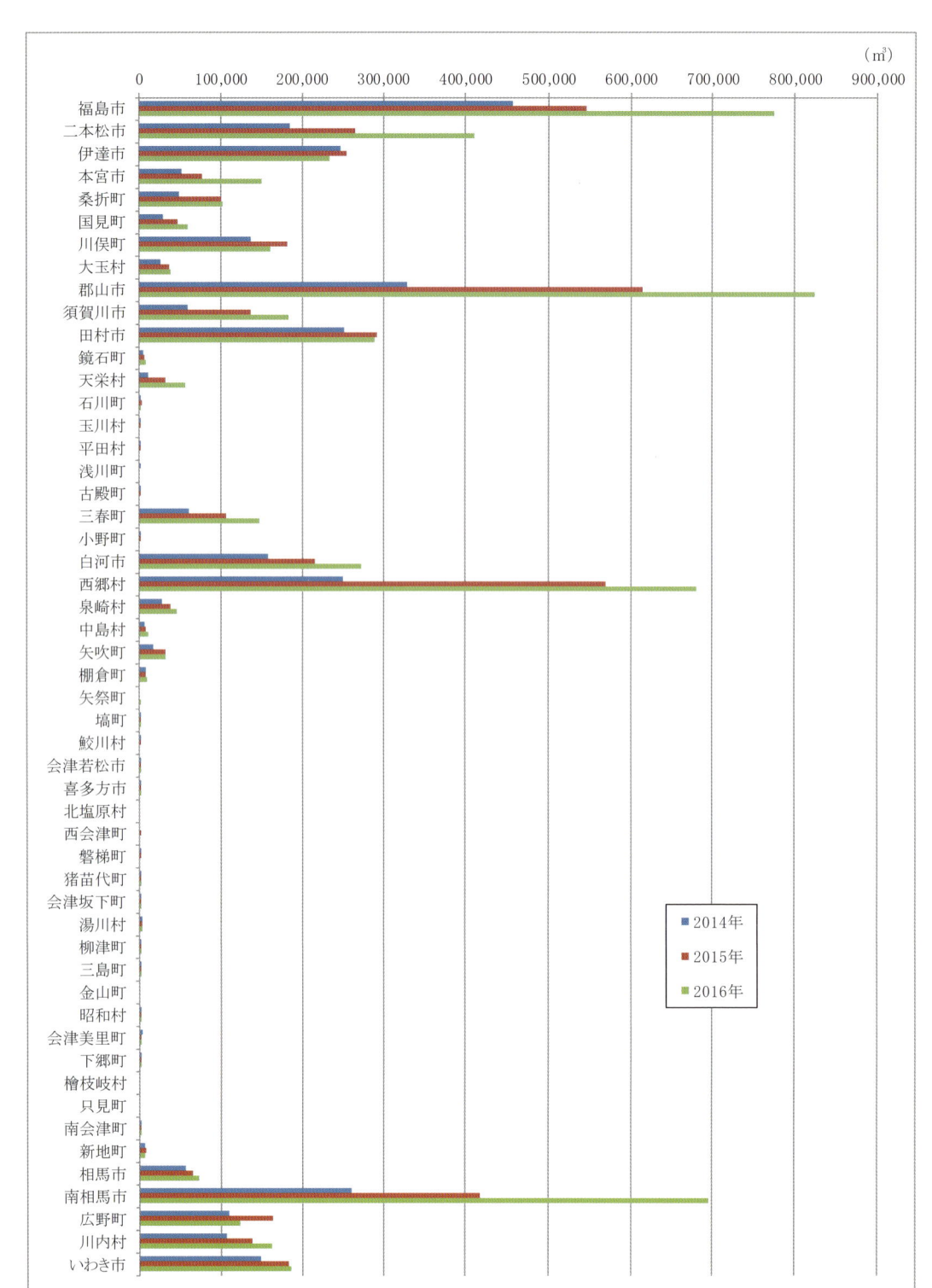

資料：福島県生活環境部除染対策課(2014)「各市町村における除染の措置に伴い発生した除去土壌等の保管状況(平成26年
9月30日調査時点)」、福島県生活環境部除染対策課(2015)「市町村が設置する仮置場の整備状況等(平成27年9月30
日調査時点)」、福島県生活環境部除染対策課(2016)「市町村が設置する仮置場の整備状況等(平成28年9月30日調査
時点)」

図 2-2　市町村ごとの除去土壌等の保管状況の推移

写真 2-10　農地に確保された仮置場（二本松市、2015 年 1 月）　　写真 2-11　現場保管の状況（福島市、2012 年 5 月）

（6）中間貯蔵施設の整備状況と除去土壌等の輸送状況

　福島県内において除染の実施に伴って発生する土壌および廃棄物、放射能濃度が10万Bq/kgを超える焼却灰等については中間貯蔵施設、放射能濃度が10万Bq/kg以下の焼却灰等については富岡町に存在する既存の管理型処分場（旧フクシマエコテッククリーンセンター）に搬入するものとされている。中間貯蔵施設に搬入される除去土壌等の発生量は、除染特別地域におけるものも含めて、減容化（焼却）した後で約1,600万m³〜2,200万m³であり[29]、管理型処分場に搬入される焼却灰等の発生量は、除染特別地域におけるものも含めて、約65万m³であると推計されている[30]。

　環境省は、中間貯蔵施設に搬入される除去土壌等の保管・処分に関して、2011年10月に「東京電力福島第一原子力発電所事故に伴う放射性物質による環境汚染の対処において必要な中間貯蔵施設等の基本的な考え方について」を公表し[31]、そのロードマップを示している。主たる内容は、①除染等に伴って発生する除去土壌等について、最終処分が行われるまでの一定の期間、安全に集中的に管理・保管するため、国が福島県に中間貯蔵施設を確保し維持管理を行う、②除染特措法が全面的に施行される2012年1月からの3年間は、市町村またはコミュニティごとに仮置場を確保し、除去土壌等を保管する、③政府は、2015年1月から中間貯蔵施設の供用を開始できるよう最大限の努力を行う、④国は、中間貯蔵開始後30年以内に、福島県外で最終処分を完了するというものである。

　その後、中間貯蔵施設は、大熊町と双葉町の約 1,600ha の区域に整備されることが決定されたが、その整備は、こうしたスケジュールの通りには進まず、用地確保が難航しているために、今なお本格的な施設整備や輸送の見通しは立っていない。2017 年 2 月末時点での用地契約済みの面積（民有地）は 336ha であり、全体計画面積の 21％となっている[32]。

　中間貯蔵施設については、このような整備状況にあるが、これまでの除去土壌等の輸送の実績を見ると、2014 年度末から 2015 年度末にかけて実施されたパイロット輸送では 45,382m³、学校等からの輸送が実施されはじめた 2016 年度（2017 年 3 月 1 日時点）では 164,464m³ であり、合計で 209,846m³ となっている（表 2-6、表 2-7）[33][34]。また、今後の見通しに関しては、環境省は 2016 年 3 月に「中間貯蔵施設に係る『当面 5 年間の見通し』」を公表し、復興期間の最終年であり、2020 年東京オリンピック・パラリンピックが開催される 2020 年度までに、640〜1,150ha 程度の用地を取得し、500 万〜1,250 万 m³ 程度の除染土壌等を搬入するものとしている[9][35]。

表2-6　2014年度末から2015年度末にかけて実施されたパイロット輸送による除去土壌等の輸送量

■大熊町の保管場（ストックヤード）

搬出仮置場名	搬入量（m³）
大熊町南平先行除染仮置場	1,002
田村市新場々一時保管所他	1,004
富岡町小良ヶ浜仮置場他	1,003
川内村貝ノ坂仮置場	1,590
広野町東町地区仮置場	900
棚倉町社川小学校一時保管所	1,516
浅川町山白石小学校一時保管所他	286
会津美里町仮置場	1,000
平田村仮置場	374
会津坂下町除染土壌等仮置場	1,071
鮫川村仮置場	293
古殿町仮置場	1,331
湯川村仮置場	1,000
白河市大信地域仮置場	1,000
玉川村青井沢地区仮置場	1,180
天栄村沢邸地区仮置場	1,287
西郷村川谷地区仮置場	1,002
いわき市志田名仮置場他	1,040
泉崎村さつき公園陸上競技場仮置場	1,082
矢吹町文化センター前の一時保管場	992
鏡石町鳥見山公園現場保管場	1,062
石川町仮置場	1,211
中島村仮置場	1,040
計	23,266

■双葉町の保管場（ストックヤード）

搬出仮置場名	搬入量（m³）
双葉町新山仮置場	806
浪江町津島中学校仮置場	1,353
葛尾村地蔵沢仮置場	1,000
郡山市安積第二小学校他	1,610
楢葉町下小塙仮置場他	1,008
三春町北部三地区仮置場	1,000
南相馬市片倉仮置場	981
伊達市坂ノ上地区仮置場	476
飯舘村小宮国有林仮置場	1,000
川俣町小綱木地区第2仮置場	1,218
福島市大波地区仮置場	1,004
須賀川市白江こども園他	1,203
新地町谷地小屋地区仮置場	1,008
相馬市光陽仮置場	1,568
大玉村大玉9区仮置場	1,049
小野町飯豊地区仮置場他	937
桑折町大和団地仮置場他	1,124
本宮市高木地区仮置場	1,216
国見町大枝方部1号仮置場	1,200
二本松市二本松保管場	1,355
計	22,116

■合計

搬入量（m³）	
	45,382

注：輸送したフレキシブルコンテナ等1袋の体積を1m³として換算された数値である。
資料：環境省・中間貯蔵施設情報サイト「搬入実績（平成27年度のパイロット輸送）」、http://josen.env.go.jp/chukanchozou/situation/h27/（2017年3月11日に最終閲覧）

表 2-7　2016 年度の除去土壌等の輸送量 （2017 年 3 月 1 日時点）

■大熊町の保管場（ストックヤード）

搬出仮置場名	搬入量（m³）
大熊町	14,068
いわき市	3,175
須賀川市	4,985
富岡町	8,286
楢葉町	5,175
郡山市	6,858
田村市	10,026
会津美里町	1,929
会津坂下町	795
西郷村	4,919
湯川村	3,363
川内村	3,751
三春町	2,500
白河市	3,500
天栄村	2,160
棚倉町	2,658
泉崎村	2,617
猪苗代町	222
広野町	2,998
石川町	1,091
矢吹町	1,119
鏡石町	1,519
矢祭町	140
会津若松市（注1）	177
塙町	89
計	88,120

■双葉町の保管場（ストックヤード）

搬出仮置場名	搬入量（m³）
双葉町	5,480
浪江町	8,050
伊達市	4,739
二本松市	7,507
福島市	8,214
桑折町	4,439
国見町	3,108
相馬市	5,916
川俣町	4,316
葛尾村	4,173
本宮市	5,852
新地町	2,746
大玉村	2,459
飯舘村	5,071
南相馬市	4,274
計	76,344

■合計

搬入量（m³）	
	164,464

注1：会津若松市は、会津若松市のほか、下郷町、南会津町、柳津町、三島町、昭和村から集約して輸送を実施している。
注2：フレキシブルコンテナ等1袋の体積は1m³と換算して表示されている場合がある。ただし、1袋m³より小さいフレキシブルコンテナ等もある。
資料：環境省・中間貯蔵施設情報サイト「搬入実績（平成28年度の輸送）」、http://josen.env.go.jp/chukanchozou/situation/h28/（2017年3月11日に最終閲覧）

写真2-12　除去土壌等の仮置場への搬出作業（福島市、2014年7月）　　写真2-13　公園除染の実施結果（郡山市、2014年7月）

3. 市町村の除染に関する認識

　除染特措法の全面施行後に市町村主体の除染の実績も予定もない市町村は、2012 年調査の時点から 2016 年調査の時点まで 12 市町村であり、この 12 市町村を除く市町村数は 40 市町村で変わらない[(10)]。

　本節では、この 40 市町村を対象として、アンケート調査とヒアリング調査の結果に基づき、除染に関する認識について分析する。

（1）除染に関する課題

　除染に関する課題については、2012 年調査では、「中間貯蔵施設の早期決定」が 36 市町村（90％）で最も多く、次いで、「仮置場の確保」が 32 市町村（80％）、「除染技術・方法の見直し・改善」が 25 市町村（63％）であった（図 2-3）。2015 年調査からは、当初国が予定していた中間貯蔵施設への供用開始時期が経過したことなどを背景として、中間貯蔵施設に関しては、2014 年調査までの「中間貯蔵施設の早期決定」にかえて「中間貯蔵施設の整備・完成」と「中間貯蔵施設への除去土壌等の搬出」という選択肢を設け、また、仮置場に関しては、「仮置場の確保」に加えて「仮置場の維持管理」という選択肢を設けたので、これらの項目に関しては、2014 年調査までの結果と 2015 年調査以降の結果とは直接的には比較できないが、2016 年調査では、「中間貯蔵施設への除去土壌等の搬出」が 35 市町村（88％）で最も多く、次いで、「中間貯蔵施設の整備・完成」が 31 市町村（78％）、「仮置場の維持管理」が 25 市町村（63％）となっている（表 2-8、図 2-4）。

　このように、除染に関する課題としては、2012 年調査の時点から 2016 年調査の時点まで、中間貯蔵施設や仮置場に関することが多く挙げられている。また、これまで一貫して、半数程度の市町村において「森林の除染」や「再除染（フォローアップ除染）」が課題として挙げられており、「除染技術・方法の見直し・改善」や「住民の合意形成」を課題として挙げる市町村は減少傾向にある。

　以下では、市町村が除染に関する課題として認識している事項のうち、回答が多いものを中心として、具体的な内容を分析する（表 2-9）。

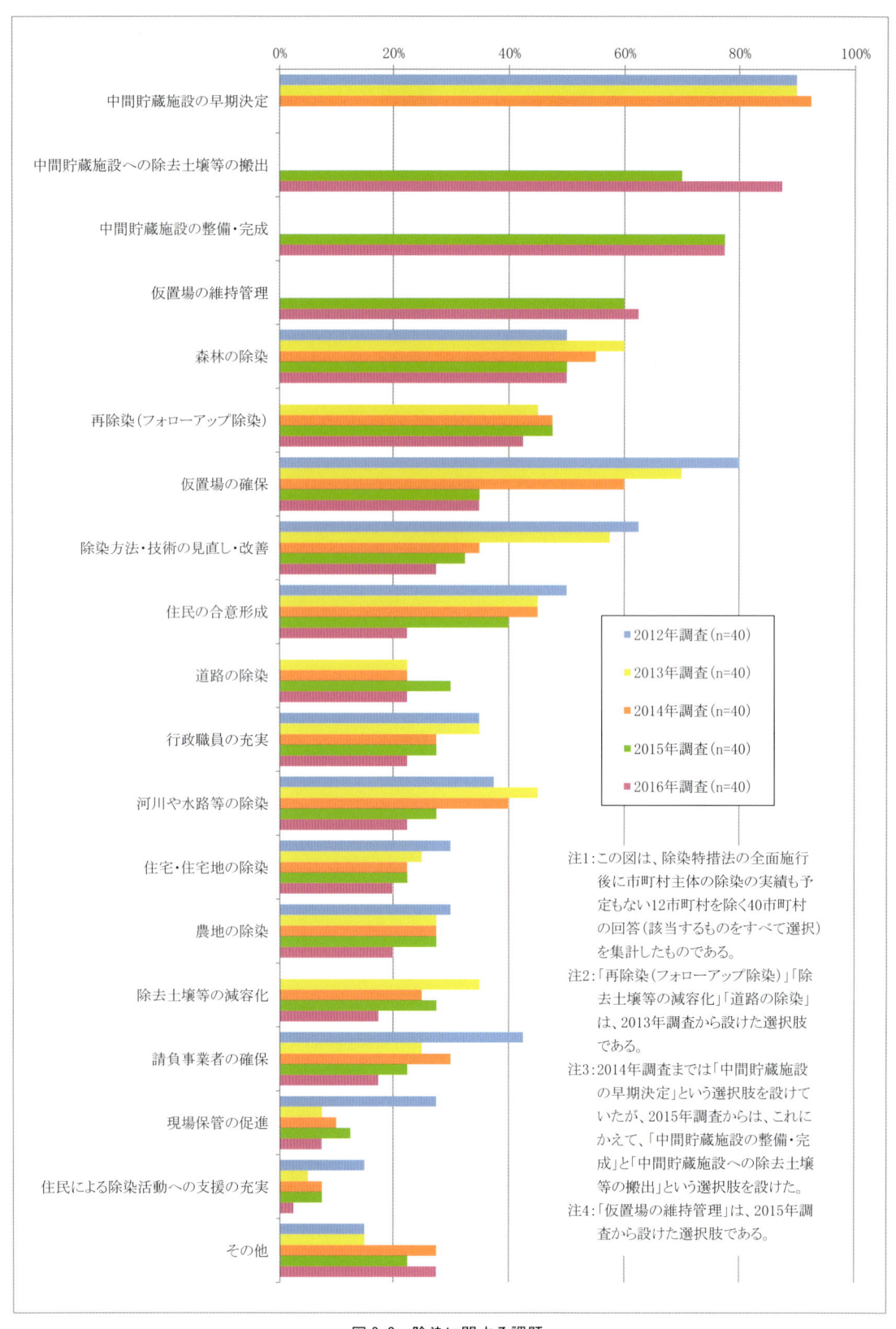

図2-3　除染に関する課題

表2-8　2016年調査における除染に関する課題

○：除染に関する課題（該当するものをすべて選択）
●：除染に関する特に重要な課題（3つ以内で選択）
＊：除染特措法の全面施行後に市町村主体の除染の実績も予定もない市町村（アンケート調査の対象外）

集計値の上段　「課題」として選択した市町村数
集計値の下段　「特に重要な課題」として選択した市町村数

	中間貯蔵施設への除去土壌等の搬出	中間貯蔵施設の整備・完成	仮置場の維持管理	森林の除染	再除染（フォローアップ除染）	仮置場の確保	除染方法・技術の見直し・改善	住民の合意形成	道路の除染	行政職員の充実	河川や水路等の除染	住宅・住宅地の除染	農地の除染	除去土壌等の減容化	請負事業者の確保	現場保管の促進	住民による除染活動への支援の充実	その他
福島県	35	31	25	20	17	14	11	9	9	9	9	8	8	7	7	3	1	11
	26	23	10	6	5	7	0	3	2	1	0	0	1	0	0	0	0	5
県北管内	8	6	6	5	5	3	3	1	3	1	4	2	4	1	2	1	0	2
	6	4	2	2	0	2	0	1	1	0	0	0	0	0	0	0	0	2
福島市	●	●			○	●												
二本松市			○						○									
伊達市	●		●	○	○		○					○			○			●
本宮市	●	○		●								○						●
桑折町	●																	
国見町	○	●	●	○														
川俣町	●				○						○		○					
大玉村	○	●	○			●	○	●	●		○	○	○	○	○			
県中管内	10	9	9	7	2	4	4	3	4	3	2	3	2	2	2	1	0	4
	7	7	2	2	1	0	0	1	1	0	0	0	0	0	0	0	0	2
郡山市	●	●	●	○		○	○	○	○	○	○	○	○	○	○			
須賀川市	●	●		●	○	○												●
田村市	●		●															
鏡石町	●								●									○
天栄村	●		●	○														
石川町	○	●	○			○		●		○								●
玉川村	●		○															
平田町				●														
浅川町	○	●																
古殿町				●														
三春町	●	●	●	○														
小野町	○	●	○			○												○
県南管内	7	6	5	4	3	4	1	2	1	2	1	1	1	2	2	0	0	2
	6	5	3	2	1	2	0	1	0	0	0	0	0	0	0	0	0	1
白河市	●	●	○		●	○												
西郷村	●	●		○	○													○
泉崎村	○	○																
中島村	●	●																
矢吹町	●	●																●
棚倉町	●	●	○	○		○		●										
矢祭町	＊																	
塙町	●					●										○		
鮫川村		●		●		●					○			○				
会津管内	5	5	2	1	3	0	0	2	0	1	1	0	0	0	0	0	0	1
	4	3	2	0	2	0	0	0	0	0	0	0	0	0	0	0	0	0
会津若松市		●																○
喜多方市	●	○						○										
北塩原村	＊																	
西会津町	＊																	
磐梯町	＊																	
猪苗代町	●	●			●					○								
会津坂下町	●	●		○								○						
湯川村	●	○	●						○									
柳津町	＊																	
三島町	＊																	
金山町	＊																	
昭和村	＊																	
会津美里町	○		●		○													
南会津管内	—																	
	—																	
下郷町	＊																	
檜枝岐村	＊																	
只見町	＊																	
南会津町	＊																	
相双管内	4	4	2	2	3	2	2	0	0	1	0	1	0	1	0	0	0	1
	2	3	1	1	1	2	0	0	0	1	0	0	0	1	0	0	0	0
相馬市	●	○	○	○														
南相馬市	○	●	●		○		○							●				○
広野町		●			●					●								
川内村	○	●		●	○	●												
新地町	●					●							○					
いわき管内	1	1	1	1	1	1	1	1	1	1	1	1	1	1	1	1	1	1
	1	1	0	0	0	1	0	0	0	0	0	0	0	0	0	0	0	0
いわき市	●	●	○	○	○	●	○	○	○	○	○	○	○	○	○	○	○	○

注：網掛けのある市町村は、汚染状況重点調査地域に指定されていない市町村である。

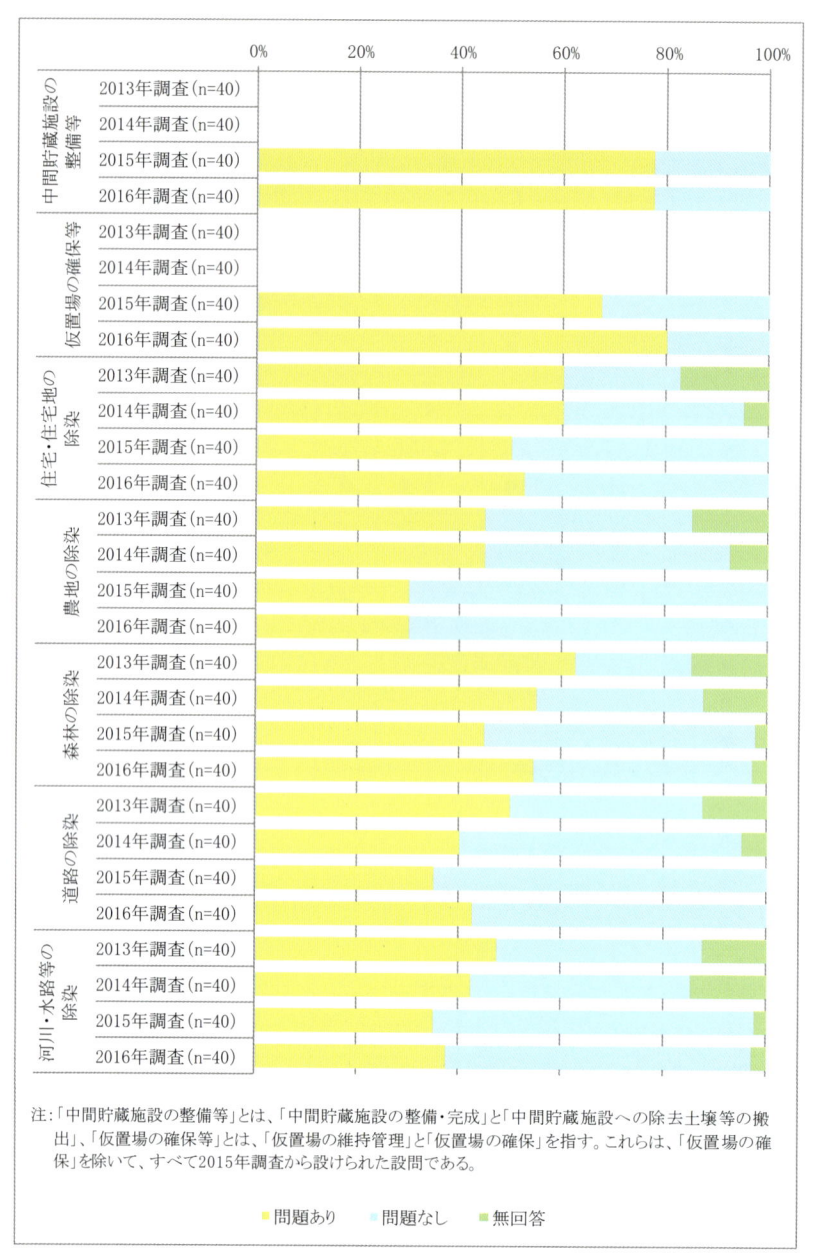

図2-4　現に生じているまたはこれから生じると考えられる問題の有無

①中間貯蔵施設の整備・完成と中間貯蔵施設への除去土壌等の搬出、仮置場の維持管理と仮置場の確保、住民の合意形成

　上述の通り、2015年調査から、中間貯蔵施設と仮置場に関する選択肢を変更したため、これらの項目については、2014年調査までの結果と2015年調査以降の結果とは直接的には比較できないが、2012調査の時点から2016年調査の時点までの間に、市町村の認識は大きく変わっている。

　すなわち、2013年調査までは、除染を円滑に進めるためには仮置場が必要であるところ、2015年1月に供用開始されることが予定されていた中間貯蔵施設の設置時期と設置場所が確定していなかったため、住民は仮置場がそのまま最終処分場になってしまうのではないかとの不安感と行政に対する不信

表 2-9　2016 年調査における除染に関する課題の具体的な内容（その 1）

課題	具体的な内容
中間貯蔵施設の整備・完成および中間貯蔵施設への除去土壌等の搬出	**【搬出の遅延や搬出の見通し】** ●中間貯蔵施設整備の遅れにより、除去土壌等の搬出が停滞している。 ●中間貯蔵施設の用地確保が進んでおらず、工程が遅れている。 ●中間貯蔵施設の用地買収が進んでいるが、契約済みが未だに数％程度のため遅い。30 年後の最終処分の完了が本当に可能なのかもわからない。 ●当初、3 年で中間貯蔵施設を供用開始すると言われていたが、現在も土地取得・整備中である。 ●当初 3 年程度で除去土壌等が搬出される予定であったが、5 年以上が経過しており、仮置場、現場保管からの早期搬出が課題である。 ●国には、市町村が保管する除染土壌等の早期搬出が可能となるよう、中間貯蔵施設の早期整備・完成をお願いしたい。 ●市町村内の仮置場に保管している除去土壌等は、3 年間の保管後、中間貯蔵施設へ搬出することとしていたので、中間貯蔵施設の早期整備・完成が必要である。 ●用地交渉と施設の整備完了が決まらないことが問題。市町村の廃棄物搬出に影響を与えている。 ●平成 28 年度から段階的に本格輸送が行われるが、肝心の中間貯蔵施設の用地確保が進んでいない。 ●中間貯蔵施設の用地が確保できないと、市町村で保管している除染土壌等の搬出ができない。 ●中間貯蔵施設が整備されなければ、本格輸送も進まない。 ●中間貯蔵施設の整備に進捗がなければ、各市町村からの輸送の進捗も滞りが発生しかねない。 ●国においては、中間貯蔵施設の用地取得を加速化して、施設の整備を図り、除去土壌の輸送をできるだけ短期間で終了できるよう、対応いただきたいと考えている。 ●用地交渉が思うように進んでいない中、今後、中間貯蔵施設への輸送が計画通り進んでいくのか疑問である。 ●各市町村とも除染作業は終盤となっているが、除染土壌等が仮置場等に保管されており、中間貯蔵施設の整備が進まないため、搬出量と時期が不透明な状況である。 ●除染の完了は、中間貯蔵施設へ除去土壌等をすべて搬出完了した時点と考えている。今年度から段階的な本格輸送が開始されるものの、搬出がいつ完了するか見通しが立たない状況である。 ●今後の汚染土壌等搬出計画を立てるにあたり、見通しがわからない。 ●国より各市町村からの中間貯蔵施設への除去土壌等の年度毎の搬出量が具体的に示されないことから、仮置場や住宅敷地内等現場保管場所からの中間貯蔵施設への除去土壌等の搬出について、具体的な見通しが立てられない。 ●除去土壌の搬出がいつ行われるのか不明であり、場合によっては後回しになるのではないか不安である。 ●今年度から本格輸送が始まったが、環境省として示している輸送の方針通り進むのか疑問に思う。 ●除染事業としては、平成 29 年 3 月末で終了する見込みだが、それ以降も仮置場の管理や中間貯蔵施設への搬出など、市町村に残る課題は数多い。先行きが不透明で国（環境省）のバックアップも満足いくものではないか。 ●国が示した、村内で保管されている除染土壌の 7 割を平成 32 年度までに中間貯蔵施設へ搬入することが、本当に実現可能であるのか。中間貯蔵施設が整備されないことには、村から土壌を搬出できない。 ●環境省が示した中間貯蔵施設に係る「当面 5 年間の見通し」による輸送計画では、輸送完了までに相当の期間を要する。 ●平成 28 年 3 月 27 日に「中間貯蔵に係る当面 5 年間の見通し」が国より示されたが、累積輸送量見通しの最大でも、市内にある除去土壌等のすべての搬出には、平成 33 年度までである。 ●環境省が示した中間貯蔵施設に係る「当面 5 年間の見通し」による輸送計画では、輸送完了までに相当の期間を要するため、搬出の順位等により大きな不公平感が生じる。 ●10 万 Bq 以下の指定廃棄物については、富岡町にある管理型最終処分場に搬出されると計画されているが、搬出時期について明確になっていない。この除去土壌等について、搬出を早期に行ってもらいたい。 ●中間貯蔵施設で受け入れない 10 万 Bq 以下の指定廃棄物を受け入れるエコテックは搬入できるようになるまでまだ時間がかかる。 **【住民・地権者への説明・対応】** ●仮置場の設置にあたっては、住民又は地権者の方々と保管期限の約束をしており、それまでには中間貯蔵施設へ搬出しなければならない。 ●仮置場の近隣住民の理解・協力があって除染が実施できているため、国は早期に中間貯蔵施設への各仮置場の全数搬出が行えるよう調整してほしい。 ●除染実施に伴い、仮置場での保管、現場での保管、土壌反転工など住民に説明して同意を得ていたが、保管する場合に中間貯蔵施設への搬出時期について回答を求められることがあった。しかし、搬出時期が不明であるため、住民には不安が多い。 ●仮置場や住宅敷地内等に保管している除去土壌等について、中間貯蔵施設への搬出が進んでおらず、長期保管を余儀なくされており、関係仮地所有者や仮置場を設置した行政区等の早期搬出を望む声が出ている。 ●住民の中には、「自宅や仮置場にいつまで保管するのか」、「仮置場が最終処分場になるのでは」などの不安が残るだけでなく、土地利用計画上支障となる場合も多い。 ●仮置場の敷地所有者と周辺住民の感情を考慮すると、中間貯蔵施設への迅速かつ短期間での運搬が必要である。 ●中間貯蔵施設の整備が当初の計画よりも遅れていることから、中間貯蔵施設への輸送が長期化する懸念があり、これに伴って仮置場の設置期間の終期の見通しが立たないため、仮置場の地権者や周辺住民への説明に苦慮している。 ●当町では、町内の土地所有者に土地を借用し、仮置場を設置させていただいているほか、仮置場はその地元自治会にお願いし、定期管理をしてもらっている。そのため、この状態がいつまで続くのか説明ができず、非常に心苦しい。 ●中間貯蔵施設の用地取得が難航していることから、明確な搬出時期が明らかとなっていないため、仮置場の近隣住民に対して説明ができない。 ●中間貯蔵施設への除去土壌等を運搬するサイクルと量が少なすぎる。仮置場での除去土壌等の保管が長期化することによる地域住民の不安感への対応が必要である。 ●除染土壌等が中間貯蔵施設へ搬出されなければ、除去土壌等がいつまでも村内にとどまることとなり、仮置場での保管延長にかかわる地元住民への説明のみならず、借地期間延長等に係る地権者への説明、契約交渉が必要となる。 ●今後 5 年間の見通しは国から示されたが、搬出可能としている数量のふり幅が大きく、具体的なスケジュールが示されていないため、仮置場に除去土壌等を長期にわたり保管する必要があることが予想され、地域住民の不安を払拭することができない。 ●2,000 万 m^3 を超える除去土壌等が福島県内にあり、ダンプトラックの交通量が非常に多くなることが予想されるため、地域住民へのより丁寧な説明が必要である。 **【仮置場等の維持管理】** ●早期の搬出ができないことによる、仮置場の維持管理にかかわるさまざまな課題が生じてくる。 ●搬出が完了しない限り、町が仮置場の維持管理等を実施しなければならない。 ●中間貯蔵施設の整備が進まないと、除去土壌等の搬出がすべて終了し原形復旧をするまで、仮置場等の維持管理、賃貸借を継続しなければならない。 ●中間貯蔵施設が整備されないと除染土壌の搬出も停滞するため、借地の仮置場や現場保管の汚染土壌に影響が出てくる。 ●中間貯蔵施設の整備が進まないことから、除去土壌等の搬出がほとんど進んでおらず、仮置場を撤去することができない状況である。 ●搬出に関して市町村で順番と搬出量が決まってくるので、一気に全量搬出されず、仮置場の解体撤去ができない。 ●一時保管してあるフレコンバッグの耐久性を考慮すると、中間貯蔵施設への迅速かつ短期間での運搬が必要である。 ●フレコンやシート等の経年劣化が懸念されることから、国に対し中間貯蔵施設への除去土壌等の早期搬出を強く要望したい。 ●当町の仮置場周辺の設備が老朽化しており、3 年対応型の大型土のうを使用しているため劣化が懸念され、早急に中間貯蔵施設を整備することが求められる。 **【除染の完了と復興】** ●仮置場に保管している除染廃棄物のすべてが搬出されなければ、除染が完了したとは言えない。 ●中間貯蔵施設が整備・完成されなければ除染廃棄物が残ったままとなり、除染が完了したとは言えず、また、30 年後の県外への搬出も具体化できないと思われる。 ●除去土壌等の全数量の搬出により、少しでも住民の安心につながると考えるので、早期に中間貯蔵施設を整備してほしい。 ●早期に中間貯蔵施設が整備されなければ、仮置場からの除去土壌等の移送が完了せず、福島県の環境回復と復興につながらない。 ●市町村は、できる限り早く除染土壌等の搬出を完了させ風評被害の払拭を図りたいが、搬出先となる中間貯蔵施設の用地確保等が進んでいない。 ●公園等の敷地を仮置場としている地区もあるので、中間貯蔵施設への輸送をできるだけ短期間で終了させ、元通りの市民生活環境を取り戻していきたい。 ●除去土壌等については、施設敷地内や宅地内に一時的な現場保管を行うことを余儀なくされており、また、学校等の校庭・園庭等の表土を除去した土壌等についても、学校等の敷地に埋設したままの状況である。 ●現在、使用している仮置場は、現在県で防災緑地事業を行っているエリアなので、全量搬出しない限りは、防災緑地の工事を行えない。 **【仮置場の設置】** ●地区毎に仮置場を設置する上で、中間貯蔵施設への搬入時期が確定されなければ、周辺住民の理解が得られない。 ●搬入時期の話だけ先行し、搬入にかかる期間、どの地区から搬入するかの順番の話がないため、仮置場を設置する上での住民の理解が得られない。 ●除去土壌の搬出に関し、現場保管（土中）したものを仮置きする仮置場が見つからない。

表 2-9　2016 年調査における除染に関する課題の具体的な内容（その 2）

課題	具体的な内容
【続き】中間貯蔵施設の整備・完成および中間貯蔵施設への除去土壌等の搬出	**【整備・完成の可能性】** ●中間貯蔵施設の整備・完成は、ほぼないので、仮置場での長期保管、輸送の問題、中間貯蔵施設の近くには持っていったものの、という問題も出てくると考えられる。 ●すべて搬入できる規模の用地の確保や施設の建設が実現可能なのかどうか、また、いつ完成できるのか疑問である。さらに、その後の受入先となる最終処分場については、何ひとつ決まっていない中で、保管期間が 30 年というのも疑問である。 **【積込場の整備】** ●積込場の整備が課題である。 ●中間貯蔵施設への搬出が本格化してきたが、当町において積込場の整備が喫緊の課題である。 **【その他】** ●原発事故由来の汚染土壌等については、全量搬出対象としていただきたい。 ●除去土壌等については、中間貯蔵施設への搬出だけでなく、減容化が必要と考える。 ●国は、あくまで搬出運搬しかかかわりを持たず、搬出する前までの業務は市町村に丸投げである。 ●限られた受入れ容量に対し、自治体ごとに不公平がないような搬出量の設定を望む。 ●中間貯蔵施設設置 2 町の町有地提供に関し、学校校庭等の現場に仮保管されている市町村の除去土壌を先行し、すでに学校から仮置場に移送保管している市町村の搬出は後回しのようである。 ●中間貯蔵施設から最終処分場への搬入がいつからできるのか。最終処分地は福島県外となっているが具体的に決まっているのか。 ●中間貯蔵施設への除去土壌等の搬出について、他市町村分の輸送で、県道 12 号線の利用が想定されており、交通量増加による渋滞、交通事故の増加等が危惧される。 ●土壌等搬出時における村道破損に対する財政措置が必要である。
仮置き場の維持管理（土地賃貸借や保管容器等の問題を含む）	**【住民・地権者への説明・対応】** ●仮置場の設置にあたっては、住民または地権者と保管期限の約束をしているので、それまでには中間貯蔵施設へ搬出しなければならない。 ●当初仮置場の賃貸借契約の期間を 5 年としていたものについて、平成 29 年 3 月末に契約更新の時期が来るが、中間貯蔵施設への除去土壌等の搬出終了までに 5 年以上は見込まれる。 ●仮置場設置に係る土地賃貸借契約は、3 年契約（1 年ごとに自動更新）しているが、いつまで土地所有者の理解が得られるか心配される。 ●仮置場は借地期間が決まっている市町村がほとんどであり、期間延長ができないことが予想される。 ●住民から借りて設置している仮置場について、現在は理解を得られているが、期限なく先延ばし（又はいつまでも期限が示されない）となってしまった場合、苦情や返還要求等が起きかねない。 ●仮置場敷地所有者との当初契約の話では、中間貯蔵施設へ運搬可能となる期間を国から示された 3 年で周辺住民に理解を得て設置してきた経緯があるため、今後は問い合わせ及び返還要望等に対応することが懸念される。 ●当初、仮置場は 3 年という約束で貸していただいている。その期間が過ぎ契約更新もしていただいているが、具体的に「いつまでなのか？」ということに明確な返答ができない。今後、地権者がその土地をどうにかするとなった場合に、どう対応すればいいかわからない。 ●仮置場用地の地権者に借用期間を 3 年と説明した経緯があり、今年度末にその期限を迎えることから、再契約の調印にあたり、搬出予定時期の説明が必要であるが、国は今後 5 年間で 3 割強の搬出見通しを示しており、明確な搬出完了時期の説明ができない。 ●主に土地を借りて仮置場を整備しているが、国から除去土壌等の搬出の時期と量を示されていないことから、仮置場用地の返却時期の目途を示すことができず、土地所有者が自分の土地の利用計画を立てることができない。 ●長期間の仮置きが予測されることから、全数搬出までに遮水シートまたは保管容器の破損等が発生する恐れが高まることで、地域住民の不安が継続することが考えられる。 **【維持管理の経費や労力】** ●除去土壌等の搬出の遅れ等により、経年劣化による維持管理費用が発生している。 ●除去土壌等の搬出がすべて終了し、原形復旧をするまで、仮置場等の維持管理、賃貸借を継続しなければならない。 ●仮置場で使用する土のう及びシート等について、国が当初示した運搬計画に鑑み耐候性を 3 年程度として材質を選択していたが、管理期間が長期化することで材質の劣化に伴う修繕等が生じ、維持管理費が膨大になることが懸念される。 ●仮置場の箇所数の増加および設置期間の長期化により、仮置場の維持管理に係る市町村の負担が増大する。 ●全数搬出までに遮水シートまたは保管容器の破損等が発生する恐れがあり、市町村の負担が続いていくことが考えられる。 ●仮置場周辺住民には、除染廃棄物がすべてなくなるまでは、現状の維持管理をすることで理解を得ている。今後、管理に関する財政措置が縮小されることがないよう、国の対応を望む。 ●現在設置されている仮置場については、週に一度の線量測定や月に一度の水質検査及び定期的な巡回等の維持管理が必要であり、長期的な保管を想定していない。 ●不要な管理を求められており（例えば地下水の検査）、これから長期に及ぶ管理で、市町村に負荷がかかってくる。もちろん、不要な費用（税金）もかかり続けることは問題である。 **【仮置場・設備の劣化等】** ●仮置場等での保管期間が長期にわたることで、仮設物や保管容器等の損傷などの懸念がある。 ●保管の長期化に伴う除去土壌保管容器（大型土嚢袋）の破損・劣化の可能性がある。 ●仮置場周辺設備が老朽化しており、また、大型土のうも劣化している。 ●仮置場で除去土壌等を長期に保管することについては、資材の劣化や自然災害等による被害の可能性等の問題がある。 ●さすがに 30 年は、フレコン等ももたないので、管理上の問題は出てくるとは思う。 ●仮置場の汚染土壌の搬出時期により異なるが、遮水・通気性シート等の劣化で交換する必要も生ずる。どの程度の劣化で判断するのか、あるいは裂傷等が発生してから行うのかメーカーに問い合わせても、通気性シートは地上使用の例がほとんどないので不明と云われる。 ●仮置場での長期保管により、フレコンやシートの経年劣化によるフレコンの詰替え作業など、大規模な修繕業務が今後必要となるおそれがある。 ●中間貯蔵施設へ搬出完了するまでの、仮置場の経年劣化等に伴う破損などに対する修繕の維持管理への対応が必要である。 **【仮置場の解体と原状回復と跡地利用】** ●除去土壌を搬出した後の仮置場の解体および今後の使用用途が課題である。 ●仮置場から搬出後に原状回復する際に、どれだけ地権者の希望どおりにいくのか不安である。 ●仮置場の原状回復に関するルールの確立が必要である。 ●仮置場の修繕のみならず、仮置場の使用完了後における農地・牧草地等の復旧に対する財政措置が必要である。 ●私有地を返却する場合に留意をしながら、所有者に返却される。しかし、原状が土壌や砕石の入れ替えを要求すると思われる。国の「原状回復」では、低線量の砕石や土壌の入替えは認められず、負担は自治体となってしまう。 ●仮置場用地は森林管理署より国有林を無償借用し整備したが、平成 28 年度中に除染土壌の中間貯蔵施設への搬出が終了することから、国有林の返還措置を行う必要がある。国有林を返還するにあたり、どの程度まで現況の復旧を行えばよいか、また仮置場の既設構造物の取扱はどのようになるのかが大きな課題として挙げられる。 ●土地返却の際には、原状回復が基本であるが、従前が森林等の場合、防災上の観点から調整池等を存置しておく必要がある。 **【その他】** ●今後は仮置場の維持管理による安全性の確保が求められる。 ●除染が終われば担当部署もなくなり、仮置場の維持管理に不安がある。 ●仮置場での長期保管が必要になると、維持管理はもちろん、現場保管（家の庭？）には苦情があるだろうし、「仮」ではなかったことへの同義的批判も出ると思う。 ●大型土のう袋の劣化などに留意をしながら、長期間にわたり維持管理の徹底をしなければならないが、国や県からは、例えば仮置場の巡回業務を今までよりも少なくしてほしいとの要望を受けており、除染事業交付金の制約が強いられている。
森林の除染	**【現行の除染手法の限界性と問題点】** ●宅地と違って、現行の方法では線量低減効果が低い。 ●面積が広く、かつ、空間線量率が高い箇所であるものの、除染作業としては線量低減効果が低い除染手法しか採用されないため、空間線量率がほとんど下がっていない。 ●環境省が除染関係ガイドラインに示す建物等近隣の森林の除染について、堆積有機物残さ除去では線量が低減しなくなっている。 ●生活圏森林の除染を行ったが、低減が図れていない箇所が多数ある。 ●市内でも線量の高い地域は山間部であり、住宅除染を行っても周囲の森林からの影響が大きく、空間線量のこれ以上の大幅な減衰が見込めない。 ●現在の森林除染方法は、可燃物のみの除去だけであり、可燃物の下層にある腐葉土（土）の除去については認められていない。事故後 5 年を経過し可燃物の除去を行ってしまうと、可燃物で放射線を遮蔽されていた箇所がむき出しになり、周辺の線量がかえって高くなる恐れがある。 ●奥行きが林縁から最大 20m までしか実施できないため、その奥については手つかずの状態である。林縁で線量が基準値以下の場合は全くの手つかずであり、落ち葉等でたまたま線量が低い場合やホットスポットの有無についても把握できないため、今後どのように影響があるかわからない。

表 2-9　2016 年調査における除染に関する課題の具体的な内容（その 3）

課題	具体的な内容
【続き】森林の除染	**【森林全体の除染】** ●森林全体の除染に関して国において明確な方針が示されていない。 ●国の方針が未確定であり、誤解を招く報道もあることから、町としての対応に苦慮している。 ●森林全体の除染が全く進んでいない。 ●森林全体の除染については、除染方法が具体的に示されていない状況が続いており、除染が行われていない。 ●当村の約 8 割が森林で占められていることから、生活圏以外の森林については森林整備も含め除染が必要と考えられる。 ●山間部に囲まれた当町は、森林部が多く、生活圏の一部として森林と携わっている方が多いため、除染対象としていただきたい。 ●森林除染は面積も広く、廃棄物も多く排出されることから、現在の森林を活用するのでなく、30 年後の利用を考えて今から工程表を明確化し、幅広い理解を得る必要がある。 **【森林除染の困難性】** ●森林面積は広く、除染廃棄物も膨大になるため除染はできないと考えている。 ●森林は広大なので、除染をどのように進めていけばよいかわからない。 ●広大な面積を除染することになるため、効率的な除染方法や、仮置場及び現場保管場所の確保について問題がある。また、対象範囲をどこまでに設定するかなどの問題もある。 ●現在、森林除染に代わる事業として、間伐などの森林整備と表土流出防止対策等の放射性物質対策を一体的に実施し、森林の有する多面的機能を維持しながら放射性物質の低減、拡散防止を図る「ふくしま森林再生事業」に取り組んでいる。今後、この事業を進めていく上で森林については所有者や境界が不明な場合もあることから、円滑な事業推進への影響が懸念される。 **【山菜や伐採木等の森林資源の汚染】** ●いまだに山に自生する山菜やキノコには基準値を超える放射性セシウムが検出されている。 ●キノコや山菜などの放射線量が高く、いまだに摂取制限がかけられており、森林除染をしないことにより、この先何十年にもわたり森林資源の活用ができないことが大きな課題である。 ●森林全体が除染の対象となっていないため、線量が高い地域では伐採木の搬出が制限されている。 **【事業者の確保・育成やマンパワーの確保等】** ●膨大な森林整備等事業量を請負うことのできる事業者の確保とともに、新たな事業者の育成等が必要である。 ●広大かつ広範囲に及ぶこともあり、マンパワーの確保や効果・効率的な除染方法を確立し、進めて行く必要がある。 **【保管場所の確保】** ●除染に伴い生じた草木等の可燃物の焼却までの一時保管場所の確保に苦慮している。 ●森林の除染で発生する可燃性廃棄物について、焼却処分するまでの保管場所の確保が難しい。 **【その他】** ●森林（除染対象範囲外）から住宅地等へ徐々に放射性物質が降りてくるのではないか懸念している。 ●住宅団地より、20mが除染の範囲となっているが、その範囲外は里山再生事業として管轄、事業が変わってくるため手間がかかる。 ●除染進捗率の低い市町村では住民からの不満が懸念される。 ●避難準備区域における「里山再生モデル事業」が範囲拡大された場合などは、除染の実施が考えられる。 ●いまだに森林からの移行があると思い除染を要求している人たちがいることが問題である。森林も除染を、と正しく言う人もいるが、費用対効果、二次災害の危険、廃棄物の処理など課題が多い。避難区域の解除に当たり、理由に使われている感じである。移行はないと、はっきり言うべきだ。
再 除 染（フォローアップ除染）	**【再除染の必要性】** ●除染作業実施後も施工場所によっては、放射線量の低減がみられないところもあり、基準線量である 0.23μSv/h を上回る施設や住宅、ホットスポット等については、基準線量となるまで再除染の対象としてほしい。 ●除染を行った後も比較的高線量（ホットスポット）の箇所（0.23μSv/h 以上の箇所）があり、年間被ばく線量 1mSv を超える場合には、再除染が必要である。 ●ホットスポット的に空間線量率が高い箇所（0.23μSv/h 以上の箇所）があるため、必要である。 ●除染直後において、線量低減化の効果が低い場合などは、住民から健康への影響を不安視し、再除染の要望が多い。 ●除染を実施しても線量の低減効果が十分でない箇所をフォローアップ除染で対応することで、住民の安全・安心に結びつくと考える。 ●汚染状況重点調査地域での「再除染」の必要は、基本的にはないが、部分的に高い場所や除染をし忘れた場所が全くないわけではなく、正しいフォローアップは必要である。 ●生活圏森林除染を実施したが、低減が図れない箇所における対応が必要である。 ●現在行っている除染作業で、できない箇所等があるので必要である。 ●0.23μSv/h を超過するようないわゆるホットスポットについては、除染特措法における除染やその他の措置（天地返し等）により、線量の低下に努めるべきであると考えられる。 ●雨どいの下などは、比較的線量率が高い場所があるため不安を抱いている住民もいることから、フォローアップ除染において対処できるのであれば、必要性はあると考える。 ●生活圏森林の再除染が必要である。 ●除染業務が完了した地区のなかで、基準値である平均空間線量率の 0.23μSv/h を達成できない地区もあり、除染方法を協議し、まずは追加的な除染を十分実施した上で、最終段階としてのフォローアップ除染が必要と考えている。 ●平成 27 年度で除染作業自体は終了して、線量の低下を確認したところではあるが、今後の放射線量の動向を確認しつつ、高線量箇所が発見された場合には対応が必要である。 ●放射線量の低減を目指して除染を行うことが不可欠であるため、効果がでない場合には、再除染を検討する必要がある。 ●現状では、該当箇所は出ていないが、今後必要な箇所が発見された場合、合理的な範囲で対応は必要と考える。 ●線量が高いところがある場合には、状況にもよると思うが住民の要望次第では必要だと考える。 ●局所的な高線量箇所が発見された場合、住民の追加被ばく線量を下げるために有効な手段であるため、必要である。 ●放射性物質の取り残しや再汚染が確認された場合、再除染が必要と考える。 ●再モニタリングにより、除染の効果が維持されていない箇所等に対して、再除染は必要だと思う。 ●今後も基準値を超える箇所が発生しないとは限らないため必要である。 ●除染の本来の目的を考えれば、必要である。 ●住民の不安払拭のために、必要である。 ●環境省では、長期的な目標としているが、住民の不安を払しょくするためには、除染直後に空間線量率が 0.23μSv/h 未満となることが望ましいと考える。 **【再除染の実施基準】** ●将来、可能性が予想されるため、必要であるが、再除染が可能となる条件が厳しすぎるため、現時点での作業が難しい状態となっている（例：再除染が必要な線量があっても、住民がどれだけの頻度でその場所に留まり、追加被ばく線量があるかなど）。 ●当初除染時は地上 1m の地点で 0.23μSv/h（=1mSv/y）を基準として実施しているが、再除染の基準がガラスバッジ等を着用し 1mSv/y を超える場合となっても住民に納得してもらえない。 ●再除染はかなり高いハードル（線量値）となっており、基本は 1μSv/h 以上の区域で避難区域が主となるものと考える。 ●国に基準がないと市町村が単独で費用負担し、実施しなければならない。 **【その他】** ●今後もケースによっては線量が高まる箇所が発生する可能性は十分あるので、その場合、発生した除染土壌をどのように処理するかの方針が必要である。 ●0.23μSv/h 以下にできれば必要性があると思うが、下がらないところは無理にせず下がるまで距離や遮蔽により影響を受けない方法をとるほうがよいと思われる。
仮置場の確保	**【地権者・住民の同意】** ●仮置場の設置について地権者の同意が得られても、周辺住民の方々の同意が得られないなど、除染の進捗に遅延が生じている。これは、中間貯蔵施設の整備が遅れていることが原因となっている。 ●当初どの場所にするかで、なかなか決まらなかった。必要な大きさの用地の面積自体の確保と、その地区の方々の理解を得るのが難しい。 ●仮置場がない地区が多く、除去土壌等を現場保管し土地利用上不便を強いられているのが現状である。ある程度、仮置場造成に理解を得られ始めたが、まだまだ地域住民からの反対意見が目立っている。除染事業は土壌等を剥ぎ取り、物理的に除染土壌を保管する施設があって成り立つ事業であるから、仮置場設置に理解を得られないと事業が成り立たなくなってしまい、事業遂行以上に原発災害復興にも遅れを生じさせてしまう。 ●現在、除去土壌については現場保管（学校敷地内）となっているが、中間貯蔵施設へ搬出するために仮置場を設置する必要があるが、仮置場設置について地域の同意が得られない。 ●仮置場の設置に関し、線量がいくら低くても、風評的な考え方から地域の理解が得られない。 ●仮置場の確保が非常に困難である。

表 2-9　2016 年調査における除染に関する課題の具体的な内容（その 4）

課題	具体的な内容
【続き】仮置場の確保	**【仮置場の不足】** ●地区ごとに仮置場の設置を進めているが、未設置の地区等もあり、除去土壌の現場保管が続いている状況である。 ●仮置場の設置については、土地の形状、地質、地下水脈、周辺環境等を詳細に調査し、大量の除去土壌等を安全に保管できる適地を選定する必要があるが、進入路、法面、水源、平場や除草廃棄物など、課題が多く、必要数に対し設置数が不足している。 ●里山除染、ため池除染を進めていく上で、除染廃棄物については仮置場保管を基本としているが、確保することが難しい。 **【その他】** ●仮置場の建設に地元行政区、住民の合意は不可欠であるが、設置後についても放射線等の影響による風評被害の問題はある。
除染方法・技術の見直し・改善	**【現場の状況との乖離】** ●地域の実情に応じた対応が必要である。現場の実情や除染技術の進歩等をガイドラインは十分に反映していない。 ●作業の進め方等は示しているものの、具体的な方法が示されておらず、各市町村が苦慮しながら除染を行ってきたのが現状である。このため、国で除染方法の明確化・先進的手法の開発を図るとともに、除染実施者である市町村が除染方法を柔軟に選択できる自由裁量を認めるよう要望してきたが、反映されなかった。 ●現場の状況が考慮されていないガイドラインは、除染の工法や範囲・費用等について、現場との大きな隔たりがある。現場で臨機応変に対応できるような柔軟な言い回しが必要である。 ●長期的な目標として追加被ばく線量が年間 1mSv 以下となることをめざしながら、空間線量率が高い箇所でも、費用対効果や土砂流出などを理由に除染作業を実施しない箇所があり、空間線量率が高い箇所は、これまでの知見やノウハウを活かして除染の対象としてほしい。 ●実施主体である市町村の意見や要望を踏まえて、随時見直しが必要である。 ●国のガイドラインは、一定の基準はあるものの、詳細部分については、都度協議せざるを得なく効率的な除染作業の妨げになるとともに、市町村毎の除染方法は異なる要因にもなっている。 **【効果的な除染方法・技術の開発・採用】** ●現在の森林除染の工法は効果がなく、効果的な森林除染の工法を開発し、これに基づいて実施する必要がある。 ●環境省が除染関係ガイドラインに示す建物等近隣の森林の除染について、堆積有機物残さ除去では線量が低減しなくなっている。 ●森林除染の工法に関しては、可燃物のみの除去だけであり、可燃物の下層にある腐葉土の除去については認められていない。事故後 5 年が経過しており、可燃物の除去を行ってしまうと、これまで放射線を遮蔽されていた箇所がむき出しになり、周辺の線量がかえって高くなる恐れがある。 ●フォローアップ除染に関する記載を追加していただきたい。 ●除染しても空間線量が下がらない箇所があり、その線量を下げるための手法が確立されていない。 ●側溝の堆積物除去に関しては、測定位置が 1m で空間線量が 0.23μSv/h の箇所が対象となっているが、実際には空間線量の基準に満たない場合でも、側溝堆積物が指定廃棄物の基準 8,000Bq を超えている場合が多い。 ●震災前は自治会等で行われていた側溝上げについて、震災後は行わないようにとした市町村がほとんどであるなか、空間線量が基準に満たないからといって除染作業を行わずして、自治会に側溝上げをするようにお願いすることは難しい。 ●市民から河川やダム（湖底）の除染を求められるが、環境省の基準では除染できない。 **【その他】** ●すでに必要としない（線量が高い時期には必要だったかも）手法や義務がいつまでも載っていることで、低線量でも必要のない除染をしてしまうし、除染や管理のやれる理由になってしまっている。保管など、今後の管理でも過剰なものがあり（地下水の検査など）、労力と費用が多年に渡る。 ●仮置場の管理や除染の法令遵守など分野別に整理されているのでわかりやすい。ただ、あまり使うことがないのが問題となっている。
住民の合意形成	**【住民の合意形成の困難性】** ●除染除去土壌の保管のため、仮置場の建設が重要であるが、建設場所の近隣住民等の同意については難しい課題である。なお、同意を得られなかった地区は現場保管で進めている。 ●仮置場の設置においては住民感情を優先しているため、計画実施までには相当の時間がかかり、結果として計画の遅れに繋がってしまう。 ●宅除染においては土地形状、土地利用状況、汚染状況等がすべて違っている。これらを除染関係ガイドラインで示された範囲で対応するには困難であり、地権者からの合意を得るための交渉等については難航している。 **【その他】** ●原発事故後の放射能に対する不安は、国の基準では解消されない。海外も含めた不安解消のための情報発信に注力すべきである。
道路の除染	**【除染対象外の側溝の問題】** ●震災前は地域住民や道路維持管理で行っていた道路側溝内の土砂上げについて、現在は手付かずとなっている。側溝では放射線量が高くても、地上 1m の地点での空間線量は 0.23μSv/h 以下で除染の対象とならない場所が多く問題となっている。 ●原発事故以前は集落毎に年 4 回クリーンアップ作業と称し道路沿線の草刈り・堆積土砂上げを実施していたが、事故以降、汚染物質拡散に繋がることから土砂上げを禁止し、除染事業で実施予定であったが自然減衰で除染予定がなくなった。住民からは地下水が規制し、5 年も経ち堆積土砂が溜まり、住民ボランティアでは限界なので 1 度は役所で実施し、その後は集落で再度行うからなんとかしてほしいとの要望が相次いでいる。 ●側溝に線量を有した土砂が堆積しているが、町では手が出せない。そのため、側溝が詰まり道路管理に支障をきたしているため、住民からクレームが多く寄せられている。 ●当町は線量が低いため、大部分の世帯は除染の対象にならなかった。そのため、道路の側溝に堆積している土砂も道路除染の対象にならず、手付かずの状態である。実際には、土砂は線量を含んでおり処理できる業者もなく、費用も莫大になることから、町ではどうすることもできない。 ●震災前は行政区や個人で側溝の土砂上げについて、例えば住民等が自主的に実施した場合、実施した土砂が測定の結果、放射線量が高かったとしても国としては受け入れない。各市町村レベルで判断は難しいので、国や県で時期や基準等を示してほしい。 ●低線量（毎時 0.23μSv 未満）の道路側溝について、除染の対象外とされているが、側溝堆積物に放射性物質が含まれていることから、速やかな側溝堆積物の除去が求められている。 ●基準以下で除染を実施できなかった側溝の堆積物の除去が必要である。 ●国の除染基準（毎時 0.23μSv）を下回るため、側溝に堆積する事故由来放射性物質を含む汚泥が、除染対象とはならない問題（除染対象外となる汚染土壌除去の問題）が発生している。 ●空間線量が 0.23μSv/h 未満のため除染対象外となる道路であっても、側溝等の堆積物が指定廃棄物の基準値（8,000Bq/kg）を超える場合があり、国の財政措置等もなく対応に苦慮している。 ●除染の基準以下で、側溝内の土砂堆積物についての対応が必要である。 ●側溝土砂の撤去については、特措法に基づく除染として実施できるよう、国に対し再三要望してきたところであり、これまでは除染として対応策を検討してきたが、現在までに具体的な対応策が示されず、今般、モデル事業として市独自に実施することとなったところである。 ●道路側溝に関しては、とにかく「全部」やらないと不公平との思いが住民にある。25 年度の「道路未除染問題」が、やらない部分があることが問題であるかのように曲解されている。 ●F 市、K 市、I 市の「側溝汚泥」問題が浮上しているが、そんなことは予見されたことであり、いまさらの感がある。 ●除染作業実施後の側溝土砂の放射性セシウム濃度が高く、従来の処分が困難である。 **【仮置場の不足】** ●生活道路の側溝除染に伴う土砂置き場の確保が問題である。 ●仮置場の不足しており、除染が進まない。 ●仮置場が確保されていないことから、道路除染等の作業が遅れている。 ●道路の除染で発生する除染土壌等の仮置場の確保に、市民の理解が得られず、道路の除染の進捗が遅れている。 ●仮置場の容量が小さく、すべての道路除染（側溝浚渫含む）を実施できない地区がある。 ●国・県においては、除去土壌等の保管場所を確保していないため除染が難航している（但し、一部の県道除染の除去土壌等を市の仮置場に搬入している）。 ●道路路面の線量は低く除染対象はないが、線量が高い道路を除染すれば道路法面や土手の草木類、側溝の泥など除染廃棄物が多く発生する。処理や保管に問題がある。 **【その他】** ●宅地と違い、線量低減効果が低い。 ●除染進捗率の低い市町村では住民からの不満が懸念される。 ●一旦除染が完了した行政区からも、未実施の道路除染の追加要望があり対応せざるをえない。 ●一般的に利用頻度が高い道路については、舗装面になっており、比較的工法も容易で短時間、低コストで線量低減化が図られる。しかし、田園地帯の農道や山間部の道路については、利用が少ない反面、利用頻度のわりに作業時間やコストが高くなり、低減化も舗装面と比べ疑問である。

表2-9　2016年調査における除染に関する課題の具体的な内容（その5）

課題	具体的な内容
行政職員や水路等の除染／河川や水路等の除染	**【職員の不足】** ●マンパワーが不足している。 **【底質の除染に関する方針や基準の問題】** ●河川等の除染や堆積物処理に関する方針が示されておらず、今後も河川に流入した放射性物質が付着した泥分が堆積し、河川資質の活用ができなくなることに不安を感じている。 ●放射性物質の堆積による汚染の可能性があるため、国による方針の転換が必要である。堆積した土砂に含まれる放射性物質の取り扱いについて国の考え方を示してほしい。 ●川底の堆積土砂が将来的に課題になると考えられる。 ●除染ガイドラインには「河川や湖沼など（湖底）の除染は原則として行わない」旨示されているが、維持管理上底質の除去が必要である。 ●市民から河川や水路等の除染について、汚泥が発生するため、環境省の基準を踏まえて除染が困難になっており、除染対象として除染を実施したい。 ●農地使用再開に伴う除染した水路等から流れ込んできた土砂に放射性物質が含まれることが懸念される。その際の対応について、定期的な維持管理等の財政措置を設ける必要がある。 **【仮置場の確保が困難】** ●新たな仮置場の確保が課題である。 ●除染廃棄物の保管等となる仮置場の設置において問題が生じている。 **【除染方法の問題】** ●河川・水路・ため池は、最後の最後に除染はあると思うが、すべてやる場所が示されるのからづらいが、除染をしろと言う人もいる。水を含んだ廃棄物の処理がやっかいである。 ●大小さまざまな河川が市内にあり、河川の流れがある中でどのように線量調査や作業を実施していくか問題がある。 **【その他】** ●河川氾濫防止のため一時保管場まで考慮し施工を行わないといけない。 ●事前調査の区分、事前調査手法、放射線量の高い土砂の保管方法を問題視している。 ●除染機関との連携が課題が高く、市町村では住民への不安が懸念が必要であり、土砂の輸送方法として除染を実施しており、木路においても、生活圏等を実施する必要がある。
住宅・住宅地の除染	**【再除染（フォローアップ除染）の問題】** ●除染作業後も空間線量率の下がらない部分があるため、住民は今もなお不安を感じているため、再除染（フォローアップ）の対応が必要である。 ●局所的な高線量箇所については、フォローアップ除染を実施することになるが、作業を必要とする線量基準をどのように定めるか問題となる。国・県はフォローアップ除染に関与しか方針等を示してほしい。 **【住民同意・未同意世帯等への対応】** ●すべて0.23μSv/h未満の場合は「測定のみ」で終了とされている。 ●線量測定で結果が0.23μSv/h未満になると、土砂の入れ替えをせずに終了としている。平成28年度で除染全面的な表土の入れ替えとしているが、平成29年度以降に汚染された水等で線量が高い場合などは、そのコンクリートを替えても線量したな箇所などについては、原則復旧が出来ないため、その部分の除染は行えない。このような案件は説明が難しく、地権者が納得しない。 **【不同意・未同意世帯等への対応】** ●現時点で除染同意を得られている住宅及び新規除染希望者等の除染の実施が課題である。 ●空家等の所有者と連絡が取れないため除染が実施できない場合の対応（フォローアップ）が課題となる。 ●現在、農地や山林等の除染を行っている箇所がある。 **【現場保管等の問題】** ●除去土壌等の現場保管が長期化する傾向にあり、土地の売買や所有者が変わり、除染土壌が土壌利用の支障となる場合がある。 ●除去土壌の現場保管の移設費用の移設等の対応困難になっているが、その後もくなるなど不可金等が有る（地上一地、地下、地下等）、住宅の建て替えに伴う除去土壌の移設等に関わるとよい除染期間の延長、及び保管場所のさらなる維持保管ができないなどの対応が困難である。 ●中間貯蔵施設への輸送時期が未定のため、現在宅地内に一時現場保管している除去土壌等の移設希望の対応ができない。 **【その他】** ●除染を実施し、除染基準である年間追加被ばく量1mSv（地上1mで0.23μSv/h）以下になっても、事故以前の数値には戻らないため不安は残る。 ●原発事故後、0.23μSv/h未満である住宅も発生しており、面的に除染できる住宅、局所の除染のみ行うこと、除染対象外の住宅に区分することによ住民の放射線への不安や放射能が心配である。 ●現在、多額の税金が投じられていて除染が進むにつれ、不満からの声が出てくる。 ●現在、除染が実施しているところにおいても、それにより進捗率等が多くあり、何の効果も得られのか難しい。
農地の除染	**【除染手法の問題】** ●長期的に0.23μSv/h未満に低減せず目標に届かない農地もあり、さらに低減する方法がみられる。 ●放射性物質等の砂の使用による除染の効果。 **【農地や池等の除染】** ●農地の除染が課題である。 ●ため池や調整池等の除染が課題になっている。住民が下がらないところがあるため、住民の不安を感じている。 ●反転耕や深耕等の除染は、重機を使わない箇所の除染作業は、重機や作業スペース確保のための準備に線量を測じ反転耕や深耕を実施していることから、石膏破砕の対応を行っている。 **【将来的な池等への対応】** ●震災前の作物耕に、将来、耕作される場合の除染変更要望について対応が問題になる可能性がある。今後、大規模になり、除染作業前の現況とおり回復工事も必要となる。 ●稲作の面からみて、現状では放射性物質が基準を超えた米が出てきた場合を実施できてきた反転耕は深耕工法により、米が出ることにより線量が高いところが有し、農地の急な配慮が必要となる。

表 2-9　2016 年調査における除染に関する課題の具体的な内容（その 6）

課題	具体的な内容
【続き】農地の除染	【その他】 ●農地除染は基本的に除去土壌等が発生しない深耕により行われるが、一部震災後から耕作していない農地については、表土除去により除染を実施しており、発生した除去土壌等は現場保管をしている。しかし、これら現場保管されている除去土壌等の搬出時期が現在未定であるため、現場保管期間が長期化した場合、維持管理の問題が発生してくると思われる。 ●農業用排水路の除染においては、線量低下による除染対象区域の減、及び除去土壌の保管の問題などが考えられる。 ●作物を作付するには除染が必要だが、高齢化、販売価格の低迷で除染せずに利用されない農地が残っている。 ●やらないよりはやった方がいいというレベルの除染もどき作業の要求がある。F 市は、なぜかやっているので、県に考え方の統一を求めると、「F 市がやりたいと言っている」と回答する。驚きを通り越して、開いた口が塞がらない。 ●原子力発電所の事故から 5 年以上が経過していることにより、除染への関心が低くなっている。
除去土壌等の減容化	【仮置場の撤去に向けて】 ●仮置場を一日も早くなくすためには、除去土壌等を中間貯蔵施設へ搬出するだけでなく、除去土壌等の分別・分級、焼却等の減容化を進める必要があると考える。 ●主に、生活圏の中に用地を借用し仮置場を設置しているが、仮置場で除去土壌等を長期に保管することについては、資材の劣化や自然災害等による被害の可能性や、仮置場敷地をいつまで借用できるかという問題があることから、一日も早く除去土壌等を市内からなくす必要があり、そのためには除去土壌等の減容化も必要と考える。
その他	【2017 年度以降における財源の確保等】 ●除染実施計画（平成 29 年 3 月まで）に基づく除染等の措置は交付金の対象となっているが、平成 29 年度以降の未実施箇所の面的または局所除染に必要な財源は確保されていないことが問題である。 ●平成 29 年度以降における不同意者等の追加申込による除染費用、除染土壌等の現場保管の移設費用等に対する財源の確保が課題である。 ●現時点で同意を得られていない箇所の除染を将来的に実施する場合の対応が必要である。 ●事後モニタリングの結果、再除染や追加除染が必要となる場合を想定し、除染実施計画の変更（期間延長）や新規策定（平成 29 年度～）が必要と考える。 【国や県のかかわり】 ●国や県の主体的なかかわりが必要である。 ●市町村では予算も労力も不足している。原発事故による放射能対策については、国が責任をもって自治体をフォローすべきであり、既存の制度にとらわれない配慮をしなければならない。 ●国の除染事業計画が明確でないため、自治体は予算や人員の確保が困難な状態が続いている。国が業務範囲を広げるべきである。 【除染特措法の対象外の除去土壌等への対応】 ●特措法に基づかない除去土壌の処分が課題である。 ●現在除染の対象となっていない、生活圏内の空間線量を伴わない放射性物質への対応が必要である。 【「過剰」な除染】 ●目に余る「過剰」な除染が横行している。いまや土建業者のための公共事業になっている。 ●放射線防護の除染が、環境回復の除染に「意図的に？」混同されていることが問題である。そのことにより、線量など関係ない除染の要求が、住民だけでなく、メディアや自治体（F 市など）から出ている。 【その他】 ●最終処分場（福島県外）の早期具体化が必要である。 ●除染や放射線に関する情報を正確かつ分かりやすい形で発信するなど、リスクコミュニケーションの充実が必要である。

注：「請負事業者の確保」と「現場保管の促進」と「住民による除染活動への支援の充実」については、具体的な内容に関する記述がなかったことから記載していない。

感を払拭することができず、これが原因となって仮置場を確保することが難しいとの指摘が多かった（図 2-5）。しかし、2014 年調査からは、仮置場の確保が進展してきたこともあって、こうした指摘に加えて、すでに確保した仮置場をめぐる問題、すなわち設置期間や賃貸借契約の延長に関する問題、保管容器などの耐用年数に関する問題などが多く指摘されるようになり、2015 年調査からは、除去土壌等の搬出の遅延や搬出の時期と量に関する見通しが立たないことを問題視する指摘、「中間貯蔵施設に係る『当面 5 年間の見通し』」の実現可能性を疑問視する指摘、中間貯蔵施設の完成の可能性自体を疑問視する指摘のほか、今なお少量とはいえ、中間貯蔵施設等への除去土壌等の搬出が進展しつつあることを背景として、仮置場の解体・原状回復・跡地利用のあり方に関する指摘なども見られるようになっている。

　なお、2015 年調査からは、除去土壌等の搬出が終了した市町村を除く市町村を対象として、仮置場に保管している、あるいは、現場保管している除去土壌等（今後の除染に伴って発生するものを含む）をすべて中間貯蔵施設等に搬出するまでの想定年数について質問している。パイロット輸送が実施されていた 2015 年調査の時点では、「5 年以上 10 年以内」が 15 市町村（38%）で最も多く、次いで、「10 年以上 20 年以内」が 6 市町村（15%）、「3 年以上 5 年以内」が 5 市町村（13%）であった（図 2-6）。環境省が「中間貯蔵施設に係る『当面 5 年間の見通し』」を公表した後の 2016 年調査の時点では、1 年以内の短期的な年数を想定する市町村の割合が高まっているという変化はあるものの、5 年以上の年数を想定する市町村の割合は約 6 割で変わっておらず、10 年以上の年数を想定する市町村の割合はむしろ 3 割以上へと高まっており、絶対数としても増加している。なお、国は、中間貯蔵開始後 30 年以内に、福島県外で最終処分を完了するものとしているが、2015 年調査でも 2016 年調査でも、「30 年以上」と回答している市町村も少数ながら存在する。

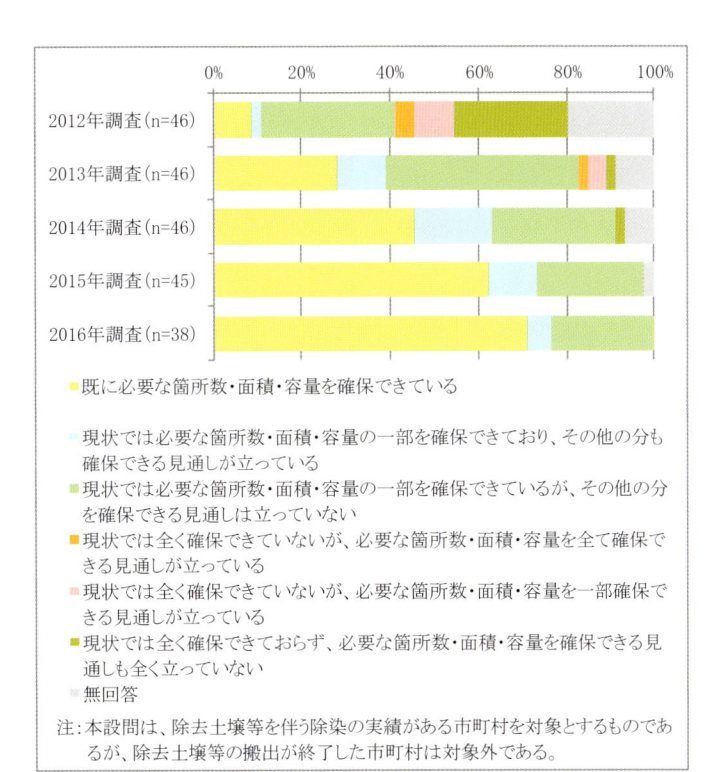

図 2-5　仮置場の確保状況

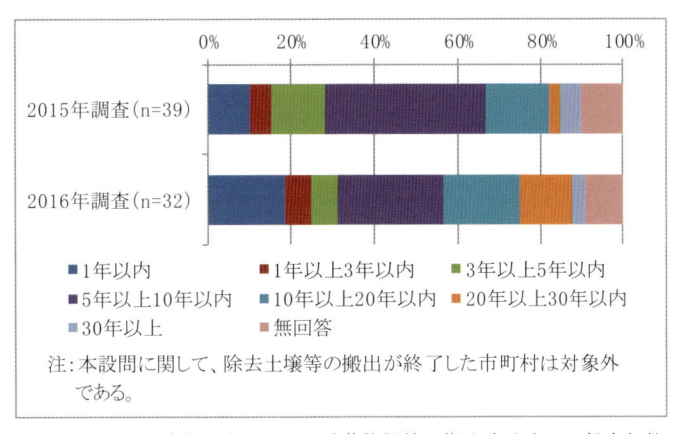

図 2-6　除去土壌等をすべて中間貯蔵施設等に搬出するまでの想定年数

②森林の除染

　森林の除染については、2012 年調査から一貫して、森林全体の除染の実施が必要であるとの指摘が多い。すなわち、森林については、「除染関係ガイドライン」において、林縁部から 20m の範囲を対象として、下草刈り、落葉などの堆積有機物の除去、枝打ちなどを行うものとされているが [36]、県土の 7 割を森林が占めている中で [37]、これでは十分な線量低減効果が見込めず、再汚染も懸念されることから、国は森林全体の除染を実施するという方針を明確にする必要があるとの指摘が多い。ただし、近年では、除去土壌等の保管、生態系への影響や土砂災害に関する問題などの観点から、森林全体の除染は困難で

あるとの指摘も見られる。

　なお、2016 年 9 月には、復興庁・農林水産省・環境省が同年 3 月に公表した「福島の森林・林業の再生に向けた総合的な取組」を踏まえて「除染関係ガイドライン」の追補が行われ、住居周辺の里山などの森林内で日常的に人が立ち入る場所から 20m の範囲を対象として、堆積有機物の除去などを行うものとされたが[11][38][39]、2017 年 3 月現在、モデル地区が選定されたばかりであり、今なお見るべき成果は上がっていない[12]。

　そのほか、除染とは別に、2013年4月の時点で汚染状況重点調査地域に指定されていた40市町村では、2013年度から、森林の公益的機能を維持しながら放射能を削減し、森林再生を図るための農林水産省（林野庁）の補助事業である「ふくしま森林再生事業」が実施されている。同事業は、福島原発事故によって森林が広範囲に放射性物質で汚染されており、森林整備や林業生産活動が停滞し、森林が有する水源かん養や山地災害防止などの公益的機能が低下しているため、基本的に生活圏以外の森林を対象として、間伐等の森林施業と路網整備を一体的に実施するものであるが、その実績は限られている[13][25]。

③再除染（フォローアップ除染）

　再除染（フォローアップ除染）については、2013 年調査の時点ころから、除染を実施したものの 0.23μSv/h を超えている場合があるので、これを下回るように国の予算のもとに実施することが必要であるとの指摘、雨樋や林縁部などでの再汚染や除染の実施後にも残るホットスポットへの対処として実施することが必要であるとの指摘、実施基準を明確にすべきであるとの指摘が多く見られた。2013 年調査の時点から比べると、放射能の自然減衰や除染の実施などに伴って空間線量率は低減しているが、2016 年調査の時点においても、再除染（フォローアップ除染）を実施する「必要がある」と認識している市町村は 24 市町村（60％）と半数以上を占めている（図 2-7）[14]。

　環境省は、再除染（フォローアップ除染）について、事後モニタリングの結果等を踏まえ、除染効果が維持されていない箇所が確認された場合には、個々の現場の状況に応じて原因を可能な限り把握し、合理性や実施可能性を判断した上で、実施するという方針を定めているが[40]、具体的・客観的な実施基準を定めていない。これまでに、汚染状況重点調査地域では、相馬市と南相馬市において再除染（フォローアップ除染）が実施されているが[15]、その実施にあたっては、それぞれの市が実施した個人線量計に基づく外部被曝線量調査と事後モニタリングの結果を踏まえつつ、国が合理性や実施可能性を判断している。

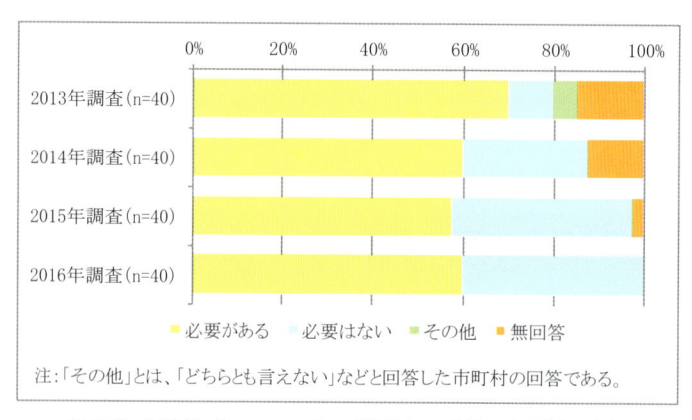

図 2-7　再除染（フォローアップ除染）の実施の必要性の有無

④除染技術・方法の見直し・改善

環境省は、2011 年 12 月に除染の基準や技術・方法など示した「除染関係ガイドライン」を策定し[41]、2013 年 5 月にこれを改訂した[42]。この「除染関係ガイドライン」について、2013 年調査では、「問題がある」が 24 市町村（60％）、「問題はない」が 6 市町村（15％）、「その他」が 3 市町村（8％）、無回答が 7 市町村（18％）であった（図 2-8）。その後、環境省は、2013 年 12 月[36]、2014 年 12 月[43]、2016 年 9 月に追補を行っているが（表 2-10）[39]、2016 年調査では、「問題がある」が 11 市町村（28％）、「問題はない」が 29 市町村（73％）となっており、「問題がある」の割合が大幅に低下しているものの約 3 割を占めている。

問題の具体的な内容については、近年では少なくなっているものの、今なお、ガイドラインに基づく技術・方法でなければ除染対策事業交付金が交付されない可能性があるところ、ガイドラインは現場の状況と乖離しており、また、非効果的で非効率的なものが少なくないため、ガイドラインとは異なる技術・方法の活用をめぐって案件ごとに福島環境再生事務所との協議が必要になることから時間がかかり、何かと制約が多いので、現場の状況に応じた方法・技術を柔軟に選択できるようにしてほしいとの指摘が見られる。また、効果的・効率的な除染技術・方法の開発・採用の必要性に関する指摘についても、2012 年調査から一貫して見られるところであるが、近年では、森林除染、再除染（フォローアップ除染）、道路側溝、河川やダムなどの除染技術・方法に関する指摘が見られるようになっている。

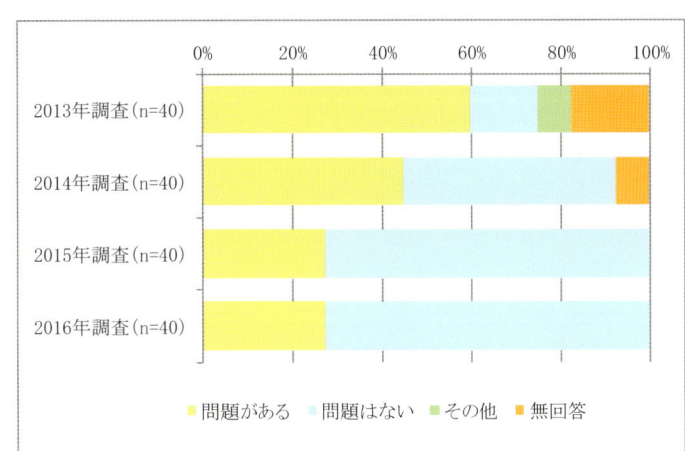

図 2-8　「除染関係ガイドライン」の問題の有無

表 2-10 『除染関係ガイドライン』に記載されている除染の方法

除染対象	除染方法
建物等の工作物（住宅等）	1. 屋根等の除染 　(1)堆積物（落葉、苔、泥等）の除去：手作業による除去、拭き取り 　(2)洗浄：ブラシ洗浄、高圧水洗浄 　(3)削り取り：ブラスト作業、削り取り 2. 雨樋の除染 　(1)堆積物（落葉等）の除去：手作業による除去、拭き取り 　(2)洗浄：ブラシ洗浄、高圧水洗浄 3. 外壁の除染 　(1)拭き取り 　(2)洗浄：ブラシ洗浄、高圧水洗浄 4. 柵・塀、ベンチや遊具等の除染 　(1)拭き取り 　(2)対象によって方法が異なる 　　○拭き取りの難しい金属の接合部：高圧水洗浄 　　○拭き取りによる除染が難しい木面等：スチーム洗浄、削り取り 5. 庭等の除染 　(1)ホットスポットの土壌等の天地返しまたは除去 　(2)下草等の除去 　(3)対象によって方法が異なる 　　○土の庭等：天地返し、表土の削り取り、土地表面の被覆 　　○砂利・砕石の庭等：砂利・砕石の高圧水洗浄、砂利・砕石の除去 　　○芝生の庭等：下記の「芝地の除染」を参照 　　○コンクリートやアスファルトにより舗装された庭、駐車場やたたき：下記の「道路等」を参照 6. 側溝等の除染 　(1)堆積物（落葉、土等）の除去：手作業等による除去 　(2)洗浄：ブラシ洗浄、高圧水洗浄
道路等	1. 舗装面等の除染 　(1)堆積物（落葉、苔、泥等）の除去：手作業等による除去 　(2)洗浄：ブラシ洗浄等、高圧水洗浄 　(3)削り取り等：ブラスト作業、超高圧水洗浄、削り取り 2. 未舗装の道路等の除染 　(1)堆積物（落葉、苔、泥等）の除去：手作業等による除去 　(2)対象によって方法が異なる 　　○土の道路等：天地返し、表土の削り取り、土地表面の被覆 　　○砂利・砕石の道路等：砂利・砕石の高圧水洗浄、砂利・砕石の除去 　　○道路ののり面：下草等の除去、表土の削り取り 3. 道脇や側溝の除染 　(1)堆積物（落葉、土等）の除去：手作業による除去 　(2)洗浄：ブラシ洗浄、高圧水洗浄
土壌	1. 校庭や園庭、公園の土壌の除染 　(1)ホットスポットの土壌等の除去 　(2)天地返し、表土の削り取り・客土等、土地表面の被覆、人工芝の充填材の除去 2. 農用地の除染 2-1. 農用地（田畑）：対象によって方法が異なる 　　○耕起されていない農用地（田畑）：表土の削り取り、水による土壌撹拌・除去、反転耕 　　○耕起されている農用地（田畑）：反転耕、深耕 2-2. 農業用水利施設：堆積物の除去 　　※農閑期等、一定期間、水路に水がないこと等により水による遮へい効果が望めず、周囲の空間線量率に寄与することが明らかであるものなどの要件あり 2-3. 樹園地：粗皮削り、樹皮の洗浄、剪定、表土の削り取り 2-4. 牧草地：反転耕・耕起、表土の削り取り
草木・森林	1. 芝地の除染 　(1)深刈り 　(2)芝生の除去 2. 街路樹等の生活圏の樹木の除染 　(1)堆積物等の除去 　(2)表土の削り取り 　(3)枝等の剪定 3. 森林の除染 3-1.住居等の近隣の森林の除染等の措置 　　※除染の範囲は、林縁から 20m 程度の範囲が目安。ただし、三方を森林に囲まれた居住地では、一定の要件を満たせば 20m 以遠も実施可能 　(1)枝葉の除去（常緑針葉樹林に限る） 　(2)堆積有機物の除去 　(3)堆積有機物残さ除去 3-2.森林内の日常的に人が立ち入る場所の除染等の措置 　(1)枝等の除去（常緑針葉樹林に限る） 　(2)堆積有機物の除去 　(3)堆積有機物残さの除去
河川・湖沼等	1. 河川敷に存在する一般公衆の活動が多い施設等の除染等の措置：対象によって方法が異なる 　○柵・塀、ベンチや遊具等：上記の「柵・塀、ベンチや遊具等の除染」と同じ 　○コンクリート、アスファルト等で舗装された部位：上記の「舗装面等の除染」と同じ 　○地表面が土等の部位：上記の「未舗装の道路等の除染」および「校庭や園庭、公園の土壌の除染」と同じ 　○地表面が芝地の部位：上記の「芝地の除染」と同じ 2. 河川・湖沼等の底質の除染等の措置 　　※河川と湖沼については、水の遮へい効果があり、生活圏の空間線量率への寄与が小さいため、除染は実施しない 2.1. ダム・ため池 　　※住宅や公園など生活圏に存在するため池で、一定期間水が干上がることによって、周辺の空間線量率が著しく上昇する場合に実施 　(1)ホットスポットの除去 　(2)底質の削り取り・除去、底質の被覆

資料：環境省（2016）『除染関係ガイドライン 第 2 版（平成 28 年 9 月追補）』

⑤道路の除染

　道路の除染については、2014 年調査の時点ころまでは、特に側溝除染に伴う除去土壌等の仮置場の問題に関する指摘が多く見られた。しかし、近年では、除染の対象外とされている側溝の堆積物の問題に関する指摘が多く見られるようになっている。

　この問題の背景には、福島原発事故の発生前までは、住民が側溝の清掃を行い、堆積物を撤去していたが、事故発生後には、堆積物に放射能が含まれているために、その処分が困難になったことなどから清掃が行われなくなり、時間の経過に伴って蓄積した堆積物による路面の冠水、悪臭や害虫の発生が顕著になったという事情がある。しかし、放射能の自然減衰によって、地上 1m での空間線量率が 0.23μSv/h 未満となったために除染の対象とはならず、手つかずのままとなっているため、国は側溝の堆積物の撤去・処理の基準を示し、財政措置を用意すべきだという指摘が多くなっている。

　この点に関して、復興庁と環境省は、2016 年 9 月に方針を公表した[44]。その内容は、除染特措法に基づく除染としてではなく、福島再生加速化交付金および震災復興特別交付税交付金によって、除染特措法に基づく除染実施計画を策定した市町村のうち、堆積物による側溝の閉塞が生じて実害が発生している箇所を含む地区などを対象として、8,000Bq/kg 以下の道路等側溝堆積物については、市町村が最終処分場や仮置場を確保し、その撤去・処理を行う、8,000Bq/kg を超える道路等側溝堆積物については、管理型処分場（旧フクシマエコテッククリーンセンター）または中間貯蔵施設に搬入するというものである。この方針に基づき、2017 年 2 月から各市町村で撤去が行われ始めている。

⑥河川や水路等の除染

　河川や水路等の除染については、2012 年調査から一貫して、底土などに放射能が付着していることが明らかになっているので、国は除染の主体・方法・財政措置などを明確にするべきだとの指摘が多い。

　環境省は、2014 年 12 月に「除染関係ガイドライン（第 2 版）」の追補を行っている[43]。その具体的な内容は、河川・水路等については、一般的には水の遮へい効果があり、周辺の空間線量率への寄与が極めて小さいため、水が干上がった場合などに、水の遮へい効果が期待できず、放射性セシウムの蓄積により空間線量率が高く、かつ、一般公衆の活動が多い生活圏に該当すると考えられる箇所（河川敷の公園やグラウンドなど）に限って、必要に応じて除染を実施する、底質については、河川や湖沼に関しては除染の対象外とし、ダム・ため池に限って、非かんがい期などに水が干上がる場合が想定されるという理由から、生活圏に存在し、一定期間水が干上がることによって、周辺の空間線量率が著しく上昇する場合に、必要に応じ、生活空間の一部として除染を実施するというものである。

　しかし、この方針によると、河川や水路等の底質についてはほとんど除去することができないので、国は方針を転換する必要があるとの指摘が見られる。なお、福島県は、2016 年 3 月に、比較的高い放射線量が確認された河川のうち、土砂の堆積量が多く洪水時の危険性が高い河川を対象として、県が独自に堆積土砂の除去工事を実施するとの方針を示し、2016 年度に除去工事を実施している[(16)45]。

⑦住宅・住宅地の除染

　住宅・住宅地の除染については、2014 年調査の時点ころまでは、仮置場を確保することができず、また、現場保管を行うにも住民の同意が得られず、除染を進めることが困難であるとの指摘が多く見られた。しかし、その後、仮置場の確保や現場保管が進展したこともあって、近年では、除染を実施した結果として発生した問題、すなわち除染の実施後にも面的またはスポット的に 0.23μSv/h 未満にならない場合があるので、再除染（フォローアップ除染）が必要である、その実施基準を明確にすることが必要

であるといった指摘が多く見られる。

そのほか、近年では、「除染関係ガイドライン」に示されている技術・方法を超えた住民の要望への対応の困難性、不同意・未同意世帯への対応の必要性、現場保管の長期化に伴う除去土壌等の移設希望への対応の必要性などに関する指摘が見られるようになっている。

⑧農地の除染

農地については、例えば、福島原発事故の発生後に未耕起の田畑では、カリウム肥料や土壌改良資材（ゼオライトなど）の散布、表土除去・客土、水による土壌攪拌・除去、反転耕・深耕など、耕起済の田畑では、カリウム肥料や土壌改良資材の散布、反転耕・深耕などが財政措置の対象とされている。2013年調査の時点ころまでは、放射能の農作物への移行による農作物の安全性や、反転耕・深耕の実施による営農環境の悪化に伴う農業の生産性に対する懸念から、効果的かつ効率的な除染技術・方法の確立を求める指摘が多く見られた。近年では、ほとんどの農作物は基準値を下回っていることもあって、放射能の農作物への移行による農作物の安全性を懸念する指摘は少なくなってきているが、今なお反転耕・深耕の実施後における農業の生産性を懸念する指摘は見られる。

また、2012年調査から、水の流れに伴う水田への放射能の流入を懸念して、農業用水路や農業用ため池などの除染が必要であるとの指摘が見られた。農業用水路については、除染特措法に基づく除染が実施され、農業用ため池については、除染特措法に基づく除染とは別に、2014年度から、福島再生加速化交付金事業として底質の除去などが実施されているが、実績が限られていることもあって[17]、今なおこれらの除染の実施が課題であるとの指摘が見られる。

（2）国と福島県の除染に関する取り組み

①国の除染に関する取り組み

国の除染に関する取り組みについては、2012年調査では、「適切」が3市町村（8%）、「不適切」が32市町村（80%）、「その他」が3市町村（8%）、無回答が1市町村（5%）であった（図2-9）。2013年調査以降では、「適切」の割合が高まっているが、2016年調査でも19市町村（48%）が「不適切」と認識している。

「不適切」の理由としては、2012年調査では、「『除染関係ガイドライン』で示されていない技術・方法での除染の財政措置に関する協議に時間がかかり、実態に即した迅速で効果的な除染の妨げになっていること」が15市町村（38%）で最も多く、次いで、「除染は原子力政策を推進してきた国が主体的に取り組むべきことであるにもかかわらず、計画の策定から作業・保管に至るまで市町村に責任・業務を押し付け・丸投げしているとともに、手続きや監視を増やして除染の実施を抑制していること」が11市町村（28%）、「中間貯蔵施設と県外最終処分場の設置に関する見通しが不明確であること」が10市町村（25%）で多かった。2013年調査以降において、前二者の割合は「不適切」の割合の低下に伴って低下しているが、2016年調査でも、それぞれ4市町村（10%）、8市町村（20%）となっている（表2-11）。

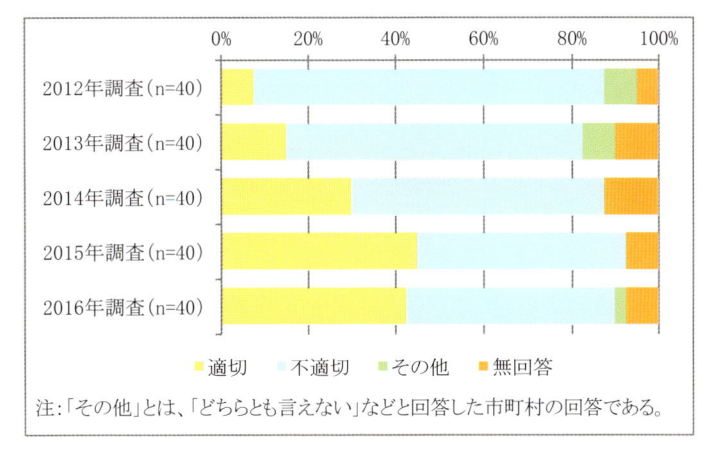

注:「その他」とは、「どちらとも言えない」などと回答した市町村の回答である。

図 2-9　国の除染に関する取り組みに関する評価

表 2-11　2016 年調査における国の除染に関する取り組みが「不適切」である理由

国の除染に関する取り組みが「不適切」である理由	市町村数(n=40)	
除染は原子力政策を推進してきた国が主体的に取り組むべきことであるにもかかわらず、計画の策定から作業・保管に至るまで市町村に責任・業務を押し付け・丸投げしているとともに、手続きや監視を増やして除染の実施を抑制していること	8	20%
「除染関係ガイドライン」で示されていない技術・方法での除染の財政措置に関する協議に時間がかかり、実態に即した迅速で効果的な除染の妨げになっていること	4	10%
市町村への支援体制や市町村との連携が不十分であること	3	8%
中間貯蔵施設の整備に時間がかかり、搬出が進んでいないこと	2	5%
フォローアップ除染の基準と2017年度以降の除染の実施方針を示していないこと	1	3%
環境省、農林水産省、林野庁など、除染にかかわる省庁間の連携・調整が不足していること	1	3%
放射線の健康影響などに関する住民への説明が不十分であること	1	3%
仮置場より発生したシート類の処分を除染廃棄物として取り扱っていないこと	1	3%
事なかれ主義の連続であり、責任感のある判断と行動を行っていないこと	1	3%

注:この表は、国の除染に関する取り組みが「不適切」と認識している19市町村による自由記載欄の回答を整理したものである。

②福島県の除染に関する取り組み

　福島県の除染に関する取り組みについては、2012 年調査では、「適切」が 11 市町村（28%）、「不適切」が 23 市町村（58%）、「その他」が 4 市町村（10%）、無回答が 2 市町村（5%）であった（図 2-10）。2013 年調査以降では、「適切」の割合が高まっているが、2016 年調査でも 14 市町村（35%）が「不適切」と認識している。

　「不適切」の理由としては、2012 年調査では、「国の方針や基準に則っているだけであり、国への働きかけが弱く、国と市町村との調整の面でリーダーシップが不十分であること」が 17 市町村（43%）

で最も多く、次いで、「市町村への支援や市町村との連携が不十分であること」が 10 市町村（25%）で多かった。2013 年調査以降において、両者の割合は「不適切」の割合の低下に伴って低下しているが、2016 年調査でも、それぞれ 8 市町村（20%）、3 市町村（8%）となっている（表 2-12）。

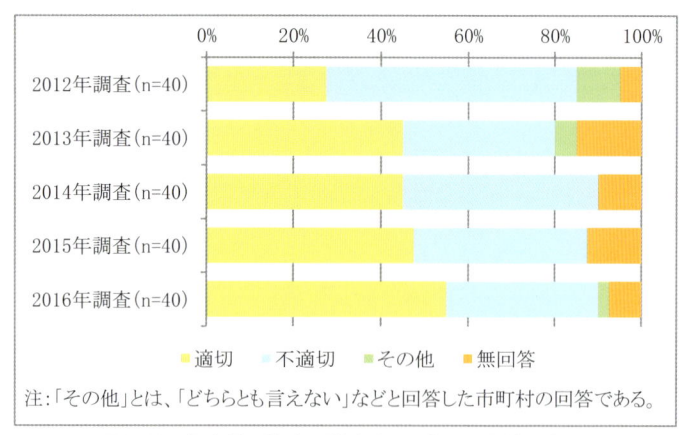

注：「その他」とは、「どちらとも言えない」などと回答した市町村の回答である。

図 2-10　福島県の除染に関する取り組みに関する評価

表 2-12　2016 年調査における福島県の除染に関する取り組みが「不適切」である理由

福島県の除染に関する取り組みが「不適切」である理由	市町村数(n=40)	
国の方針や基準に則っているだけであり、国への働きかけが弱く、国と市町村との調整の面でリーダーシップが不十分であること	8	20%
市町村への支援や市町村との連携が不十分であること	3	8%
現場に関する理解が十分ではないことこともあり、除染対策事業交付金の審査手続きなどにおいて、柔軟性や迅速性に欠けること	2	5%
中間貯蔵施設への除去土壌等の搬出に関して当事者意識がないこと	2	5%
県有施設の除染を積極的に進めていないこと	1	3%

注：この表は、福島県の除染に関する取り組みが「不適切」と認識している14市町村による自由記載欄の回答を整理したものである。

（3）目標とすべき空間線量率と除染による安全・安心性の回復可能性

①除染によって達成すべき空間線量率

　除染によって達成すべき空間線量率については、2013 年調査では、「0.23μSv/h」が 21 市町村（53%）、「その他」が 10 市町村（25%）[18]、「原発事故前と同程度」が 5 市町村（13%）[19]、無回答が 4 市町村（10%）であった（図 2-11）。2014 年調査以降では、「0.23μSv/h」の割合が高まっており、2016 年調査では 29 市町村（73%）となっている。

　「0.23μSv/h」の理由としては、2013 年調査から一貫して、国が除染の実施基準として定めた数値であり、住民にも定着している数値であるためという回答が多いが、本来は「原発事故前と同程度」が望ましいものの、現実的には不可能であるためという回答なども含まれている。

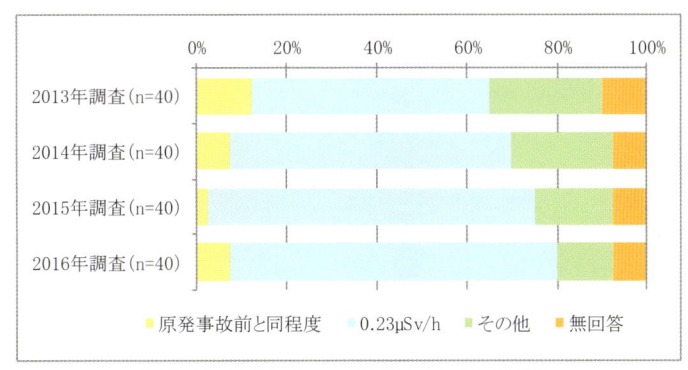

図 2-11　除染によって達成すべき空間線量率

②住民が安全に安心して生活できる空間線量率

　住民が安全に安心して生活できる空間線量率については、2013 年調査では、「原発事故前と同程度」が 16 市町村（40%）、「その他」が 12 市町村（30%）[20]、「0.23μSv/h」が 8 市町村（20%）、無回答が 4 市町村（10%）であった（図 2-12）。2014 年調査以降では、「0.23μSv/h」の割合が高まっており、2016 年調査では「原発事故前と同程度」と「0.23μSv/h」がそれぞれ 14 市町村（35%）、15 市町村（38%）となっている。「原発事故前と同程度」の理由としては、2013 年調査から一貫して、多くの住民は原発事故前と同程度になることを望んでいるためという回答が多く、「0.23μSv/h」の理由としては、2013 年調査から一貫して、上記の除染によって達成すべき空間線量率に関する回答と同様のものが多い。

　こうした結果について、除染によって達成すべき空間線量率に関する結果と考え合わせると、今なお、除染によって達成すべき空間線量率も住民が安全に安心して生活できる空間線量率も「0.23μSv/h」と認識している市町村が少なくないが、除染などによって「0.23μSv/h」未満になったとしても、空間線量率が「原発事故前と同程度」にならなければ、住民は安全に安心して生活することができないと認識している市町村も少なくないことがわかる。

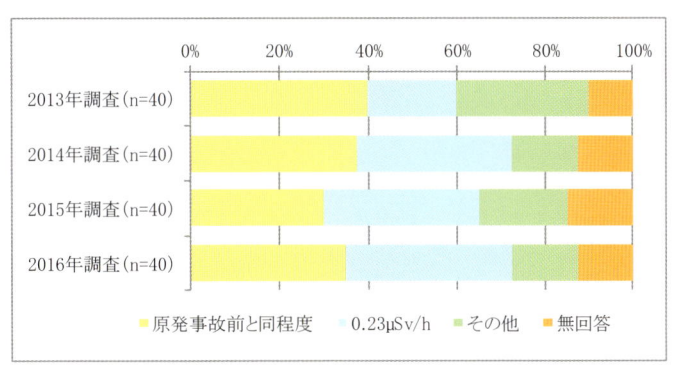

図 2-12　住民が安全に安心して生活できる空間線量率

③除染の安全・安心な生活環境の回復効果と安全・安心な住民生活の回復可能性

　除染の安全・安心な生活環境の回復効果については、2012 年調査では、「回復効果がある」が 32 市町村（80%）、「回復効果はない」が 3 市町村（8%）、「その他」が 2 市町村（5%）、無回答は 3 市町村（8%）であった（図 2-13）。2013 年調査以降では、「回復効果がある」の割合が高まっており、2016 年調査で

は 39 市町村（98%）となっている。「回復効果がある」の理由としては、2012 年調査から一貫して、除染によって一定の線量低減効果が確認されており、線量の低減によって住民は安全感・安心感が得られるからという回答が多い。

　除染による安全・安心な住民生活の回復可能性については、2012 年調査では、「回復可能性がある」が 23 市町村（58%）、「回復可能性はない」が 10 市町村（25%）、「その他」が 4 市町村（10%）、無回答が 3 市町村（8%）であった（図 2-14）。2013 年調査以降も、基本的な傾向は変わっておらず、2016 年調査では、「回復可能性がある」が 25 市町村（63%）となっている。「回復可能性がある」の理由としては、2012 年調査から一貫して、上記の除染の安全・安心な生活環境の回復効果に関する回答と同様のものが多い。

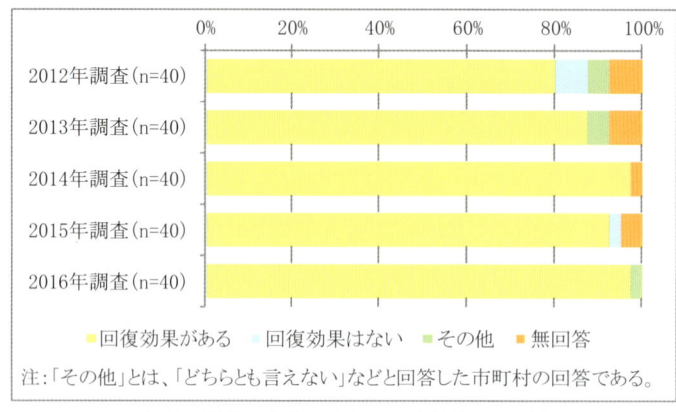

図 2-13　除染の安全・安心な生活環境の回復効果

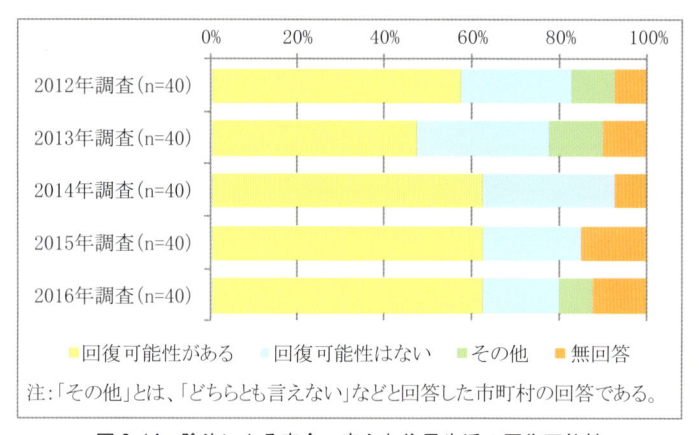

図 2-14　除染による安全・安心な住民生活の回復可能性

4. 汚染状況重点調査地域等における除染に関する今後の課題

　本章の対象期間である 2012 年から 2016 年までの 5 年間は、福島復興の起点かつ基盤としての位置づけのもとに、除染が世界的に前例のない規模で実施された期間である。その除染は、福島原発事故が発生してから 6 年後にあたる 2017 年 3 月で終了になることが予定されているが、以上の分析からは、第 1

章で見た除染特別地域と同様に、除染に関する多くの課題が積み残されていることが明らかになった。

　本節では、第 2 節における市町村主体の除染の実態についての分析の結果、第 3 節における市町村の除染に関する認識についての分析の結果を踏まえ、市町村主体の除染に関して、特に重要だと考えられる今後の課題を提示する。

(1)　中間貯蔵施設の早期整備・完成と除去土壌等の保管に関する制度的・経済的諸条件の整備

　多くの市町村は、除染に関する課題として、2012 年調査から 2016 年調査まで一貫して中間貯蔵施設や仮置場に関することを挙げている。除染の実施主体とされた市町村は、除染を進めるにあたって、国がロードマップにおいて示した「仮置場への本格搬入開始から 3 年程度を目途として供用開始できるよう」という言葉を根拠に[31]、住民や地権者に対して 2015 年 1 月から除去土壌等を中間貯蔵施設へと搬出すると説明して仮置場を確保し、仮置場の確保ができない場合には除染現場での保管を進めてきたという経緯がある。しかし、中間貯蔵施設の整備が遅れ、予定時期が経過しても供用が開始されていないため、近年では、除去土壌等の搬出が遅延していることや搬出の時期と量に関する見通しが立たないことを問題視する指摘が多くなっているのであるが、こうした指摘は理由がないことではないので、中間貯蔵施設の早期整備・完成を図ることは重要な課題である。

　その一方で、これまでの経緯や現状を見る限り、中間貯蔵施設の整備・完成が実現するとしても、それまでには相当の期間が要されるものと思われるし、仮置場または除染現場に保管している除去土壌等の搬出が「中間貯蔵施設に係る『当面 5 年間の見通し』」の通りに進んだとしても、当分の間、除去土壌等の半分は保管され続けることになる。近年では、仮置場の設置期間や賃貸借契約の延長に関する問題、保管容器などの耐用年数に関する問題などが生じており、今後、こうした仮置場や除染現場における除去土壌等の保管に関する問題は、ますます深刻化するものと思われる。このため、国は、市町村ごとに除去土壌等の搬出に向けた工程表を明示することとあわせ、市町村と住民がそれぞれの仮置場の維持管理や除染現場における除去土壌等の保管のあり方について中長期的な観点から検討しうる制度的・財政的諸条件を整備することが必要だと考えられる。

　さらに、除去土壌等の保管に関する問題に加えて、近年では、仮置場の解体・原状回復・跡地利用に関する問題が生じている。今後、国は、市町村と地権者との協議・調整が円滑に進むよう、この問題に関する対応方針を明示することが必要だと考えられる。

(2)　環境回復を目的とする新たな法律に基づく森林や河川・水路等の“除染”の実施

　国は、森林については、林縁部などから 20m 以内の範囲に限って下草刈りや堆積有機物の除去などを実施する、河川や水路等については、一定の条件を満たす河川敷の公園などに限って除染を実施するという方針を示している。しかし、2012 年調査から 2016 年調査まで、除染に関する課題として、森林については、その全体を除染すべきであり、河川・水路等については、底質を含めて除染すべきであると認識している市町村が少なくない。特に、森林については、2016 年 3 月に国が森林除染の方針を示した後に実施した 2016 年調査でも、その全体を除染すべきと考えている市町村が少なくないことに留意す

る必要がある。

　森林全体、河川や水路等の底質が除染の対象外とされているのは、除染は放射線防護を目的とする除染特措法に基づいて行われる行政行為だからである。このため、生活圏森林以外の森林、河川や水路等の底質は、人の健康または生活環境に影響を及ぼさない、言い換えれば、生活圏の空間線量率に影響を及ぼさないので、除染を実施する必要はないということになってしまうのである。しかし、福島県は、県土面積の約7割が森林で[37]、県土面積の約8割が中山間地域であり[46]、多くの住民が森林と非分離の暮らしを営んでいるところである。多くの市町村が森林全体の除染や河川・水路等の底質の除染の必要性を指摘しているのは、こうした実態を踏まえてのことである。

　確かに、放射線防護という観点からすれば、森林全体の除染や河川や水路等の底質の除染は必要ではないかもしれないが、水や緑は暮らしの基盤であり、物質的な意味でも象徴的な意味でも、それらの安全性と安心性の回復なしには、生活の再建も場所の再生もありえない。放射能の自然減衰や除染の進展に伴って、空間線量率は大幅に低減しており、放射線防護を目的とする除染特措法に基づく除染はすでにその役割を終えつつあるが、今後は、環境回復を目的とする"除染"を進めるための新たな法律を制定し[47]、効果的・効率的な技術・方法の開発とあわせて、特に森林や河川・水路等の"除染"を実施することが必要だと考えられる。

（3）場所の特性に即した総合的な放射線防護措置の一つとしての
再除染（フォローアップ除染）の実施

　多くの市町村は、追加被曝線量が年間 20mSv 未満である地域の長期的な目標として掲げられている「追加被曝線量が年間 1mSv 以下」とは、除染のみならず、モニタリング、食品の安全管理、リスクコミュニケーションなど、放射線リスクの総合的な管理によってめざされるべきものであって、除染それ自体の目標値ではないとされていること、また、年間追加被曝線量 1mSv を空間線量率に換算した 0.23μSv/h とは、汚染状況重点調査地域の指定基準や除染実施区域の設定基準、除染対策事業交付金の交付基準、すなわち除染の実施基準とされているものの、除染の目標値とはされていないことを知っている[21][48]。しかし、多くの市町村は、2012 年調査から 2016 年調査まで、除染によって達成すべき空間線量率については、国が除染の実施基準として定めた数値であり、住民に定着している数値であるといったことを理由として「0.23μSv/h」、住民が安全に安心して生活できる空間線量率については、多くの住民は原発事故前と同程度になることを望んでいるといったことを理由として「原発事故前と同程度」または「0.23μSv/h」と回答しており、除染を実施したものの、「原発事故前と同程度」はもとより、「0.23μSv/h」未満にさえならない場合があるので、再除染（フォローアップ除染）を実施することが必要だと考えている。

　ところが、環境省は、再除染（フォローアップ除染）の具体的・客観的な実施基準を定めていない。事後モニタリングの結果等を踏まえ、除染効果が維持されていない箇所が確認された場合には、個々の現場の状況に応じて原因を可能な限り把握し、合理性や実施可能性を判断した上で実施するとの方針を示しているだけである。放射性物質による汚染の状況は多様であり、除染の効果も実施箇所毎に様々であること、同じ手法を用いて再度除染を実施したとしても放射線量の大幅な低減効果は期待できないなど、除染による放射線量の低減には限界があることなどから、再除染（フォローアップ除染）の実施基準や空間線量率の低減目標を一律に定めることが難しい状況にあるというのがその理由であるが[49]、放射能汚染の状況や除染の効果が場所によって異なることは、除染の実施基準を 0.23μSv/h と定めた時も

同じである。すでに、年間追加被曝線量 1mSv に相当する空間線量率が 0.23μSv/h ではなく、その 2〜3 倍であることが経験的に明らかになっているのであるから [50]、こうした知見を踏まえて再除染（フォローアップ除染）の実施基準を定めることは可能なはずである。

　福島原発事故の発生から 6 年が経過した現在、汚染状況重点調査地域に指定されている地域などでは、放射能の自然減衰や除染の進展に伴って、年間追加被曝線量 1mSv を超える場所は限られている。今後は、こうした場所を対象として、住民、市町村、県、国の協働のもとに、例えば地区を単位として、除染をメニューの一つとする総合的な放射線防護計画を策定し、その中で再除染（フォローアップ除染）の実施基準を定めて実行するという制度体系を構築することが検討されるべきだと考えられる。

【補注】

(1) 塙町と柳津町では、2016 年 11 月に汚染状況重点調査地域が解除された。

(2) 2012 年調査の時点において、原子力災害対策本部が除染特措法の公布・一部施行後から全面施行までの期間における除染の取り組みを推進するために 2011 年 8 月に定めた「除染に関する緊急実施基本方針」に基づき、非法定除染計画（除染方針などを含む）を策定していたのは、汚染状況重点調査地域に指定された市町村を中心とする 37 市町村（71%）、策定していなかったのは 15 市町村（29%）である。非法定除染計画を策定した 37 市町村のうち、計画の策定過程において住民参加の機会を設けたのは 4 市町村（11%）、設けなかったのは 32 市町村（86%）、無回答は 1 市町村（3%）である。住民参加の機会を設けた市町村におけるその方法は、自治会や町内会の会長や行政区長に対する説明会の開催などが多く、住民参加の機会を設けなかった市町村におけるその理由は、早急に計画を策定して除染に着手することが求められていたからというものが多い。なお、2012 年調査の時点において、除染特措法に基づく除染実施計画を策定済みまたは策定中であったのは 36 市町村であるが、この 36 市町村のうち、計画の策定過程において住民参加の機会を設けたのは 7 市町村（19%）、設けなかったのは 27 市町村（75%）、無回答は 2 市町村（6%）である。住民参加の機会を設けた市町村におけるその方法と、住民参加の機会を設けなかった市町村におけるその理由は、基本的には非法定除染計画の場合と同様である。

(3) 2016 年 9 月に汚染状況重点調査地域が解除された矢祭町において除染実施計画が策定されなかった理由も同様である。

(4) なお、塙町については、2012 年調査において、アンケート調査の回答に誤りがあったため、2012 年調査において、本来は回答の対象になっていた項目について、便宜的に「無回答」として扱うものとした。

(5) 福島県の線量低減化活動支援事業とは、行政区や PTA などの住民団体などが通学路や公園などの子どもの生活空間の "除染" を行う場合に 50 万円を限度に補助するものである。同事業に基づくホットスポット除染委託経費は、2013 年 4 月における同事業制度の改正に伴って創設されたものであり、主として、除染実施区域外の地域において、市町村が除染作業を委託するために必要な額を福島県が交付するものである。2013 年度には会津若松市と喜多方市、2014 年度には会津若松市といわき市、2015 年度と 2016 年度にはいわき市で活用されている。なお、福島県生活環境部除染対策課によると、線量低減化活動支援事業の全体的な活用実績は、2011 年度には 44 市町村（85%）の 3,091 団体、2012 年度には 32 市町村（62%）の 1,502 団体、2013 年度には 14 市町村（27%）の 175 団体である。同制度は、2014 年度に市町村を介して住民団体に交付する方式から市町村に交付する方式に変更されたため、2014 年度からの実績については、団体数は不明であるが、2014 年度には 2 市町村、2015 年度には 5 市町村、2016 年度には 12 市町村で活用されている。

(6) なお、三島町では、除染特措法の全面施行前に、町の単独予算で、保育園、小学校、中学校において、園庭や校庭の表土剥ぎや側溝の土砂上げを 2 回ずつ実施している。

(7) パイロット輸送とは、除去土壌等の本格輸送を実施するのに先立って、輸送手段等の効率性の確認、住民の生活環境や一般交通への影響の把握及び対策の効果の確認、輸送管理システムやモニタリング方法の検証、道路・交通対策の検討等を行うために実施されたものであり、2014 年度末から 2015 年度末にかけて、除染特別地域に指定されている市町村も含めると、合計 43 市町村の仮置場等から中間貯蔵施設の保管場（ストックヤード）へと、それぞれ約 1,000m³ の除去土壌等の輸送が行われた。

(8) 先に、除去土壌等の中間貯蔵施設等への搬出を含めて除染が終了した市町村は、2016 年調査の時点では 8 市町村と述べた。表 2-5 でも、除去土壌等の発生を伴う除染が行われた市町村のうち、除去土壌等の保管量が 0m³ となって

いるのは 8 市町村であるが、それぞれの市町村の内訳が異なっているのは、前者は、市町村主体の除染の実施に伴って発生した除去土壌等の搬出が終了した市町村であるのに対して、後者は、市町村以外の主体による"除染"の実施に伴って発生した除去土壌等の搬出についても終了した市町村であることなどによる。

(9) なお、県外最終処分に関しては、2014 年 11 月に日本環境安全事業株式会社法の一部を改正した中間貯蔵・環境安全事業株式会社法が公布され、国の責務として「中間貯蔵開始後 30 年以内に、福島県外で最終処分を完了するために必要な措置を講ずる」と規定されることになった。

(10) ただし、40 市町村の内訳は異なる。すなわち、2012 年調査では、昭和村は除染の予定があると回答しており、柳津町はモニタリング調査の結果に基づき除染の実施を判断すると回答していたため、分析の対象となっていたが、2013 年調査から 2016 年調査までは、いずれも実績も予定もないと回答しているため、分析の対象外となっている。他方、会津若松市と喜多方市は、2012 年調査では実績も予定もないと回答していたため、分析の対象外となっていたが、2013 年調査から 2016 年調査までは、2012 年調査の時点以降に除染特措法に基づかない除染を実施したと回答しているため、分析の対象となっている。

(11) 「福島の森林・林業の再生に向けた総合的な取組」では、除染特措法に基づく除染（環境省）、林業再生事業（林野庁）、福島再生加速化交付金事業（復興庁等）を組み合わせつつ、住居周辺の里山等の森林については、森林内の憩いの場や日常的に人が立ち入る場所を対象とする除染や林業再生等のための取り組みなどを実施する、奥山については、間伐等の森林整備と放射性物質対策を一体的に実施する事業や林業再生に向けた実証事業などを推進するものとされた。

(12) 2017 年 3 月現在、汚染状況重点調査地域等において、里山再生モデル事業の実施地区として選定されているのは、5 市町村・5 地区（福島県全体で 10 市町村・10 地区）である。

(13) ふくしま森林再生事業の 2014 年度までの実績は、間伐が 595ha、作業道の作設が 53km である。

(14) なお、2014 年調査からは、除染が終了した市町村、すなわち 2014 年調査では 8 市町村、2015 年調査では 12 市町村、2016 年調査では 15 市町村を対象として、再除染（フォローアップ除染）の必要性について質問している。これらの市町村は、そもそも放射能汚染の度合いが相対的に低かったところが多いということに留意する必要があるが、2014 年調査では、「今後とも除染を実施する必要がある」が 0 市町村（0%）、「今後の状況によっては除染を実施する必要がある」が 1 市町村（13%）、「今後は除染を実施する必要はない」が 6 市町村（75%）、無回答が 1 市町村（13%）であった。2015 年調査と 2016 年調査では、「今後とも除染を実施する必要がある」が 0 市町村（0%）で変わらないものの、「今後の状況によっては除染を実施する必要がある」がそれぞれ 5 市町村（42%）、6 市町村（40%）となっており、「今後は除染を実施する必要はない」がそれぞれ 7 市町村（58%）、9 市町村（60%）となっている。「今後の状況によっては除染を実施する必要がある」の理由としては、局所的に線量が高い箇所については実施する必要があること、国が森林の除染について方針を示せば除染を実施する必要があることなどが挙げられており、「今後は除染を実施する必要はない」の理由としては、0.23 μSv/h 以下となっていて健康への影響が考えられないことなどが挙げられている。

(15) 相馬市では、2016 年 7～8 月に 9 件の住宅を対象として、南相馬市では、2016 年度から 131 件の住宅を対象として、再除染（フォローアップ除染）が実施されている。

(16) 福島県による河川の堆積土砂の除去工事は、2016 年度に、中通りと浜通りに位置する 21 市町村の 72 河川のうち、17 河川の 17 箇所において実施された。

(17) 農業用ため池の底質の除去等については、2016 年 3 月末現在、多くの市町村では放射能汚染状況を調査している段階にあり、実際に実施されたのは川俣町の 1 ヵ所と広野町の 2 ヵ所にとどまっている。

(18) 「その他」には、「1μSv/h」、「健康影響が生じず過剰な除染費用が生じない程度」、「分からない」などの回答が含まれている。

(19) 福島県における福島原発事故の発生前の空間線量率は、0.04μSv/h 前後であった。

(20) 「その他」には、「1μSv/h」、「地表面でも 0.23μSv/h」、「安全・安心の捉え方は一律ではないので数値化は不可能」などの回答が含まれている。

(21) 除染の目標、年間追加被曝線量 1mSv と空間線量率 0.23μSv/h の関係、再除染（フォローアップ除染）に関する国の方針については、第 1 章および参考文献 48)を参照。

【参考文献】
1) 川﨑興太（2014a）「福島の除染と復興－福島復興政策の再構築に向けた検討課題－」『都市問題』第 105 巻第 3 号、

91-108 頁

2)　川﨑興太（2016a）「除染・復興政策の問題点と課題－福島原発事故から 3 年半が経った今－」『都市計画』第 311 号、48-51 頁

3)　原子力災害対策本部（2016）「原子力災害からの福島復興の加速のための基本指針」（2016 年 12 月 20 日決定）、http://www.meti.go.jp/earthquake/nuclear/kinkyu/pdf/2016/1220_01.pdf（2017 年 3 月 11 日に最終閲覧）

4)　川﨑興太（2016b）「政策移行期における福島の除染・復興まちづくり－原発事故の発生から 5 年後の課題－」日本建築学会東日本大震災における実効的復興支援の構築に関する特別調査委員会『日本建築学会東日本大震災における実効的復興支援の構築に関する特別調査委員会 最終報告書（2016 年度日本建築学会大会総合研究協議会資料「福島の現状と復興の課題」）』、ii69-ii86 頁

5)　川﨑興太（2013）「福島県における市町村主体の除染計画・活動の実態と課題－福島第一原子力発電所事故後の最初期の記録－」『日本都市計画学会 都市計画論文集』第 48 巻第 2 号、135-146 頁

6)　川﨑興太（2014b）「福島県における市町村主体の除染の実態と課題－福島第一原子力発電所事故から 2 年半後の記録－」『日本都市計画学会 都市計画論文集』第 49 巻第 2 号、186-197 頁

7)　川﨑興太（2015）「福島県における市町村主体の除染の実態と課題－福島第一原子力発電所事故から 3 年半後の記録－」『環境放射能除染学会 環境放射能除染学会誌』第 3 巻第 4 号、215-240 頁

8)　川﨑興太（2016c）「福島県における市町村主体の除染の実態と課題－福島第一原子力発電所事故から 4 年半後の記録－」『環境放射能除染学会 環境放射能除染学会誌』第 4 巻第 2 号、105-140 頁

9)　原子力災害対策本部（2011）「除染に関する緊急実施方針」（2011 年 8 月 26 日決定）、https://www.env.go.jp/council/10dojo/y100-29/ref02-04.pdf、2011（2017 年 3 月 11 日に最終閲覧）

10)　川﨑興太（2011）「福島県内の市町村における除染計画・復旧計画・復興計画－放射性物質汚染対処特措法の全面施行前における非法定の除染計画を中心として－」『日本都市計画学会 都市計画報告集』第 10 巻第 3 号、117-124 頁、http://www.cpij.or.jp/com/ac/reports/10-3_117.pdf（2017 年 3 月 11 日に最終閲覧）

11)　川﨑興太（2012）「福島県内の非法定市町村除染計画の内容分析と放射性物質汚染対処特別措置法の法的枠組みに関する論点提起」『日本建築学会シンポジウム 東日本大震災からの教訓・これからの新しい国つくり』、607-610 頁

12)　福島県生活環境部除染対策課（2012）「市町村除染地域における除染実施状況（平成 24 年 9 月末時点）」（2012 年 10 月 22 日公表）

13)　福島県生活環境部除染対策課（2013）「市町村除染地域における除染実施状況（平成 25 年 9 月末時点）」（2013 年 10 月 30 日公表）

14)　福島県生活環境部除染対策課（2014a）「市町村除染地域における除染実施状況（平成 26 年 9 月末時点）」（2014 年 10 月 31 日公表）

15)　福島県生活環境部除染対策課（2015a）「市町村除染地域における除染実施状況（平成 27 年 9 月末時点）」（2015 年 10 月 30 日公表）

16)　福島県生活環境部除染対策課（2016a）「市町村除染の実施状況（平成 28 年 9 月末時点）」（2016 年 11 月 15 日公表）

17)　厚生労働省（2016）「平成 27 年社会福祉施設等調査」、http://www.mhlw.go.jp/toukei/saikin/hw/fukushi/15/（2017 年 3 月 11 日に最終閲覧）

18)　文部科学省（2015）「平成 27 年度学校基本調査」、http://www.mext.go.jp/b_menu/toukei/chousa01/kihon/kekka/k_detail/1365622.htm（2017 年 3 月 11 日に最終閲覧）

19)　福島県立図書館（2016）「平成 26 年度福島県公共図書館・公民館図書室実態調査報告書」（福島県企画調整部統計課「第 130 回 福島県統計年鑑 2016」所収）、https://www.pref.fukushima.lg.jp/sec/11045b/nenkan130.html（2017 年 3 月 11 日に最終閲覧）

20)　福島県教育委員会社会教育課（2016）「業務資料」（福島県企画調整部統計課「第 130 回 福島県統計年鑑 2016」所収）、https://www.pref.fukushima.lg.jp/sec/11045b/nenkan130.html（2017 年 3 月 11 日に最終閲覧）

21)　総務省・経済産業省（2015）「平成 26 年経済センサス 基礎調査」、http://www.stat.go.jp/data/e-census/2014/（2017 年 3 月 11 日に最終閲覧）

22)　総務省統計局（2015）「平成 25 年住宅・土地統計調査」、http://www.stat.go.jp/data/jyutaku/（2017 年 3 月 11 日に最終閲覧）

23)　福島県道路計画課（2016）「業務資料」（福島県企画調整部統計課「第 130 回 福島県統計年鑑 2016」所収）、https://www.pref.fukushima.lg.jp/sec/11045b/nenkan130.html（2017 年 3 月 11 日に最終閲覧）

24) 農林水産省（2016）「平成 28 年 耕地面積」、http://www.maff.go.jp/j/tokei/kouhyou/sakumotu/menseki/attach/pdf/index-5.pdf（2017 年 3 月 11 日に最終閲覧）

25) 福島県農林水産部（2015）「平成 27 年 福島県森林・林業統計書」、https://www.pref.fukushima.lg.jp/uploaded/attachment/166005.pdf（2017 年 3 月 11 日に最終閲覧）

26) 福島県生活環境部除染対策課（2014b）「各市町村における除染の措置に伴い発生した除去土壌等の保管状況（平成 26 年 9 月 30 日調査時点）」（2014 年 11 月 28 日公表）

27) 福島県生活環境部除染対策課（2015b）「市町村が設置する仮置場の整備状況等（平成 27 年 9 月 30 日調査時点）」（2015 年 12 月 1 日公表）

28) 福島県生活環境部除染対策課（2016b）「市町村が設置する仮置場の整備状況等（平成 28 年 9 月 30 日調査時点）」（2016 年 12 月 22 日公表）

29) 環境省・中間貯蔵施設情報サイト、http://josen.env.go.jp/chukanchozou/（2017 年 3 月 11 日に最終閲覧）

30) 環境省・特定廃棄物の埋立処分事業情報サイト、http://shiteihaiki.env.go.jp/tokuteihaiki_umetate_fukushima/（2017 年 3 月 11 日に最終閲覧）

31) 環境省（2011a）「東京電力福島第一原子力発電所事故に伴う放射性物質による環境汚染の対処において必要な中間貯蔵施設等の基本的な考え方について」（2011 年 10 月 29 日公表）、https://www.env.go.jp/jishin/rmp/attach/roadmap111029_a-0.pdf（2017 年 3 月 11 日に最終閲覧）

32) 環境省（2017）「除染・中間貯蔵施設・放射性物質汚染廃棄物処理の現状、成果及び見通し」（2017 年 3 月 3 日公表）、http://josen.env.go.jp/material/pdf/outcome_outlook_170303.pdf（2017 年 3 月 11 日に最終閲覧）

33) 環境省・中間貯蔵施設情報サイト「搬入実績（平成 27 年度のパイロット輸送）」、http://josen.env.go.jp/chukanchozou/situation/h27/（2017 年 3 月 11 日に最終閲覧）

34) 環境省・中間貯蔵施設情報サイト「搬入実績（平成 28 年度の輸送）」、http://josen.env.go.jp/chukanchozou/situation/h28/（2017 年 3 月 11 日に最終閲覧）

35) 環境省（2016a）「中間貯蔵施設に係る『当面 5 年間の見通し』」（2016 年 3 月 27 日公表）、http://josen.env.go.jp/chukanchozou/action/acceptance_request/pdf/correspondence_160327_01.pdf（2017 年 3 月 11 日に最終閲覧）

36) 環境省（2013a）「除染関係ガイドライン 第 2 版（平成 25 年 12 月 追補）」（2013 年 12 月 26 日公表）、http://www.env.go.jp/jishin/rmp/attach/josen-gl-full_ver2.pdf（2017 年 3 月 11 日に最終閲覧）

37) 福島県企画調整部土地・水調整課（2016）「福島県土地利用の現況」、https://www.pref.fukushima.lg.jp/sec/11015c/fukushimaken-tochi-riyou-genkyou.html（2017 年 3 月 11 日に最終閲覧）

38) 復興庁・農林水産省・環境省（2016）「福島の森林・林業の再生に向けた総合的な取組（案）」（第 2 回福島の森林・林業の再生のための関係省庁プロジェクトチーム会議資料（2016 年 3 月 9 日公表））、http://www.reconstruction.go.jp/topics/main-cat1/sub-cat1-4/forest/160309_4_siryou2.pdf（2017 年 3 月 11 日に最終閲覧）

39) 環境省（2016b）「除染関係ガイドライン 第 2 版（平成 28 年 9 月 追補）」（2016 年 9 月 12 日公表）、http://josen.env.go.jp/material/pdf/josen-gl-full_ver2_supplement_1609.pdf（2017 年 3 月 11 日に最終閲覧）

40) 環境省（2014a）「除染のフォローアップについて」（第 11 回環境回復検討会資料（2014 年 3 月 20 日公表））、http://www.env.go.jp/jishin/rmp/conf/11/mat02-1.pdf（2017 年 3 月 11 日に最終閲覧）

41) 環境省（2011b）「除染関係ガイドライン 第 1 版」（2011 年 12 月 14 日公表）、http://www.env.go.jp/press/press.php?serial=14582（2017 年 3 月 11 日に最終閲覧）

42) 環境省（2013b）「除染関係ガイドライン 第 2 版」（2013 年 5 月 2 日公表）、http://www.env.go.jp/press/files/jp/22255.pdf（2017 年 3 月 11 日に最終閲覧）

43) 環境省（2014b）「除染関係ガイドライン 第 2 版（平成 26 年 12 月 追補）」（2014 年 12 月 26 日公表）、http://josen.env.go.jp/chukanchozou/material/pdf/josen-gl_ver2_supplement-201412.pdf（2017 年 3 月 11 日に最終閲覧）

44) 復興庁・環境省（2016）「除染対象以外の道路等側溝堆積物の撤去・処理の対応方針」（2016 年 9 月 30 日公表）、https://www.reconstruction.go.jp/topics/m16/09/Material/20160930_news-rl_sokkoutaisekibutu-jokyo.pdf/（2017 年 3 月 11 日に最終閲覧）

45) 福島県土木部河川整備課（2016）「放射性物質の影響が懸念される河川において堆積土砂の除去を開始します。」（2016 年 3 月 31 日公表）、https://www.pref.fukushima.lg.jp/uploaded/attachment/159186.pdf（2017 年 3 月 11 日に最終閲覧）

46)　農林水産省（2015）「平成 27 年 都道府県別総土地面積」（2015 年農林業センサスのデータを組み替えたデータ）

47)　川﨑興太（2017a）「福島復興政策の転換と"2020 年問題"」『建築雑誌』第 132 巻第 1697 号、44-45 頁

48)　川﨑興太（2017b）「除染特別地域における除染の実態と今後の課題－2013 年から 2016 年までの市町村アンケート調査の結果に基づいて－」『環境放射能除染学会　環境放射能除染学会誌』第 5 巻第 2 号、109-152 頁

49)　環境省（2015）「フォローアップ除染の考え方について（案）」（第 16 回環境回復検討会資料（2015 年 12 月 21 日公表））、http://www.env.go.jp/jishin/rmp/conf/16/mat02.pdf（2017 年 3 月 11 日に最終閲覧）

50)　川﨑興太（2014c）「生活者の心と除染と復興」『日本放射線安全管理学会　第 13 回学術大会　講演予稿集』、29-41 頁

第 3 章　除染の計画と問題点

写真 3-1　除染の最初期に確保された仮置場（伊達市、2012 年 5 月）

1. 本章の背景と目的

　福島第一原子力発電所事故（以下「福島原発事故」）の発生に伴って、重大かつ深刻な放射能被害を受けた福島県では、2014年9月末現在、除染の根拠法である放射性物質汚染対処特別措置法（以下「除染特措法」）に基づき、全59市町村のうちの11市町村が除染特別地域、40市町村が汚染状況重点調査地域に指定されている。主として市町村が除染を実施する汚染状況重点調査地域では、小学校などの子どもの生活空間をはじめとする公共施設の除染が終了になり、これから住宅の除染が本格的に実施されるという市町村が多い。

　こうした状況にある中で、福島県の中通りに位置する伊達市では、2014年3月に除染が一通り終了するに至っている（図3-1）。もっとも、終了したといっても、今後とも一切除染を行わないということではなく、モニタリングの結果や現在進めている住民への個別訪問の結果などによっては実施するとのことであるが、もともと空間線量率が低く、小学校などの公共施設に限って除染を行った浅川町、雨樋などのホットスポットに限って住宅除染を行った湯川村を除けば、汚染状況重点調査地域において、行政区域の全域にわたって除染が終了したのは、伊達市が最初である[1]。

　本章は、この伊達市における除染の計画と成果、住民意識について分析した上で、福島原発事故の発生から3年半が経過した時点における除染に関する問題点を提示することを目的とするものである。

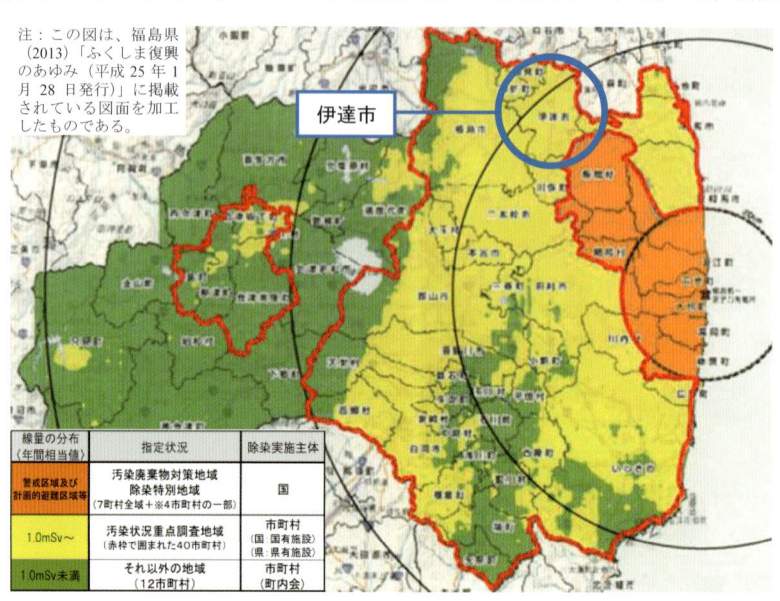

図 3-1　福島県における放射性物質汚染対処特措法に基づく地域指定の状況（2014年9月末現在）と伊達市の位置

2. 伊達市の除染の計画・成果と住民意識

(1) 伊達市の概要

　伊達市は、福島第一原子力発電所から約60kmの位置にあり、北は宮城県、東は行政区域の全域が計画的避難区域に指定された飯舘村、西は県庁所在都市である福島市に接している。2014年4月末現在、人口は64,000人、世帯数は22,222世帯である。

　伊達市では、行政区域の全域が汚染状況重点調査地域に指定され、飯舘村に接する地域などには特定避難勧奨地点が指定されることになった[2]。福島原発事故の前までは、桃やリンゴをはじめ、果樹栽培が盛んな都市であったが、放射能被害や"風評被害"によって、特に農業は苦境に陥っている。

（2）除染計画

　伊達市の除染計画には、他の市町村の除染計画では見られないことが書かれている。空間線量率に基づく地域の区分と、その地域ごとに異なる除染手法の採用である。

　これは、2011 年 10 月に策定された非法定計画である『伊達市除染基本計画（第 1 版)』において初めて示され[1]、2012 年 8 月に策定された法定計画である『伊達市除染実施計画（第 2 版)』において明確にされたものである[2]。具体的には、3μSv/h を超える地域から 0.5μSv/h を下回る地域まで存在するという放射能汚染の実態に鑑み（図 3-2）、空間線量率に応じて行政区域の全域を A ～ C エリアの 3 つに区分した上で、空間線量率が相対的に高い A エリアでは面的除染、B エリアでは面的除染とホットスポット除染（高さ 1cm で 3μSv/h 以上の地点の除染）の組み合わせ、空間線量率が相対的に低い C エリアではホットスポット除染を実施する、そして、A エリアから優先的に除染を進めるものとされた（表 3-1、図 3-3）[3]。

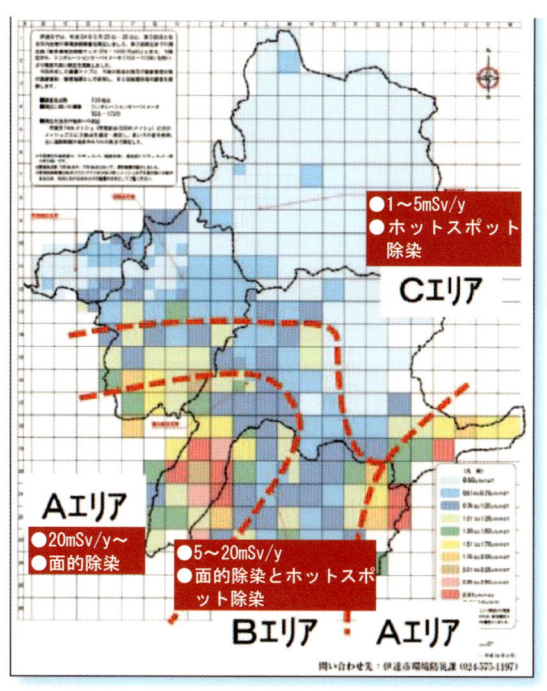

資料：伊達市（2014）『東日本大震災・原発事故 伊達市 3 年の記録』、http://www.city.fukushima-date.lg.jp/soshiki/9/7146.html（2014 年 8月 7 日に最終閲覧）

図 3-3　伊達市における除染に関する地域区分

　この除染計画の迫力は、当時の福島の状況を思い起こさないと、感覚として分からない。2011 年当時、福島で暮らす人々は、今とは比較にならないほどの放射能に対する恐怖感や不安感で覆われており、何

表 3-1　伊達市の除染計画

	エリアの概要	除染計画			
		計画期間	目標	優先順位	除染方針および方法
Aエリア	特定避難勧奨地点など、年間積算線量が20mSvを超える恐れのある地区	2011年8月から2016年3月までの5年間。住宅などの生活圏については2年、農地については5年、森林については30年を目標として除染に取り組む。	①特定避難勧奨地点があるなど放射線量の高い地区にあっては、除染の実施により当面年間積算5mSv（空間線量率1μSv/h）以下を目標とする。②空間線量率が比較的低い地区であっても、子どもたちのことを考慮すれば、被曝線量はできるだけ下げることが必要であり、放射線量を低減するよう除染していく。③将来的には、推定年間追加被曝線量を、法の基本方針に基づき年間積算1mSv（空間線量率0.23μSv/h）以下にすることを長期的な目標とする。	基本的に、放射線量の高い地区を優先するとともに、市民が最も時間を過ごす住居周辺・生活空間を優先して除染を行う。ただし、放射線量が低い地区であっても、学校や多くの人が使用する公共性が高い施設は重点的・計画的に除染していく。	【面的除染】宅地＋宅地周辺林縁部20m程度を基本に、地域内の公共施設、森林（里山）、道路などを含めた除染。農地は別に対応。
Bエリア	年間積算線量が5mSvを超える地区（空間線量率1μSv/h）				【面的除染とホットスポット除染の組み合わせ】宅地周りを中心とした除染。農地や森林は別に対応。
Cエリア	年間積算線量が1mSvを超える地区（空間線量率0.23μSv/h）				【ホットスポット除染】「ホットスポット」を中心とした除染。

注 ：年間積算線量は、2011年8月からの推計値である。
資料：伊達市（2012）『伊達市除染実施計画（第2版）』（2012年8月10日策定）、
　　　http://www.city.fukushima-date.lg.jp/uploaded/attachment/1963.pdf（2014年8月7日に最終閲覧）

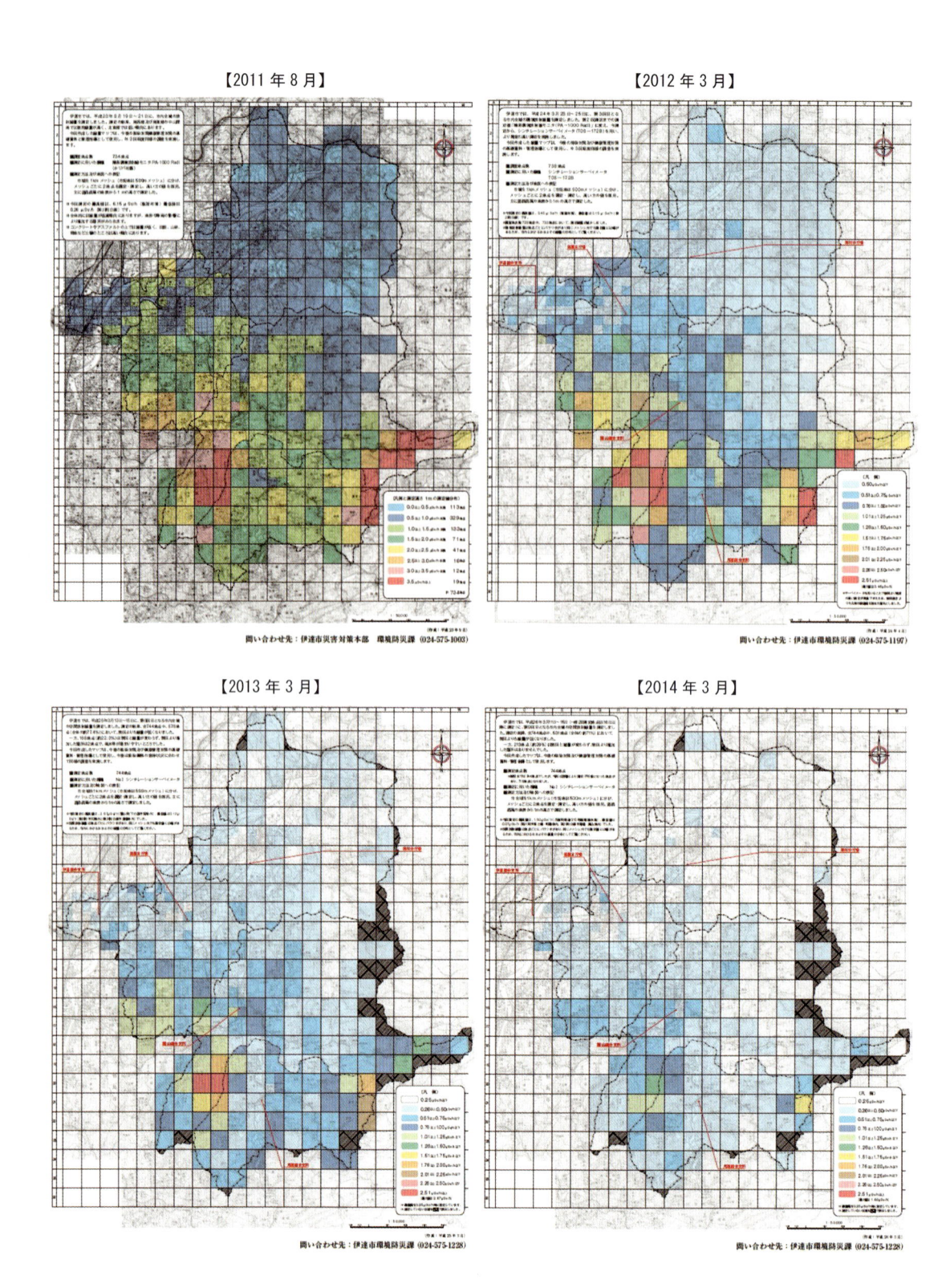

【2011 年 8 月】　　　【2012 年 3 月】

【2013 年 3 月】　　　【2014 年 3 月】

出典：伊達市ホームページ、http://www.city.date.fukushima.jp/（2014 年 8 月 7 日に最終閲覧）

図 3-2　伊達市における空間線量率の推移

とか子どもの命と明日の暮らしを守らなければという切迫感に駆られていた。「子どもでも年間 20mSv 以下なら大丈夫」という国の言葉が信じられず、春から夏にかけて保育所や小学校などでは先行的に除染が行われたが、住宅地の除染の話となると、被害者意識ばかりが先立って、どこでも「国と東電が除染して放射能を福島原発に持って行け」ということになり、ほとんど前に進まなかった時期である。こうした時期に、地域によって空間線量率が違うといっても、事故前と比べれば等しく 10 倍から 100 倍も高くなってしまった状況下において、同じ市民で同じ被害者であるはずなのに、伊達市はフルセットで除染を行う地域とスポット的に除染を行う地域に区分すると言ったのである。

　伊達市は、どうしてこんなことを言ったのか？ それは、一言でいえば、除染とは時間との闘いであることを強く意識していたからであろう。放射能の力は最初が最大であり、時間の経過とともに自然に落ちてゆく。放射能被害を受けた地域にあって、住民の被曝線量を低減させる手立てとして、避難や移住ではなく、除染を選択するのであれば、早期にスピード感をもってこれを実行することが肝要である。限られたリソースのもとで、できるだけ多くの住民の被曝線量を効果的・効率的に低減させようとするならば、放射能汚染の程度に応じて除染の手法を変えて、空間線量率が高いところから優先的に進めていかざるを得ない、そういう切実な判断の末のことであったと想像する。

（3）除染の実績と線量低減効果

　伊達市は、こうした計画のもとに除染を進めた結果[3][3][4]、先述の通り、2014 年 3 月には一通り終了するに至っている（表 3-2）[4]。

　それでは、除染によって空間線量率はどれくらい低減したのであろうか？ 2012 年 5 月から 2013 年 8 月にかけて除染が実施された A エリアの宅地における結果を見てみると（表 3-3）、平均としては、除染の前後で 0.93μSv/h から 0.43μSv/h へと低減（低減率 53.8%）している（図 3-4）。『伊達市除染実施計画（第 2 版）』において、A エリアについては、「当面年間積算 5mSv（空間線量率 1μSv/h）以下」が目標とされているが、土地・建物所有者の要望によって作業範囲が限定された 9 件を除けば、すべての宅地

表 3-2　伊達市の除染の実績（2014 年 5 月末現在）

| | 実施期間 | 住宅
（AエリアとBエリアは戸数、Cエリアは世帯数） | | | | 公共施設等
（施設） | | 道路
（km） | | 参考:
住宅除染の費用 | |
		計画	発注	除染実施	調査にて終了	発注	除染実施	発注	除染実施	費用 （億円）	1世帯あたりの 費用（万円）
Aエリア	2012年5月〜 2013年8月	3,007	3,007	3,007	0	79	75	176.3	176.3	149	650
Bエリア	2012年10月 〜2014年3月	3,905	3,905	3,905	0	261	261	226.2	226.2	90	250
Cエリア	2013年3月〜 2014年3月	15,141	10,030	4,802	5,228	0	0	0	0	10	6
その他 （工業団地）	2012年7月〜 2012年12月	10	10	10	0	34	34	4.3	4.3	—	—
合計	—	22,063	16,952	11,724	5,228	374	370	406.8	406.8	—	—

注1：Cエリアでは5,111世帯分が未発注になっているが、これは連絡が取れない世帯や除染を拒否した世帯などの分である。

注2：「参考：住宅除染の費用」は「IAEA福島第一原発事故後放射線防護に関する国際専門家会議」（2014年2月開催）における伊達市長の発表資料によるものであり、発表時期の違いなどから、費用を算出する上での戸数・世帯数は、本表に示す「住宅」の戸数・世帯数とは異なっている。

資料：伊達市

表 3-3 　 A エリアにおける除染手法

箇所	対象物	手法
雨樋・縦樋	枯葉・コケ・泥・土など	つまり物を除去した後に、水洗い＋ブラシ
植え込み	草木・植栽・立木など	除草・枝落とし・刈込み
庭	表土・砂利敷き	手作業および小型バックホウでの表土除去および客土
犬走り・出入口	コンクリート・アスファルトなど	高圧水洗浄。必要に応じてブラスト
林縁部	落葉・高木等	落ち葉かき、除草、枝打ち
道路	舗装道路	高圧洗浄。必要に応じてブラスト
	未舗装道路	砕石の除去・敷砂利

注　：これらの手法が一律的に適用されたわけではなく、線量を確認し、必要に応じて行われた。
資料：伊達市

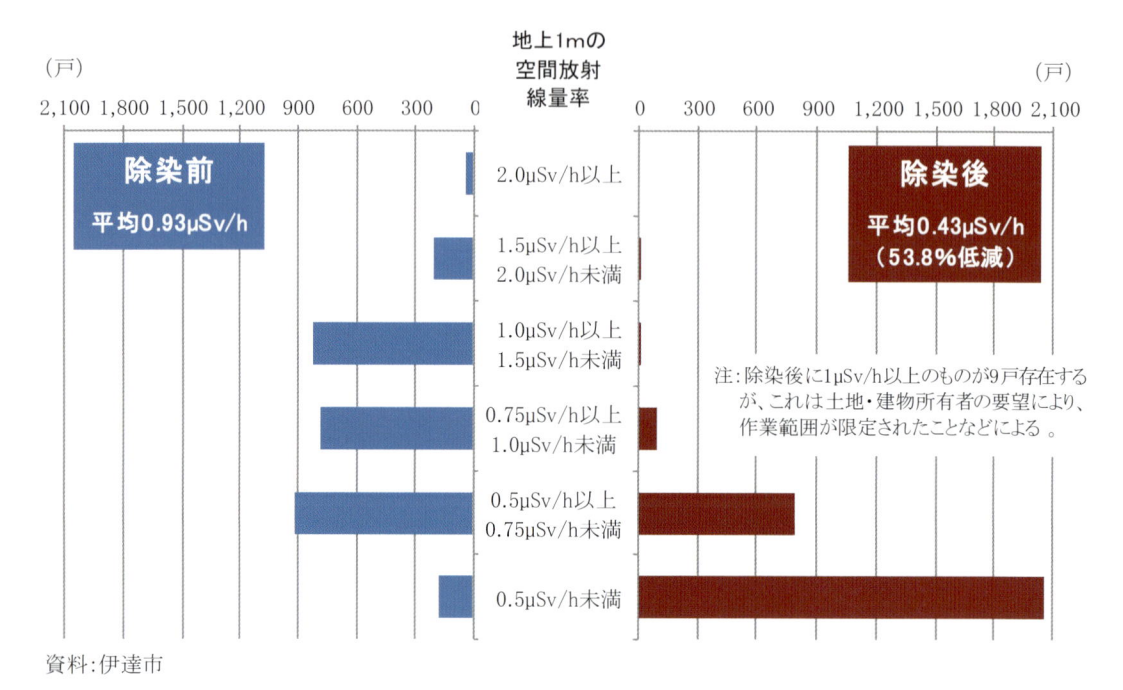

資料：伊達市

図 3-4 　 A エリアの宅地における除染の実施前後の空間線量率

において目標が達成されている[(5)5]。

　これまでの経験から、除染の線量低減効果は、手法が同じであれば、除染前の空間線量率によって大きく変わることが知られている。そこで、除染前の空間線量率の違いによる除染の線量低減効果の違いを見ると、除染前の空間線量率が 2.0µSv/h 以上の宅地では、2.31µSv/h から 0.72µSv/h へと 68.8%低減しているのに対して、除染前の空間線量率が 0.5µSv/h 未満の宅地では、0.42µSv/h から 0.26µSv/h へと 38.1%低減している（図 3-5、図 3-6）。

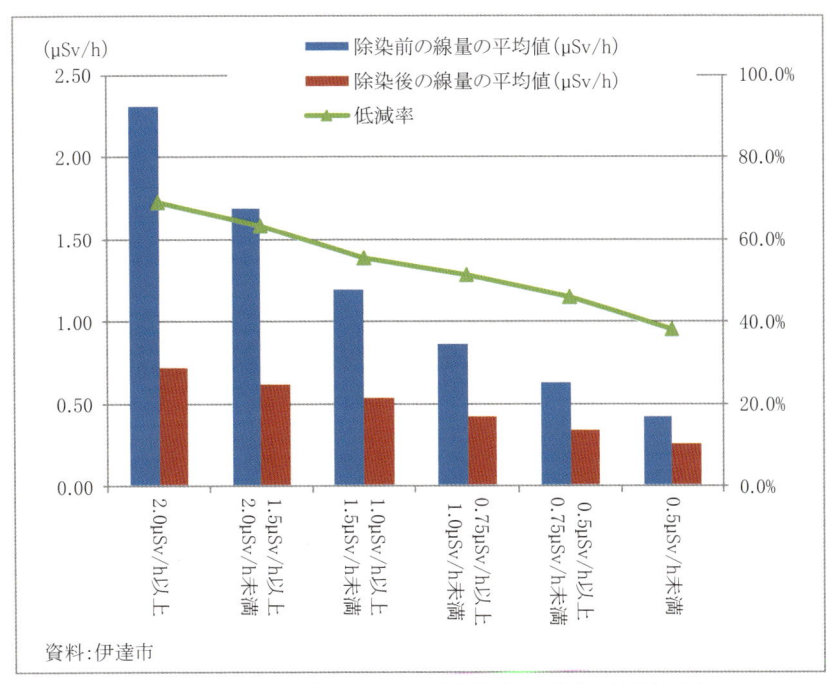

図 3-5　A エリアの宅地における線量帯ごとの除染の線量低減率

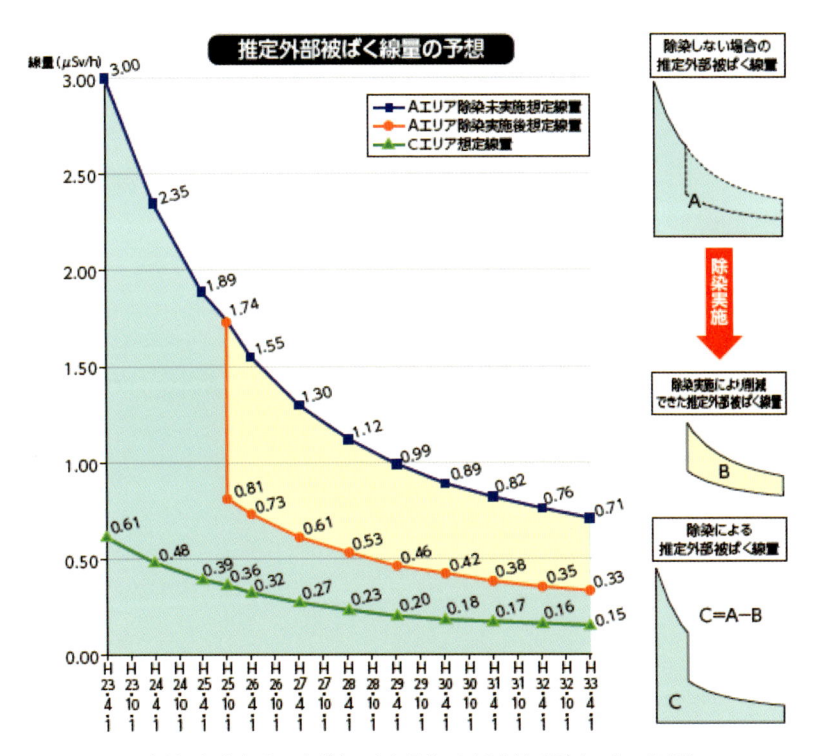

資料：伊達市 (2014)『東日本大震災・原発事故 伊達市 3 年の記録』、
http://www.city.fukushima-date.lg.jp/soshiki/9/7146.html (2014 年 8 月 7 日に最終閲覧)

図 3-6　除染の時期の違いによる除染の線量低減効果と被曝量の推定

写真 3-2　A エリアの風景（伊達市、2013 年 6 月）

（4）住民の被曝線量

①外部被曝線量

　以上において、伊達市における除染計画と除染の線量低減効果を見てきたが、肝心の住民の被曝線量はどうなのか？　伊達市では、すべての住民に個人線量計（ガラスバッジ）を配布し、外部被曝線量を調査しているので、その結果を見てみよう。

　調査の対象者は、2012 年 7 月から 2013 年 6 月までの 1 年間にわたって継続的に測定した 52,783 人（調査の基準日である 2013 年 10 月 1 日現在の住民の 81%）である。年間外部被曝線量の平均値は 0.89mSv であり、1mSv 未満が 66.3%、1mSv 以上 2mSv 未満が 28.1%、2mSv 以上が 5.6% である（図 3-7）[6]。年間外部被曝線量を除染エリア別に見ると、A エリアは 1.593mSv、B エリアは 1.167mSv、C エリアは 0.712mSv であり、当然のことながら、空間線量率が高いエリアほど年間外部被曝線量が高くなっている（図 3-8）[7]。また、この調査の 1 年後の年間外部被曝線量は、いずれのエリアにおいても放射能の自然減衰や除染の進展などに伴って減少しており、A エリアでは 33.1%、B エリアでは 27.7%、C エリアでは 25.6% 減少している。

　除染特措法に基づく基本方針においては、追加被曝線量が年間 20mSv 未満である地域では、長期的な目標として追加被曝線量が年間 1mSv 以下となることをめざすものとされている。国は、年間追加被曝線量 1mSv を空間線量率に換算すると 0.23μSv/h であり、この 0.23μSv/h を汚染状況重点調査地域の指定基準や除染実施区域の設定基準、除染対策事業交付金の交付基準、すなわち除染の実施基準として使うものとしているが、空間線量率 0.23μSv/h という数値は、除染の主体とされている市町村にとっては除染の実施に関する、住民にとっては一種の安全性に関する"閾値"あるいは"目標値"として定着しているのが実情である。

　当初から、空間線量率 0.23μSv/h では外部被曝線量が過大に評価されてしまうことが指摘されていたが、国が示す換算式に基づいて算出された年間追加被曝線量の予測値と実測値を比較すると、予想に違わず、すべての地域において予測値よりも実測値の方が低くなっており、全体の平均としては、空間線

量率は 0.510μSv/h、予測値は 2.470mSv/y、実測値は 0.888mSv/y で、実測値は予測値の 36.0% となっている（図 3-9）[6]。もう少し詳しく見ると、空間線量率が概ね 0.23μSv/h である地区では、年間追加被曝線量の予測値は 1mSv であるのに対して実測値はその 1/2～1/3、実測値が概ね 1mSv である地区の空間線量率は 0.23μSv/h の 1.5～2 倍にあたる 0.36～0.51μSv/h となっており、こうした予測値と実測値の乖離は空間線量率が高い地区ほど大きくなっている。

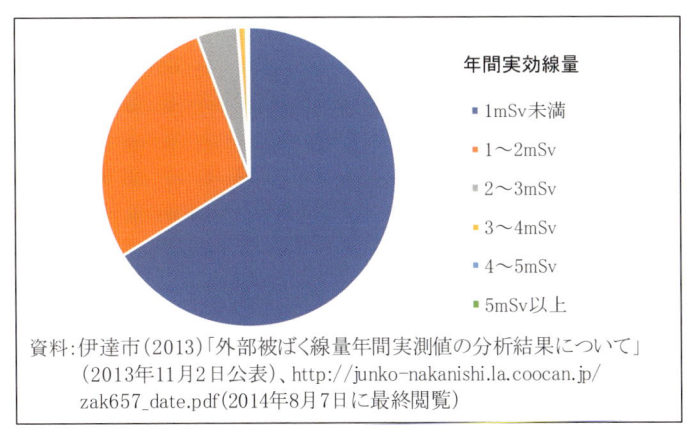

資料：伊達市（2013）「外部被ばく線量年間実測値の分析結果について」（2013年11月2日公表）、http://junko-nakanishi.la.coocan.jp/zak657_date.pdf（2014年8月7日に最終閲覧）

図 3-7　伊達市の住民の年間外部被曝線量

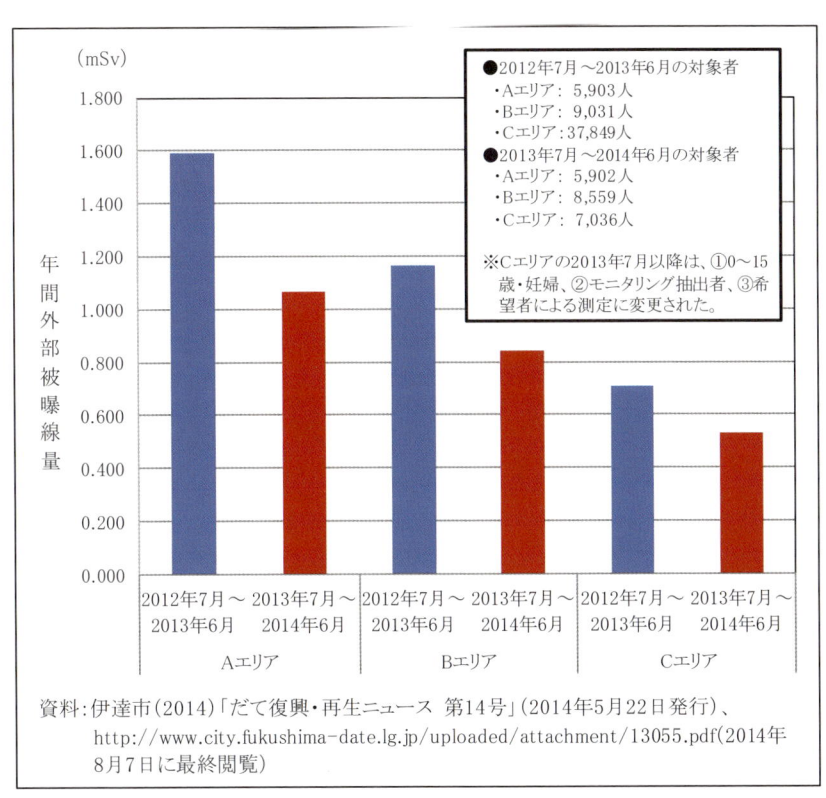

資料：伊達市（2014）「だて復興・再生ニュース　第14号」（2014年5月22日発行）、http://www.city.fukushima-date.lg.jp/uploaded/attachment/13055.pdf（2014年8月7日に最終閲覧）

図 3-8　伊達市の住民の除染エリア別にみた年間外部被曝線量

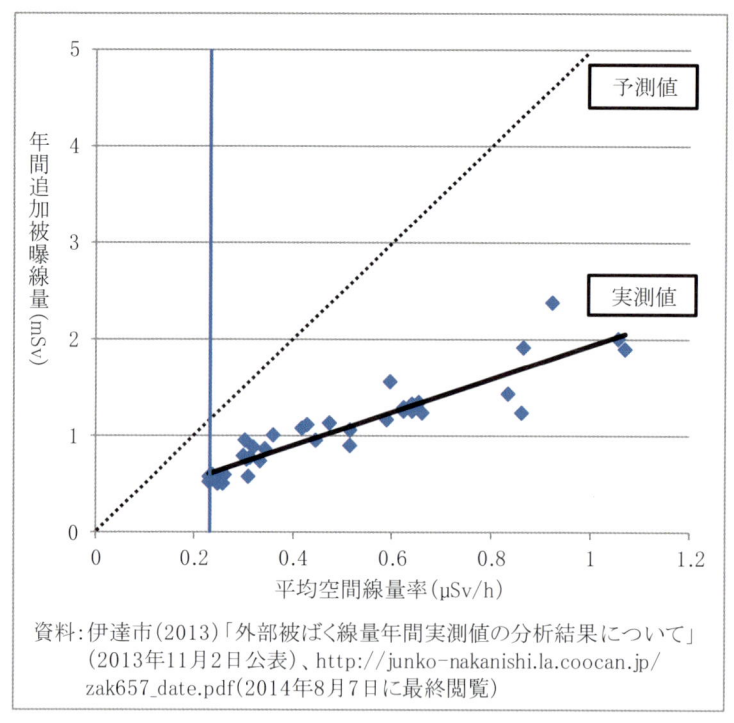

資料：伊達市(2013)「外部被ばく線量年間実測値の分析結果について」
(2013年11月2日公表)、http://junko-nakanishi.la.coocan.jp/
zak657_date.pdf(2014年8月7日に最終閲覧)

図3-9　伊達市での年間追加被曝線量と空間線量率の相関

②内部被曝線量

伊達市では、2011年10月からホールボディカウンターによる内部被曝検査を行っている[6][7]。

2013年4月から2014年3月までに行われた第2回目の検査では、受検者29,020人（受検率46.4%）の全員の預託実効線量が1mSv未満となっている[7]。2011年10月から2013年3月にかけて行われた第1回目の検査では、放射性セシウムが検出された受検者は約9%であったのに対して、第2回目では約3%と約1/3に減少している。

(5) 住民意識

このように、伊達市では、放射能の自然減衰や除染の進展などに伴って、空間線量率が大きく低減しており、すでにAエリアの住民でも年間追加被曝線量は1mSv程度になっている。この意味では、放射能との闘いとは時間との闘いであることを強く意識して、"丁寧な除染"よりも、線量に応じた除染手法の採用によって"スピーディな除染"を進めてきた伊達市の戦略は、少なからぬ成果を挙げたと言えるだろう。

しかし、こうした除染戦略は、必ずしもすべての住民に全面的に受け入れられたというわけではなく、特にCエリアの住民の一部には、ホットスポット除染だけでは払拭されない不安感が残されることになった。そして、その不安感は、2014年1月に行われた市長選において、政治の問題として吸い上げられることになり、そこでは、今後のCエリアでの除染のあり方、言い換えれば、フルセット除染が行われたAエリアやBエリアと、ホットスポット除染が行われたCエリアの"除染格差"への対応が最大の争点になったのである。

　この市長選は 4 氏によって争われたが、事実上、現職候補と対立候補の一騎打ちとなった。対立候補は、放射能汚染の程度にかかわらず、C エリアについても「全面除染」を行うことを訴えた。これを受けて、現職候補は、告示前に「C エリアも除染して、放射能災害からの復興を加速。（以下省略）」と題するマニフェストを発表し、C エリアの除染に関する方針転換を表明した。具体的には、C エリアにおいて新たに全戸調査を実施し、フォローアップ除染を実施することを公約としたのである。そして、投票日の直前には、C エリアのすべての世帯に「C エリア除染調査票」というアンケート調査票が配布されることになった。

　結果的には、現職候補が再選を果たすことになったが、アンケート調査の結果はどうだったのか？ 配布数は 16,262 世帯で、回収数は 4,750 世帯（回収率 29.2％）であった[8)8]。その 4,750 世帯のうち、放射能に対して「不安」を持っているのは 3,230 世帯（68.0％）であり（図 3-10）[9]、放射能対策で希望する内容としては、「除染」が 1,499 世帯（45.7％）で最も多く、次いで「その他」が 897 世帯（27.3％）、「モニタリング」が 360 世帯（11.0％）、「健康対策」が 249 世帯（7.6％）、「賠償」が 162 世帯（4.9％）、「食品・風評被害対策」が 116 世帯（3.5％）であった（図 3-11）。

　伊達市では、こうした結果を受けて、「除染」を希望する 1,499 世帯の不安の払拭をめざし、個別訪問が行われている。伊達市は、それぞれの世帯の実情に即して対応する方針であるが、これまでのところは、いわゆるリスクコミュニケーションを通じて不安の解消が図られており、文字通りのフォローアップ除染が行われた事例はないとのことである。

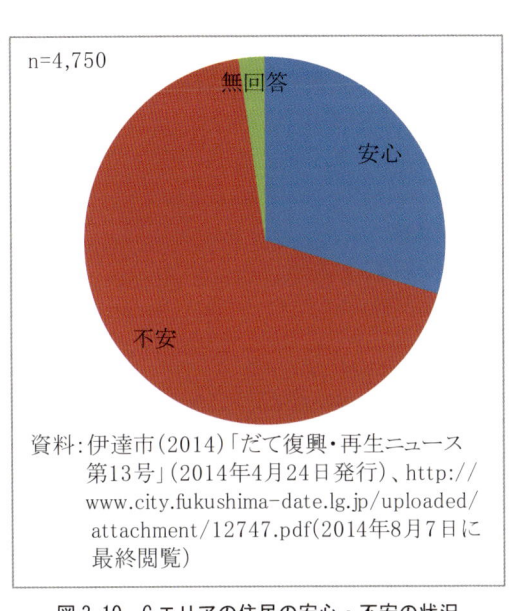

図 3-10　C エリアの住民の安心・不安の状況

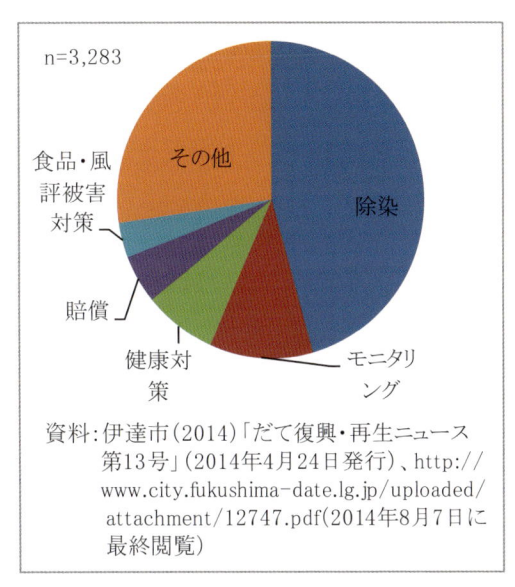

図 3-11　C エリアの住民の放射能対策で希望する内容

3. 除染に関する問題点

（1）緊急的な放射線防護のための除染の自己目的化

　福島原発事故が発生してから 3 年半が経過した現在、放射能の力は相当に落ちており、空間線量率は、除染に関する法制度が整備されつつあった 2011 年の夏ごろと比べると、放射能の物理的減衰と風雨な

どの自然要因による減衰（ウェザリング効果）によって、除染なしでもほぼ半減している。これは、除染のあり方を検討する上で、きわめて重要な事実である。

　放射能の力が落ちているということは、被曝による人体への影響が低減しているということであるが、それは同時に、除染の線量低減効果が低下しているということをも意味している。本章で見てきた伊達市では、スピーディな除染に取り組んできたこともあって、かつては空間線量率が高かった地域でも、年間追加被曝線量 1mSv がほぼ達成されているが、これから住宅の除染が本格的に実施される市町村や地域においても、実は、すでに「年間追加被曝線量 1mSv 以下」が達成されているところが少なくないと思われる。この意味では、今さら"除染の加速化"は要らないのである。

　先述の通り、これまで年間追加被曝線量 1mSv を換算して得られた空間線量率 0.23μSv/h という数値では、外部被曝線量が過大に評価されてしまうことが指摘されてきたが、伊達市においても、外部被曝線量の実測値は予測値の 1/2〜1/3 になっている。もっとも、これは住民が日常生活の中で「空間線量率 0.23μSv/h＝年間追加被曝線量 1mSv」とはならないような自己管理を行った結果であると解釈することも可能であるし、年間追加被曝線量 1mSv に対して空間線量率 0.23μSv/h は安全側の数値だと言えるので、空間線量率 0.23μSv/h は一つの目安として全く意味がないというわけではない。しかし、年間追加被曝線量 1mSv を前提とするならば、すでに多くの市町村や地域において、放射線防護のための除染の必要性は低下していると思われるし、除染の線量低減効果も大きく低下していることを踏まえれば、除染が本格的に実施され始めた 3 年前と同じ技術・方法のまま、「空間線量率 0.23μSv/h」を除染の実施や安全性に関する"閾値"あるいは"目標値"としてめざすことは、自己目的化した除染を進めることにほかならないと言っても過言ではない[10)9]。

　これまで除染は、福島復興の起点であり基盤であるとの位置づけのもとに進められてきたが、時間の経過に伴う放射能の力の低下を背景として、その意義や役割は大きく変わっている。もはや緊急的な放射線防護を目的とする除染を念頭に置いた"除染なくして復興なし"というドグマの延長線上に、福島の復興の姿を描くことはできない状況になっていることは、今後の除染のあり方を検討する上での基本認識として確認されておいてよい。

（2）　放射能汚染環境の回復に向けた解決策の不在

　それでは、除染そのものの必要性がなくなったのかと言えば、そうではない。人体への影響は低減しているといっても、今なお福島の大地も海も放射能で汚染されたままであることは変わらない事実であり、放射能の物理学的半減期を考えれば、今後は現在とあまり変わらない状態が長期にわたって続くことが予想される。

　福島県の県土面積の 7 割を占める森林は、住民の被曝線量への影響は限定的であるといった理由から、宅地の周辺などのほかは除染が行われることになっておらず、山と非分離で互恵的な暮らしを築いてきた中山間地域の住民は、山との絶縁が迫られている。河川や水路は、河床などに放射能が沈着しているとしても、水による遮蔽効果を考慮すれば住民の被曝線量への影響は限定的であるといった理由から、基本的には除染の対象にすらされておらず、場所生活の根源をなす水は危険なものを覆う H_2O とみなされ、水辺は危険なものを底に秘めた近寄りがたいエリアとして取り残されている。農地は、反転耕や深耕などが行われ、あたかもそれぞれの農地が"最終処分場"であるかのようになってしまっているが、いくら放射能の農作物への移行はかなり限られていて安全性が確認されているとはいっても、そもそも食べ物があり余っている我が国では、簡単には"風評被害"は収束しそうもない。

　つまり、汚染状況重点調査地域では、放射線防護のための除染の必要性は低下している一方で、あるいは、その必要性が低下したからこそ、環境回復のための除染に力が注ぎ込まれるべき状況に至っている。いわば、シーベルト（Sv）を単位とする除染からベクレル（Bq）を単位とする除染への転換が求められているのであるが、少なくとも現在の除染技術・方法では放射能をすべて取り除くことはできない、換言すれば、放射能が「ある」場所であること自体は変えられず、上記のような問題に対して何ら解決の糸口を見い出せていない。福島原発事故が発生してから 3 年半が経った今、汚染状況重点調査地域内においては、こうした重たく苦しい問題に直面している。

　伊達市の C エリアの住民は、自分の年間外部被曝線量が 1mSv 未満であることを知っている。しかし、何らかの「不安」を持つ世帯が 2/3 を占めており、その不安感を解消するためにフォローアップ除染の実施を求めている。これは、シーベルト（Sv）という放射能の人体への影響を測る物差しで数値を確かめてみても、必ずしも住民の不安感が解消されるわけではないことを示している。その不安感は、一部はリスクコミュニケーションやフルセット除染によって解消されるかもしれないが、根源的には、これらとは位相の異なる上記の重たく苦しい問題に根差したものではないかと思われる。

【補注】

(1) 国が主体となって除染を行う除染特別地域については、楢葉町において、2014 年 3 月に行政区域の全域にわたって除染が終了している。

(2) 特定避難勧奨地点とは、福島原発事故が発生してから 1 年間の積算線量が 20mSv を超えると推定される特定の地点であり、該当する世帯が希望すれば避難の支援が行われるものである。それは住居単位で設定されるものであり、伊達市の場合、2011 年 6 月と 11 月に合計 117 地点（128 世帯）に指定されたが、2012 年 3 月にすべて解除されている。

(3) 伊達市の除染の経緯については、伊達市（2014a）と半澤（2013）を参照のこと。なお、伊達市は、森林除染を実験的に実施したことがあるが、ほとんど線量低減効果が見られなかったことから、これまで本格的には実施していない。

(4) なお、B エリアでは、実際には A エリアと同様に、面的除染が行われたケースが多かった。

(5) 国の原子力災害対策本部が 2011 年 8 月 26 日に決定した「除染に関する緊急実施基本方針」では、除染実施の具体的な目標として、2 年後までに、一般公衆の推定年間被曝線量を約 50%減少（うち除染によって少なくとも約 10%減少）した状態を実現することを目指すものとされている。A エリアの 2011 年 8 月 26 日における想定線量は 1.28μSv/h であるので、国が示した目標値は 0.64μSv/h であるところ、A エリアの 2013 年 8 月 26 日における想定線量は 0.38μSv/h であるので、国の目標値も達成されていることになる。

(6) 伊達市におけるホールボディカウンターによる内部被曝検査の結果の一部は、「だて復興・再生ニュース　第 14 号」（2014 年 5 月 22 日発行）に掲載されている。

(7) 預託実効線量とは、放射能を体内に摂取した場合に、放射能の物理学的半減期や生物学的半減期を考慮して、一生の間（大人は 50 年間、子どもは 70 歳になるまでの年数）に受けると推定される内部被曝線量である。

(8) 「C エリア除染調査」の結果の一部は、「だて復興・再生ニュース　第 13 号」（2014 年 4 月 24 日発行）に掲載されている。

(9) ただし、伊達市の職員の実感としては、無回答の世帯は基本的に「不安」がない場合が多いので、「不安」を持つ世帯の割合は、C エリア全体の 16,262 世帯を分母とした場合に得られる 20%程度とのことである。

(10) 復興庁・環境省・福島市・郡山市・相馬市・伊達市は、2014 年 8 月に「除染・復興の加速化に向けた国と 4 市の取組 中間報告」を公表し、除染・復興の加速化に向けた具体的な取り組みとして、「個人の被ばく線量に着目した放射線防護の充実」や「個人の被ばく線量を勘案した除染の実施」などを掲げている。しかし、個人線量計による外部被曝線量は、個々人の生活意識や生活行動に左右されるものであり、また、それは事後的な結果を示すものであるので、個人線量計による外部被曝線量を継続的に測定することは個人の健康管理の手段の一つとしては重要であるものの、今後とも除染を推進する上では、これとあわせて、除染の実施基準と絶対値としての目標が示されるべきだと考えられる。

【参考文献】

1) 伊達市（2011）『伊達市除染基本計画（第 1 版）』（2011 年 10 月 28 日策定）、http://www.city.fukushima-date.lg.jp/uploaded/attachment/1964.pdf（2014 年 8 月 7 日に最終閲覧）

2) 伊達市（2012）『伊達市除染実施計画（第 2 版）』（2012 年 8 月 10 日策定）、http://www.city.fukushima-date.lg.jp/uploaded/attachment/1963.pdf（2014 年 8 月 7 日に最終閲覧）

3) 伊達市（2014a）『東日本大震災・原発事故 伊達市 3 年の記録』、http://www.city.fukushima-date.lg.jp/soshiki/9/7146.html（2014 年 8 月 7 日に最終閲覧）

4) 半澤隆宏（2013）「適正な除染は、放射線防護の考え方とバランス感覚－福島の除染は、研究室や会議室ではなく『現場で』行われている－」『復興』第 6 号、51-56 頁

5) 原子力災害対策本部（2011）「除染に関する緊急実施基本方針」（2011 年 8 月 26 日決定）、https://www.env.go.jp/council/10dojo/y100-29/ref02-04.pdf（2014 年 8 月 7 日に最終閲覧）

6) 伊達市（2013）「外部被ばく線量年間実測値の分析結果について」（2013 年 11 月 2 日公表）、http://junko-nakanishi.la.coocan.jp/zak657_date.pdf（2014 年 8 月 7 日に最終閲覧）

7) 伊達市（2014b）「だて復興・再生ニュース 第 14 号」（2014 年 5 月 22 日発行）、http://www.city.fukushima-date.lg.jp/uploaded/attachment/13055.pdf（2014 年 8 月 7 日に最終閲覧）

8) 伊達市（2014c）「だて復興・再生ニュース 第 13 号」（2014 年 4 月 24 日発行）、http://www.city.fukushima-date.lg.jp/uploaded/attachment/12747.pdf（2014 年 8 月 7 日に最終閲覧）

9) 復興庁・環境省・福島市・郡山市・相馬市・伊達市（2014）「除染・復興の加速化に向けた国と 4 市の取組 中間報告」（2014 年 8 月 1 日公表）、http://www.env.go.jp/press/files/jp/24939.pdf（2014 年 8 月 7 日に最終閲覧）

第4章 除染に関する住民意識と課題

写真 4-1　大波城址から見た福島市大波地区の風景（福島市、2016 年 5 月）

1. 本章の背景と目的

　2011 年 3 月 11 日の東北地方太平洋沖地震に伴って福島第一原子力発電所の事故が発生し、福島県は重大かつ深刻な放射能被害を受けることになった。その福島県では、これまで "除染なくして復興なし" との理念のもとに、放射性物質汚染対処特別措置法（以下「除染特措法」）に基づく除染が復興の起点かつ基盤として進められてきた[1]。

　除染特措法は、「事故由来放射性物質による環境の汚染が人の健康又は生活環境に及ぼす影響を速やかに低減すること」、つまり放射線防護を目的とする法律である。同法に基づく基本方針では、除染等の措置に係る目標として、追加被曝線量が年間 20mSv 以上である地域、すなわち避難指示が発令された地域であり、概ね除染特別地域に相当する地域については、当該地域を段階的かつ迅速に縮小することを目指すこと、追加被曝線量が年間 20mSv 未満である地域、すなわち概ね汚染状況重点調査地域に相当する地域については、長期的な目標として追加被曝線量が年間 1mSv 以下となることなどが定められており[(1)]、これまで、この目標の実現に向けて、公共施設、住宅、道路、農地、生活圏森林の除染が実施されてきた[2)3)]。そして現在では、放射能の自然減衰や除染の実施に伴って、追加被曝線量が年間 20mSv 以上である地域では、当該地域は縮小しつつあり、追加被曝線量が年間 20mSv 未満である地域では、基本的には年間 1mSv 以下となっている[4)]。

　こうした状況を背景として、国は、除染特別地域では帰還困難区域を除く全域、汚染状況重点調査地域ではその全域において、2017 年 3 月で除染（面的除染）を終了するものとしている[(2)]。汚染状況重点調査地域の場合、追加被曝線量が年間 1mSv 以下になり、安心して住み続けられる程度にまで環境が回復したという状況認識がその判断根拠になっているように思われるが、本当に、環境は回復したと言えるのか、言えないとすればなぜなのか、福島復興政策の今後の課題はどこにあるのか？

　本章は、こうした問題意識のもとに、川﨑（2013）[5)] の成果を活かしつつ、汚染状況重点調査地域に指定されている地域の中では最も放射能汚染が深刻であった地区の一つである福島市大波地区を事例として、住民に対する除染に関するアンケート調査やヒアリング調査などの結果を踏まえ、福島復興の起点かつ基盤として位置づけられてきた除染に関する課題を明らかにすることを目的とするものである。これまでの福島復興政策の課題を明らかにしたものとしては、例えば川﨑（2014a）[1)]や川﨑（2014c）[6)]などがあるが、福島復興政策は、福島原発事故が発生してから 6 年後にあたる 2017 年 3 月をもって大きく転換することが予定されている[7)]。具体的には、上述の除染の終了のほか、避難指示の解除[8)]、自主避難者に対する応急仮設住宅の供与終了などであり[9)]、こうした政策の転換に関して、例えば日野（2016）は原発避難者にかかわる住宅政策の問題点を指摘し[10)]、戸田（2016）は自主避難者に対する社会的支援の必要性を指摘しているが[11)]、除染に関する住民意識を踏まえつつ、その課題を提起したものは見当たらない。

2. 福島市大波地区における除染の経緯と線量低減効果

（1）地区の概要

　大波地区は、1955 年に伊達郡霊山町から分離して福島市に編入された地区である。地区面積は市域面積の 2%にあたる 1,609ha であるが、2016 年 4 月 1 日現在の固定資産課税台帳によると、非課税の土地を除く土地面積は 1,222ha であり、そのうち山林が 828ha（68%）、畑が 177ha（14%）、田が 75ha（6%）、原野が 66ha（5%）、宅地が 28ha（2%）、雑種地が 10ha（1%）、その他が 38ha（3%）となっている。

　住民基本台帳に基づき、人口と世帯数の推移を見ると、福島原発事故の発生前から人口は減少傾向、世帯数は横ばい傾向にあったが、2011 年 3 月 1 日現在には 1,193 人、459 世帯であったところ、後述するアンケート調査の実施時にあたる 2012 年 10 月 1 日現在と 2016 年 2 月 29 日現在では、人口はそれぞれ 1,133 人、1,022 人へと減少しており、世帯数はいずれの時点でも同じ 459 世帯となっている。地区内で唯一の学校である大波小学校は、福島原発事故の発生に伴う子どもの避難もあって、2014 年度から休校になっており、2017 年 3 月をもって隣接学区の小学校に統合されて廃校になる見通しである[3]。

　主要産業は、農業、特に稲作農業であるが、福島原発事故の発生に伴う放射能汚染によって、2011 年には米の出荷制限、2012 年には米の作付制限が行われることになった[12]。世界農林業センサスによると、2010 年から 2015 年にかけて、総農家数は 137 戸から 94 戸へと減少し、経営耕地面積は 72ha から 54ha へと減少している一方で、土地持ち非農家数は 61 戸から 85 戸へと増加し、農家と土地持ち非農家の耕作放棄地は 46ha から 69ha へと増加している。

　空間線量率については、福島原発事故の発生直後にあたる 2011 年 6 月には 2.24μSv/h であった（図4-1、図4-2）。その後、放射能の自然減衰や除染の実施に伴って大幅に低減しているが、2016 年 3 月においても 0.47μSv/h（-79%）と相対的に高い状況にある[4][13][14]。

写真 4-2　廃校になる見通しである大波小学校（福島市、2012 年 10 月）

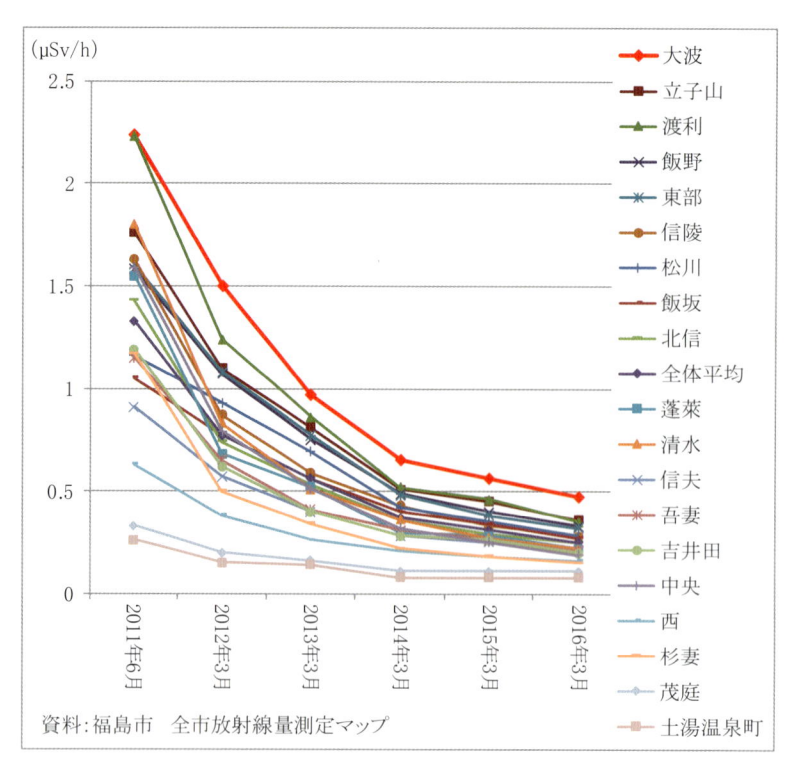

図 4-1　福島市における空間線量率の推移

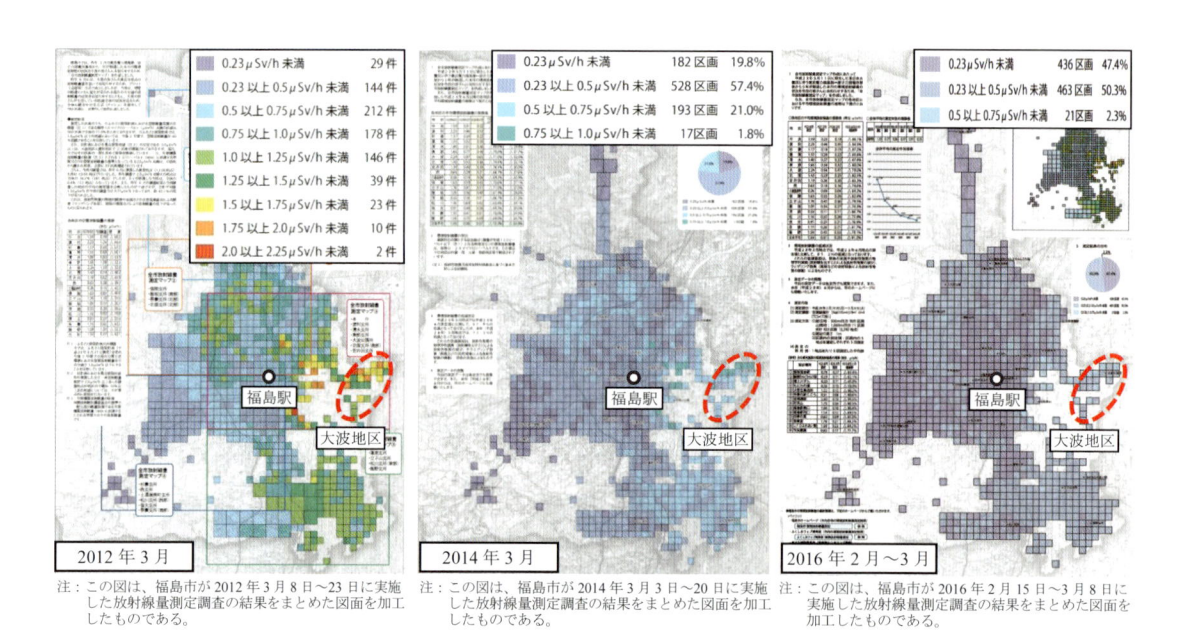

図 4-2　福島市における空間線量率の推移（左：2012 年、中：2014 年、右：2016 年）

(2)　除染の経緯

　大波地区における除染に関する主な経緯については、以下の 3 つの時期に大別して整理することができる（表 4-1）。

①第 1 期（2011 年 3 月〜9 月）：放射線量の測定等

　2011 月 6 月から、さまざまな主体が放射線量の測定を実施した。すなわち、6 月には福島市が全市一斉放射線量測定調査を実施し、7 月には原子力災害現地対策本部と福島県災害対策本部が福島市内モニタリング調査、原子力災害現地対策本部が特定避難勧奨地点の指定を検討するための詳細調査を実施した。

　こうした中で、大波地区の住民は、7 月に福島市長と福島市議会議長に対して、放射線量の正確な調査・公表、除染の早期実施、農産物の安全確認、避難希望者に対する支援・助成などを求める要望書を提出した。これを受けて、福島市は 8 月に、まずは子どもの被曝量を低減させるため、住民と協働で大波小学校の通学路とメインストリートである国道 115 号の除染を実施した。

　そして原子力災害現地対策本部は、9 月になって、上記の放射線量の測定結果に基づき、大波地区では特定避難勧奨地点を指定せず[5]、除染を積極的に実施することを説明した。その後、福島市は除染にかかわる説明会を開催し、住民は除染対策会議を設置した。また、福島市は、『福島市ふるさと除染計画（第 1 版）』において、大波地区を「最重点除染地域」に位置づけた[6][15]。

②第 2 期（2011 年 10 月〜2013 年 2 月）：住宅除染の実施

　福島市は、2011 年 10 月から、優先順位をつけて住宅の除染を開始した。初めに、居住世帯のある 418 件の住宅を対象として、ボランティアの協力を得ながら、「第一次・一般住宅除染」を実施したが、その中でも、玄関先か庭先の線量が 2.5μSv/h 超、または、2.0μSv/h 超で 18 歳未満の子がいる 56 件の住宅を最優先の対象として、「緊急住宅除染」を実施した。そして、「第一次・一般住宅除染」の終了後に、空き家・空き地などの 52 件を対象として、「第二次・一般住宅除染」を実施した。こうして、住宅除染を開始してから 1 年後の 2012 年 9 月末には、地区内のほぼ全てに相当する 470 件の住宅等の除染が終

写真 4-3　除染ボランティアによる除染作業（福島市、2011 年 11 月）

表 4-1　大波地区における除染に関する主な経緯

【 ●：福島市が主体の事項　◎：大波地区の住民が主体の事項　○：その他の者が主体の事項 】

	年月日		大波地区の除染にかかわる主な事項
第一期	2011	3月 11日	東日本大震災に伴う福島第一原子力発電所事故の発生 ●福島市が災害対策本部を設置
		5月 27日	●福島市が学校等の校庭等の表土除去改善事業を開始（全校園が対象、6月下旬に終了）
		6月 17日	●福島市が全市一斉放射線量測定調査を実施（1,118地点、20日にも実施） 　→ 大波地区における調査の結果は、最高値が3.87μSv/h、最低値が1.25μSv/h
		7月 5日	○原子力災害現地対策本部と福島県災害対策本部が自動車走行サーベイによる福島市内モニタリング調査を実施（～7日） 　→ 大波地区における調査の結果は、最高値が3.39μSv/h、最低値が0.57μSv/h
		19日	◎大波地区自治振興協議会と大波地区町会連合会が福島市長と福島市議会議長に対して、各地域・各家庭の放射線量の正確な調査・公表、生活圏内全ての除染・除去の早期実施、農産物の安全確認の実施、避難希望者に対する全面的な支援・助成など、10項目からなる「大波地区放射線被害救済要望書」を提出 　→ 福島市は、渡利地区に続き、大波地区でも8月上旬までに除染を実施する意向を示す ◎大波地区自治振興協議会と大波地区町会連合会が福島県知事に対して、除染、検診、転居希望者に対する支援などの速やかな実施を要望
		23日	○原子力災害現地対策本部が特定避難勧奨地点の指定を検討する詳細調査として、370地点を測定（26日～28日にも実施） 　→ 測定の結果は、高さ1mで20mSv/y（3.1μSv/h）を超えると予想される地点なし
		8月 4日	◎大波地区自治振興協議会と大波地区長会連合会が内閣府、文部科学省、農林水産省へ早期除染要望書を提出
		5日	●福島市が除染に伴う土砂の仮置場についての説明会を開催
		9日	●福島市が住民と協働で大波小学校の通学路と国道115号の除染を実施（～12日） 　・大波小学校の通学路の除染（延長約1,200m）は、歩道沿いの草刈り、歩道の高圧洗浄・ブラッシング、側溝と側溝集水桝の土砂上げ。国道115号の除染は、ロードスイーパーによる道路洗浄。また、福島県が17日～31日に国道115号の歩道の清掃を実施 　・除染の結果は、例えば高さ1cmで2.4μSv/hから1.8μSv/hへ低減（低減率は約25%）、高さ1mで1.5μSv/hから1.4μSv/hへと低減（低減率は約7%）
		26日	●放射性物質汚染対処特別措置法が成立（30日に公布・一部施行、2012年1月1日に全面施行） ○原子力災害対策本部が「除染に関する緊急実施基本方針」を決定するとともに、「市町村による除染実施ガイドライン」を策定
		31日	○JA新ふくしまが米の放射性物質調査等地区別説明会を開催し、予備調査と本調査を実施。農産物と本調査、農わらの取り扱いについて説明
		9月 2日	●福島市が大波自治振興協議会全体会に対して「線量低減化活動支援事業」に基づく補助金の交付を決定
		3日	○原子力災害現地対策本部が住民説明会を開催し、①7月5日～7日の自動車走行サーベイによる福島市内モニタリング調査、および7月23日、26日～28日の詳細調査の結果を説明、②自動車走行サーベイによるモニタリング調査において、放射線量が比較的高い点もみられるが、通常の生活範囲内では年間20mSvを超える放射線量を受ける懸念はないことから、特定避難勧奨地点を指定しないことを説明、③「除染に関する緊急実施基本方針」に基づき、国が県や市町村とともに除染を積極的に実施することを説明
		21日	●福島市が大波地区除染に係わる説明会を開催 ◎大波地区住民が大波地区除染対策会議を設立
		27日	●福島市が『福島市ふるさと除染計画（第1版）』を策定 　・大波地区と渡利地区を「最重点除染地域」に位置づけ
第二期	2012	10月 12日	●福島市が緊急住宅除染の対象となる世帯に対して住民説明会を開催 　※緊急住宅除染：玄関先か庭先の線量が2.5μSv/h超の住宅、または、2.0μSv/h超で18歳未満の子がいる住宅の除染（56戸で実施）
		12日	○福島県知事が米の安全宣言
		18日	●福島市が緊急住宅除染のモデルとして6戸の除染を開始（～25日）
		19日	●福島市が第一次・一般住宅除染の対象となる世帯に対して住民説明会を開始 　※第一次・一般住宅除染：居住世帯のある住宅の除染（緊急住宅除染の対象である56戸を含めて418戸で実施）
		29日	●福島市が除染ボランティア参加者と協働で住宅除染を開始
		11月 14日	○福島市が大波小学校周辺の10haで福島県面的除染モデル事業を開始（～2012年2月29日） 　・除染の結果は、例えば高さ1cmで1.66μSv/hから1.04μSv/h（低減率は約37%）、高さ100cmで1.37μSv/hから0.91μSv/hへと低減（低減率は約34%）
		17日	○原子力災害対策本部が旧小国村（大波地区）の2011年産米の出荷停止を指示
		18日	●◎大波地区自治振興協議会および大波地区町会連合会と福島市が大波農村広場に仮置場を設置する旨の覚書を締結
		12月 28日	○環境大臣が福島市を含む福島県内の40市町村に汚染状況重点調査地域を指定
		2月 27日	●福島市がホールボディーカウンターによる内部被ばく調査を大波小学校から開始
		28日	○農林水産省が「24年産稲の作付に関する方針」を発表 　→ 大波地区を「500Bq/kgを超過した数値が検出された地域」として作付制限の対象地域に位置づけ
		3月 6日	●福島市が「米に関する地区説明会」で米の作付けを制限する方針を提示
		8日	●福島市が全市一斉放射線量測定を実施（～23日） 　→ 大波地区における調査の結果は、2011年6月の調査での最高値3.87μSv/hの地点では1.44μSv/hへと低減（低減率は約63%）、最低値1.25μSv/hの地点では0.64μSv/hへと低減（低減率は約49%）
		9日	○農林水産省が福島市旧小国村と福島市旧福島市等における2012年産稲の作付制限を発表
		4月 10日	●福島市が国に除染に関する要望書を提出 　→ ①中間貯蔵施設を早期に設置し、除染作業により生じた汚染土壌等の搬出時期を含めた具体的な工程表を示すこと、②仮置場設置における周辺環境及び健康に関する安全性について、市民が理解できるよう、専門的知見からの技術支援をおこなうこと、③仮置場が設置されるまでの間の、コミュニティ単位の一時的な保管場所（仮仮置場）設置に係る費用についても、国において負担すること、④仮置場設置に伴い発生する、周辺住民に対する風評被害についても補償対象とすること、⑤仮置場の設置基準については、単に費用対効果が高いのみならず、周辺住民の理解も得られることにも配慮すること、⑥個人や企業が、市除染実施計画に準じて独自におこなった除染費用についても、国において確実に負担すること
		5月 19日	●福島市がボランティア参加者と協働で「大波城址」地域協働（除染）ボランティアを実施
		21日	●福島市が『福島市ふるさと除染実施計画（第2版）』を策定
		月末	●福島市が第一次・一般住宅除染を終了 　→ 除染の結果（418戸のうちの358戸の平均）は、例えば玄関の高さ1cmで1.16μSv/hから0.50μSv/h（低減率は約57%）、高さ100cmで1.12μSv/hから0.67μSv/hへと低減（低減率は約40%）
		9月 13日	●福島市が自動車走行サーベイによる全市放射線量測定を実施（～10月12日） 　→ 大波地区における調査の結果は、平均で2012年3月の1.50μSv/hから0.76μSv/hへと低減（低減率は約49%）。最高値は1.36μSv/h、最低値は0.53μSv/h
		月末	●福島市が第二次・一般住宅除染を終了 　※第二次・一般住宅除染：第一次・一般住宅除染の対象を除いた空き家・空き地などの除染（52戸で実施）
		10月	●福島市が住宅除染の終了後における放射線量の再測定を実施
		11月 24日	◎住民が線量低減化活動支援事業を活用し、国道115号上小国・下川原線の歩道等の除染を実施
		12月 1日	○福島県がボランティア参加者と協働で除染を実施（～10日）
第三期	2013	3月 19日	○原子力災害対策本部長が全量生産出荷管理を前提に2013年産の米の作付再開を指示
		29日	●福島市が「大波地区における生活圏森林除染に係る実施検討会議」で生活圏森林除染のモデル事業の進め方などについて説明 ●福島市が生活圏森林のモデル除染を3軒で実施 　→ 3軒のうちの1軒では、林縁部の高さ100cmで1.02～1.27μSv/hから0.76～0.89μSv/hへと低減
		4月	●福島市が生活圏森林のモデル除染を終えてから、傾斜地における除染方法等の検討を継続的に実施
		6月 27日	○環境省が再除染（フォローアップ除染）のモデル事業の実施方法について説明
		月末	●福島市がボランティア参加者と協働で「大波城址」と複数の神社の除染を実施（～30日）
	2014	11月 19日	◎998人・333世帯の住民が、伊達市霊内・谷津地区の住民とともに、申立人一人あたり2011年3月11日から和解成立日まで毎月10万円を求めて、原子力損害賠償紛争解決センターに集団ADRを申し立て
	2015	12月	○環境省が大波地区仮置場の除染土壌等を中間貯蔵施設予定地内保管場へパイロット輸送（～22日） ●福島市が生活圏森林除染を終了（空き家や遊休農地などの周辺を除く）

注：この表にある様々な放射線量の測定結果は、必ずしも同じ測定地点のものではないため、単純に比較することはできない。また、時間の経過に伴う放射線量の低減は、放射能の物理的減衰、風雨などの自然要因による減衰、除染などによる。
資料：大波地区で行われた各種会議の資料、福島市のホームページ など

了することになったが(7)、このように住宅除染を迅速に進めることができたのは、その開始当初にあたる 2011 年 11 月に仮置場（場所は大波地区農村広場）を確保できたことが大きい。

　なお、大波地区では、先述の通り、2011 年に米の出荷制限、2012 年に作付制限が行われている。福島市は、カリウム肥料やゼオライトを散布した上で、反転耕や深耕を行うという方針で田畑の除染を進めてきたが、大波地区の住民は、ゼオライトは効果がなく、反転耕や深耕は放射能を除去せずに封じ込めるものだとして実施していない。カリウム肥料の散布のみ実施しているが、2013 年度からは、2012 年度の水稲試験栽培の結果を受けて、全量生産出荷管理を前提に作付が認められることになった。

　そのほか、2011 年 11 月から 2012 年 2 月にかけて、福島県が大波小学校周辺において面的除染モデル事業を実施しているが、これについては後述する。

写真 4-4　大波地区の仮置場（福島市、2016 年 5 月）

③第 3 期（2013 年 3 月〜）：生活圏森林除染の実施

　福島市は、2013 年 3 月に、林縁部から 20m 以内の範囲の森林、すなわち生活圏森林のモデル除染を 3 軒で実施した後、本格的に生活圏森林除染を実施し始めた。当時、生活圏森林については、国においても除染手法や除染技術が確立されておらず、2013 年 12 月に開催された第 10 回環境回復検討会において、森林に関する新たな方針が示され、「除染関係ガイドライン（第 2 版）」の追補が行われることになったが [16]、これは福島市大波地区での生活圏森林モデル除染や生活圏森林除染で得られた知見を踏まえて行われたものである。その後、2015 年 12 月末には、住民が生活している住宅などの周辺の生活圏森林除染が終了することになった(8)。実施面積は 38ha である。今なお空き家や遊休農地などの周辺の生活圏森林除染が進められているが、これを除けば、大波地区では除染特措法に基づく除染はすべて終了したことになる。

　なお、2015 年 12 月には、環境省が進めているパイロット輸送によって、大波地区の仮置場から概ね 1,000m³ の除去土壌等が双葉町の中間貯蔵施設予定地内の保管場へと搬出されている。

 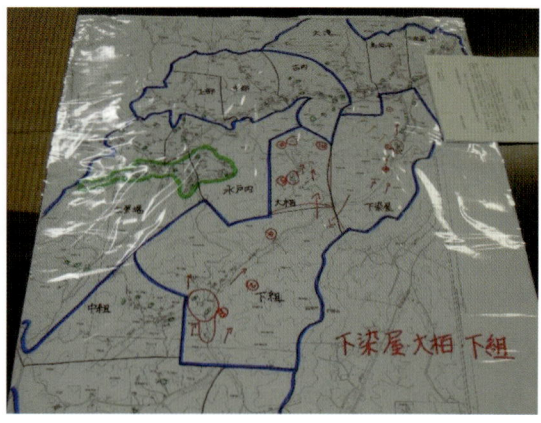

写真 4-5　生活圏森林除染に関する住民ワークショップ
　　　　　の風景（福島市、2013 年 6 月）

写真 4-6　生活圏森林除染に関する住民ワークショップ
　　　　　の成果（福島市、2013 年 6 月）

（3）除染の手法と線量低減効果

　除染の線量低減効果は、実施前の空間線量率や周辺の放射能汚染状況などによって異なるが、以下では、大波地区で実施された 4 つの除染事業の手法と線量低減効果を整理する。

①大波小学校通学路除染モデル事業

　大波小学校通学路除染モデル事業は、福島市が住民と協働で 2011 年 8 月 9 日〜12 日に大波小学校の通学路（約 1,200m）の草刈り、歩道の高圧洗浄とブラッシング、側溝と側溝集水桝の土砂上げ、国道 115 号のロードスイーパーによる道路洗浄、福島県が 17 日〜31 日に国道 115 号の歩道の清掃を実施したものである。

　その結果は、空間線量率が平均で、例えば高さ 1cm では 2.4μSv/h から 1.8μSv/h、高さ 1m では 1.5μSv/h から 1.4μSv/h へと低減したというものである [17]。ここからは、除染を実施した道路表面などの絶対的な空間線量率は低減したものの、高さ 1cm よりも高さ 1m の方が空間線量率の低減率が低くなっていることから、周囲の森林や農地などから放射線が飛んできているため、十分な効果を上げることはできなかったことがわかる。

②福島県面的除染モデル事業

　福島県面的除染モデル事業は、福島県が 2011 年 11 月から 2012 年 2 月にかけて、原子力災害対策本部が 2011 年 8 月に「除染に関する緊急実施基本方針」とあわせて策定した「市町村による除染実施ガイドライン」に示されている技術・方法での線量低減効果を検証することを目的として [18]、大波小学校、一般家屋 15 戸、集会所 1 棟、神社 1 社、農地、森林、道路などからなる約 10ha の区域で実施したものである。さまざまな技術・方法を駆使しつつ、農地や森林などを含めて面的に実施したというところがポイントであり、その最初の事例であるというところがモデルたる所以である。

　その結果は、空間線量率が平均で、例えば高さ 1cm では 1.66μSv/h から 1.04μSv/h、高さ 1m では 1.37μSv/h から 0.91μSv/h へと低減したというものである（図 4-3）[19]。ここからは、1〜2μSv/h 程度の地域では、面的除染を実施すれば 30〜40% 低減するものの、上記ガイドラインに掲げられている除染技術・方法には限界があることから、除染の実施基準である空間線量率 0.23μSv/h を下回る結果を得るこ

とはできなかったことがわかる。

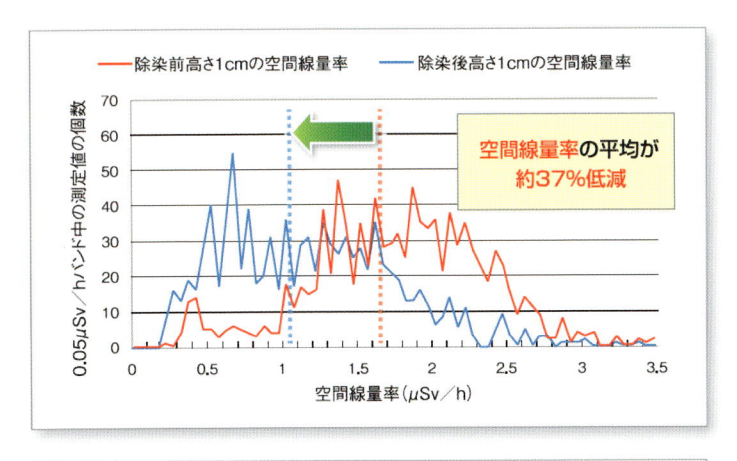

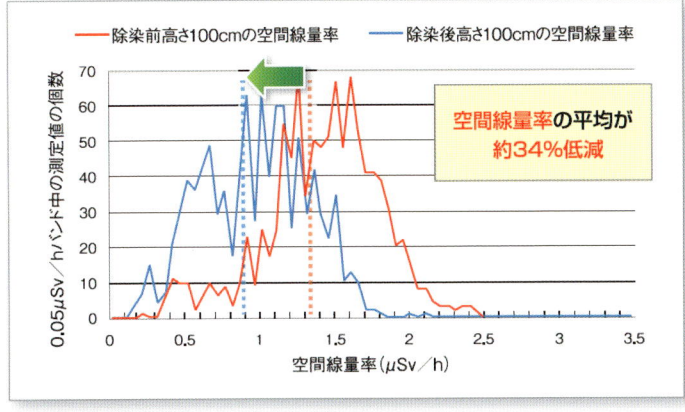

出典：福島県（2012）「福島県面的除染モデ
　　　ル　事　業　　概　要　版　」、
　　　https://www.pref.fukushima.lg.jp/uploade
　　　d/attachment/39350.pdf（2016 年 11 月
　　　22 日に最終閲覧）

図 4-3　福島県面的除染モデル事業に
　　　　よる空間線量率の変化

③住宅除染事業

　住宅除染事業は、先述の通り、福島市が 2011 年 10 月から 2012 年 9 月にかけて住宅を対象として実施したものであり、環境省が 2011 年 12 月に策定した「除染関係ガイドライン（第 1 版）」に掲げられている屋根の高圧洗浄、雨樋の堆積物の除去、庭の表土剥ぎ・客土などが合計 470 件で行われた[20]。

　その結果は、第一次・一般住宅除染の対象となった 418 件のうちの 358 件の平均であるが、例えば玄関の高さ 1cm では 1.16μSv/h から 0.50μSv/h、高さ 1m では 1.12μSv/h から 0.67μSv/h、庭中央の高さ 1cm では 2.02μSv/h から 0.61μSv/h、高さ 1m では 1.49μSv/h から 0.80μSv/h、室内 1 階の高さ 1cm では 0.45μSv/h から 0.33μSv/h、室内 2 階の高さ 1cm では 0.59μSv/h から 0.44μSv/h へと低減したというものである（図 4-4）[21]。ここからは、玄関や庭中央の高さ 1cm での空間線量率の低減率は 50〜70%、高さ 1m での低減率は 40〜50% となっているなど、一定の効果が認められるものの、除染後の空間線量率が高さ 1cm よりも高さ 1m の方が高くなっていることから、手付かずになっている周囲の森林や農地などから放射線が飛んできていること、また、環境省のガイドラインに掲げられている除染技術・方法には限界があることから、空間線量率 0.23μSv/h を下回る結果を得ることはできなかったことがわかる。

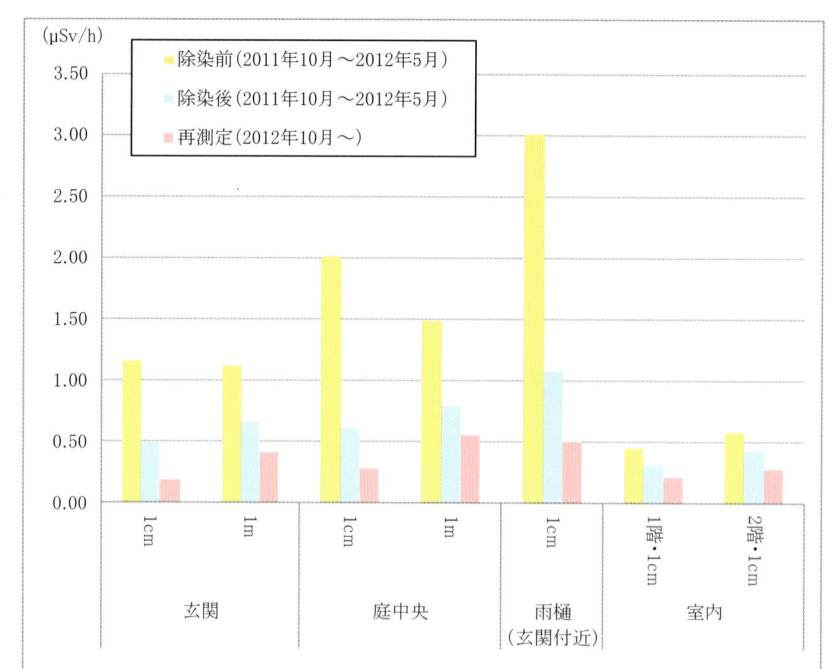

注1：この図は、空間線量率が特に高い住宅等を対象とする「緊急住宅除染」の後に「第一次・一般住宅除染」として実施された居住世帯のある住宅418戸のうちの358戸の平均値を示したものである。
注2：「除染後」と「再測定」の空間線量率の違いは、測定機器の変更によるところもある。
資料：福島市（2013）「大波地区住宅除染再モニタリング結果（中間速報）」（2013年1月11日に公表）、http://www.city.fukushima.fukushima.jp/uploaded/attachment/47877.pdf（2016年11月22日に最終閲覧）

図 4-4　住宅除染事業による空間線量率の変化

④生活圏森林除染事業

　生活圏森林除染事業は、先述の通り、福島市が 2013 年 3 月から、林縁部から 20m 以内の範囲の森林を対象として実施したものである。この生活圏森林除染の線量低減効果に関する体系的なデータは公表されていないが、福島市役所の担当職員によると、除染実施前（住宅除染の実施後）の空間線量率と比べて 20～30%程度低減するとのことである。また、唯一公表されている資料では、先述の生活圏森林モデル除染が実施された 3 軒のうちの 1 軒において、1.02～1.27μSv/h から 0.76～0.89μSv/h へと低減したことが示されている [22]。

　注意すべきことは、除染の対象と範囲と手法である（図 4-5）[23]。すなわち、除染の対象は、住宅から 5m 以内に隣接する森林であり、除染の範囲は、一律に林縁部から 20m 以内ということではなく、林縁部から遷緩点または屋根の頂上の高さを限度として、5m ごとに落葉などの堆積有機物の除去や堆積有機物残さの除去などが行われ、林縁部における空間線量率が 0.23μSv/h を下回った段階で除染は終了になる。逆に、林縁部から遷緩点または屋根の頂上の高さまで除染を実施して、林縁部における空間線量率が 0.23μSv/h 以上のままであったとしても、範囲や手法を変えて除染が行われることはなく、終了となる。例えば、擁壁の設置を行えば一定の線量低減効果が得られる可能性があるが、環境省は、新たな財物の形成につながる措置は原則として財政措置の対象外としているため [24]、実施されていない。

1. 除染対象

　森林が住宅の 5m 以内に隣接し、空間線量率が除染対象住宅に影響を及ぼしている場合

2. 除染範囲

　全体計画 20m のうち、除染効果が最も大きい 1 段目（傾斜が変わる段がある地点＝遷緩点）まで、または、屋根の頂上の高さ付近までの住宅からの上り斜面

　　①上り斜面の場合：斜面下から斜面の遷緩点の先 2～3m まで除染を実施する。20m 以内に遷緩点がない場合は最大屋根の頂上の高さの先 2～3m まで除染を実施する。

　　②下り斜面：除染を実施しない。

　　③平面：住宅から 5m の範囲で除染を実施する。除染工法については今後定める。

3. 除染手法

　　①作業が可能となる程度の間伐、草刈を行い、リター層（可燃物）を熊手や等等で回収する。

　　②表土を熊手や等等で約 1cm 程度除去する。斜面形状的に雨水を集め表面侵食する恐れがある場合は、被覆（植生シート・わらむしろ）をするなどの対応を住民と協議する。

　　③斜面下の平らな土壌部および斜面途中の平面・緩斜面は放射能が溜まるため表土を取り、表面線量率（地上高 1cm）が遮蔽管を使用して 0.4μSv/h 以下とする。

　　④遷緩点の先 2～3m の位置に、上部からの放射性物質流入を防止するための「しがら」を設置する。20m 以内に遷緩点がない場合は斜面下から屋根の頂上の高さの先 2～3m の部分にしがらを設置する。

注：この図は、福島市から提供を受けたものに加筆して作成したものである。

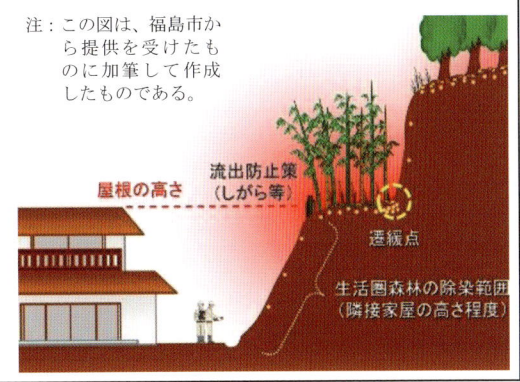

資料：福島市政策推進部危機管理室除染推進課・除染企画課（2013）「生活圏森林除染」（大波地区における生活圏森林除染に係る第 3 回実施検討会議の資料（2013 年 6 月 27 日付け））

図 4-5　生活圏森林除染の対象・範囲・手法

3. 除染に関する住民意識

　以下では、住宅除染の終了直後にあたる 2012 年 10 月から 11 月にかけて実施したアンケート調査（以下「2012 年調査」）の結果と、生活圏森林除染の終了直後にあたる 2016 年 2 月から 4 月にかけて実施したアンケート調査（以下「2016 年調査」）の結果などに基づき、除染に関する住民意識を分析する（図 4-6）。

　調査の対象者は、2012 年調査も 2016 年調査も、避難・移住者を含む小学生以上のすべての住民であり[9]、調査票の回収数は、2012 年調査では 677 件、2016 年調査では 512 件である。いずれの調査でも小学生未満の住民は対象外であるが、仮にそれぞれの調査票の配布時点における住民基本台帳に基づく人口を分母とすれば、回収率は 2012 年調査では 60%、2016 年調査では 50% である。回答者の属性を性別、年代別に見ると、2012 年調査でも 2016 年調査でも、調査票の配布時点における全住民の構成比と比べて大きな偏りはなく（図 4-7、図 4-8）、また、在住者と避難・移住者の別、高校生以上と小・中学生の別に見ても、2012 年調査の構成比と 2016 年調査の構成比はほとんど変わらない。

	2012 年調査（住宅除染の終了直後の調査）	2016 年調査（生活圏森林除染の終了直後の調査）
調査の目的と内容	住宅除染の終了直後と生活圏森林除染の終了直後における除染に関する住民意識を把握することを目的として、除染に関する評価、放射能に対する不安感と生活実態、居住継続意向と帰還意向、今後の除染と取り組みに関する意向について調査	
調査の対象者	大波地区の住民のうち、アンケート調査票の配布時点において小学生以上である全住民	
配布・回収方法	全 14 町会の町会長がアンケート調査票を各町会の住民に配布し、各町会の住民が各町会長に渡すか、福島市役所東部支所大波出張所まで持参することで回収。世帯員の一部が避難・移住している世帯にあっては、各町会長が大波地区に在住している世帯員を通じて配布し、世帯員の全員が避難・移住している世帯にあっては、各町会長が連絡をとることができた場合に配布	
配布・回収期間	2012 年 10 月 26 日（金）〜11 月 12 日（月）	2016 年 2 月 25 日（木）〜4 月 30 日（土）

回収数・回収率

回収数は 677 件。小学生未満の住民は調査対象外であるが、2012 年 10 月 1 日現在の住民基本台帳に基づく大波地区の全人口である 1,133 人を分母とすれば、回収率は 60%	回収数は 512 件。小学生未満の住民は調査対象外であるが、2016 年 2 月 29 日現在の住民基本台帳に基づく大波地区の全人口である 1,022 人を分母とすれば、回収率は 50%

	合計	在住者	避難・移住者
合　　計	677	641	36
高校生以上	642	611	31
小・中学生	35	30	5

	合計	在住者	避難・移住者
合　　計	512	479	33
高校生以上	486	460	26
小・中学生	26	19	7

調査項目

調査項目については、小・中学生の住民と高校生以上の住民、大波地区に在住している住民と大波地区から避難・移住している住民に分けて設定

【　●：設問あり　　×：設問なし　】

		高校生以上		小・中学生	
		在住者	避難・移住者	在住者	避難・移住者
属性	性別【選択式】	●	●	●	●
	年代【選択式】	●	●	●	●
除染に関する評価	除染の実施に関する評価【選択式】	●	●	●	●
	除染の効果に関する評価【選択式】	●	●	×	×
	除染の結果に関する満足度【選択式】	●	●	×	×
放射能に対する不安感と生活実態	除染の実施後における放射能に対する不安感【選択式】	●	×	●	×
	除染の実施に伴う日常生活の変化【自由記述式】	●	×	●	×
	除染実施後に放射能汚染が原因で困っていることや心配なこと【選択式】	●	×	●	×
	避難・移住の理由【選択式】	×	●	×	×
	避難・移住生活を送る中で困っていることや心配なこと【選択式】	×	●	×	●
居住継続意向と帰還意向	居住継続の意向と理由【意向は選択式、理由は自由記述式】	●	×	×	×
	帰還の意向と理由【意向は選択式、理由は自由記述式】	×	●	×	×
今後の除染と取り組みに関する意向	除染の継続の是非と理由【是非は選択式、理由は自由記述式】（*）	●	×	×	×
	今後優先して除染すべき場所【選択式】※「除染の継続の是非と理由」において、「今後も除染を続けるべきだと思う」と回答した者が対象	●	×	×	×
	生活圏森林以外の森林に関する除染の実施の是非と理由【是非は選択式、理由は自由記述式】（*）	●	●	●	●
	今後取り組まれるべきこと【選択式】	●	●	×	×
今後の大波地区	大波地区に関する自由意見【自由記述式】	●	●	×	×
	大波地区はどんな場所になってほしいか【自由記述式】	×	×	●	●

＊：2016 年調査にのみある設問である。

図 4-6　アンケート調査の概要

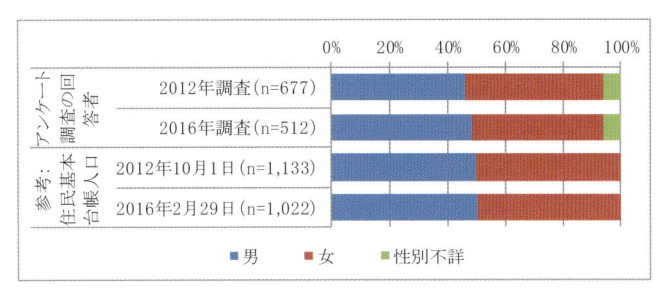

図 4-7　性別にみた回答者の属性

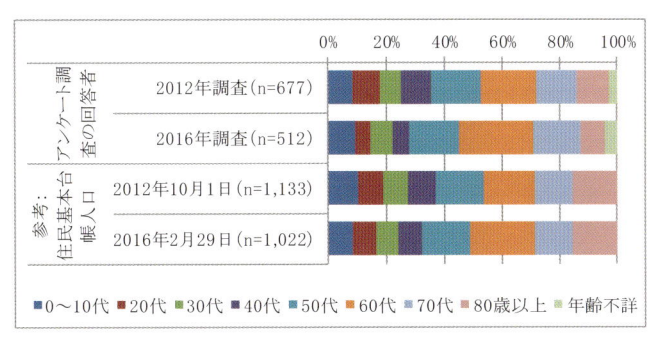

図 4-8　年代別にみた回答者の属性

（1）除染に関する評価

①除染の実施に関する評価〔全ての住民が対象〕

　除染の実施に関する評価について、「とても良かったと思う」と「少しは良かったと思う」の合計は、2012年調査では72％、2016年調査では61％であり、いずれの時点でも多くの住民は「良かった」と評価している（図4-9）。

　ただし、避難・移住者と小・中学生に関しては、「とても良かったと思う」と「少しは良かったと思う」の合計は、2012年調査よりも2016年調査の方が20％以上低くなっており、避難・移住者に関しては、2016年調査での「良かった」の評価が48％と相対的に低くなっている。

②除染の効果に関する評価〔高校生以上の住民が対象〕

　除染の効果に関する評価について、「とても効果があると思う」と「少しは効果があると思う」の合計は、2012年調査では62％、2016年調査では61％であり、いずれの時点でも多くの住民は「効果がある」と評価している（図4-10）。

　ただし、避難・移住者に関しては、「あまり効果があるとは思わない」と「全く効果があるとは思わない」の合計は、2012年調査よりも2016年調査の方が20％以上高くなっており、2016年調査では、「とても効果があると思う」と「少しは効果があると思う」の合計よりも高い54％となっている。

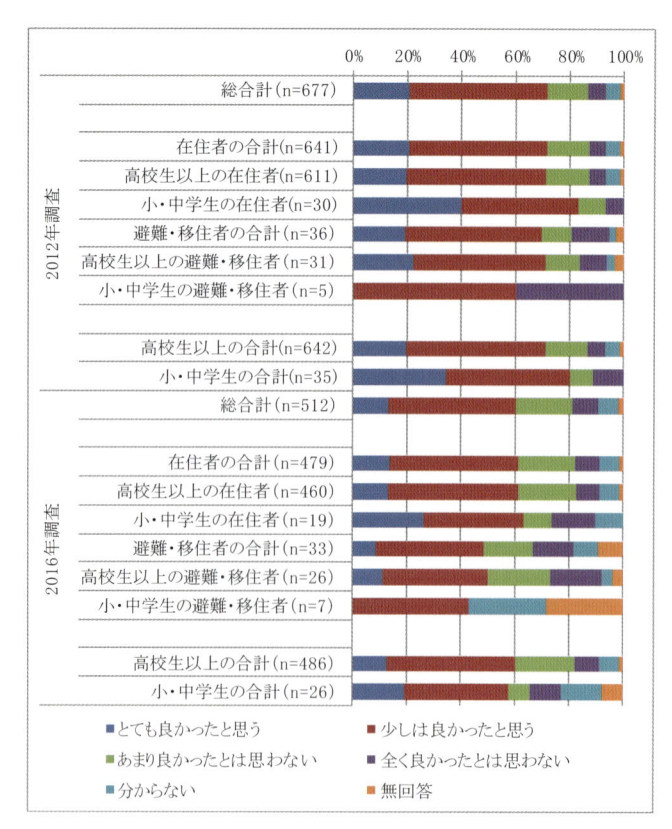

図4-9　除染の実施に関する評価

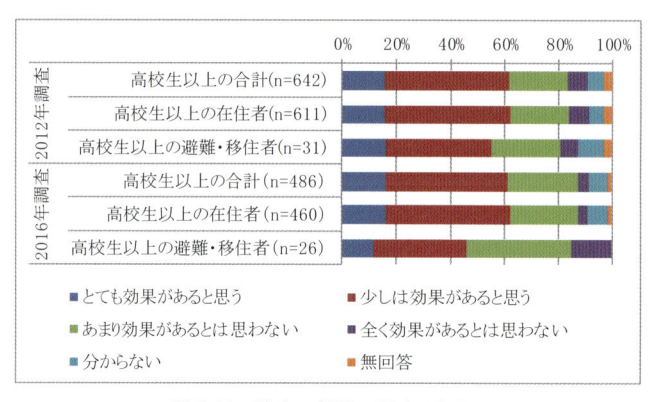

図4-10　除染の効果に関する評価

③除染の結果に関する満足度〔高校生以上の住民が対象〕

　除染の結果に関する満足度について、「満足」と「やや満足」の合計（満足度）は、2012年調査では28%、2016年調査では21%、「不満」と「やや不満」の合計（不満度）は、それぞれ43%、49%であり、2012年調査よりも2016年調査の方が満足度が少し低く、不満度が少し高くなっている（図4-11）。在住者と避難・移住者に分けて見ると、2012年調査でも2016年調査でも、在住者よりも避難・移住者の方が満足度が低くなっている。

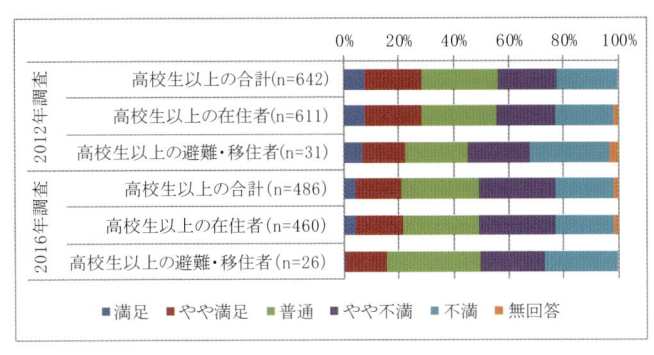

図 4-11　除染の結果に関する満足度

（2）放射能に対する不安感と生活実態

①除染の実施後における放射能に対する不安感〔在住者が対象〕

　除染の実施後における放射能に対する不安感について、「とても不安である」と「少し不安である」の合計は、2012 年調査では 83%、2016 年調査では 78% であり、いずれの時点でも多くの住民は「不安である」と感じている（図 4-12）。高校生以上と小・中学生を分けて見ると、「とても不安である」と「少し不安である」の合計は、2012 年調査では、それぞれ 84%、57% であったが、2016 年調査では、それぞれ 79%、68% となっており、高校生以上については「不安である」の割合が低くなっている一方で、小・中学生についてはその割合が高くなっている。

　また、除染の実施に伴う放射能に対する不安感の変化について、高校生以上の在住者のみが対象であるが、「とても不安感が和らいだ」と「少し不安感が和らいだ」の合計は、2012 年調査では 38%、2016 年調査では 40%、「全く不安感は和らがなかった」と「あまり不安感は和らがなかった」の合計は、それぞれ 52%、49% であり、性別に見ても年代別に見ても、2012 年調査も 2016 年調査も基本的には変わらない（図 4-13）。

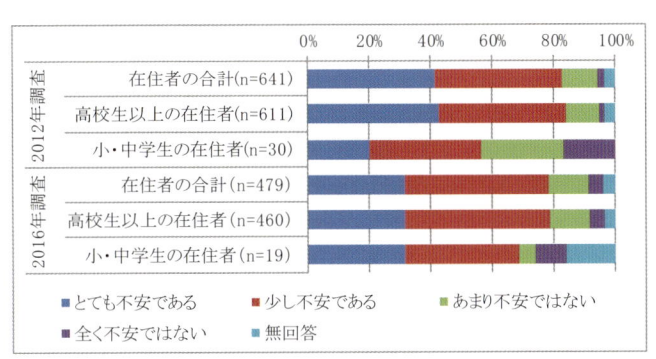

図 4-12　除染の実施後における放射能に対する不安感

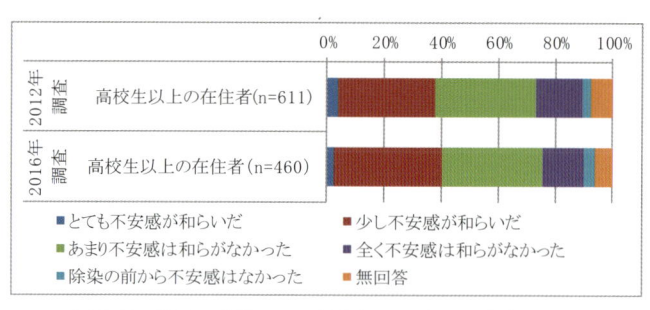

図 4-13　除染の実施による放射能に対する不安感の変化

②除染の実施に伴う日常生活の変化〔在住者が対象〕

　除染の実施に伴う日常生活の変化について、「変化はない」が 2012 年調査では 29%、2016 年調査では 34%であり、いずれも突出して高くなっている（図 4-14）。高校生以上と小・中学生に分けて見ると、小・中学生については、2012 年調査でも「変化はない」が 43%で高校生以上よりも高かったが、2016 年調査でも 42%と高く、また、2012 年調査では、「除染前よりは庭に出たり外で遊んだりできるようになった」も 27%で高かったが、2016 年調査では 11%になっている。

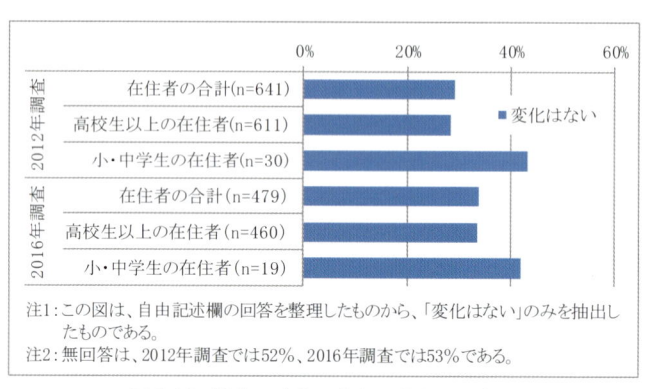

図 4-14　除染の実施に伴う日常生活の変化

③除染の実施後に放射能汚染が原因で困っていることや心配なこと〔在住者が対象〕

　除染の実施後に放射能汚染が原因で困っていることや心配なことについて、2012 年調査では、「被曝によって病気にならないか心配である」が 56%で最も高く、次いで、「農業の先行きが心配である」が 51%で高かった（図 4-15）。2016 年調査では、それぞれ 47%、44%であり、2012 年調査よりも 2016 年調査の方がいずれも 10%程度低くなっているが、被曝による病気と農業の先行きを心配する住民の割合が高いことは変わらない。

　高校生以上と小・中学生に分けて見ると、高校生以上については、こうした全体的な傾向と変わらない。これに対して、小・中学生については、2012 年調査では、「被曝によって病気にならないか心配である」が 50%で最も高く、次いで「特になし」が 40%、「自由に庭に出たり外で遊んだりできない」が 37%であったのに対して、2016 年調査では、それぞれ 74%、21%、42%となっており、特に被曝による病気の心配の割合が高くなっている。

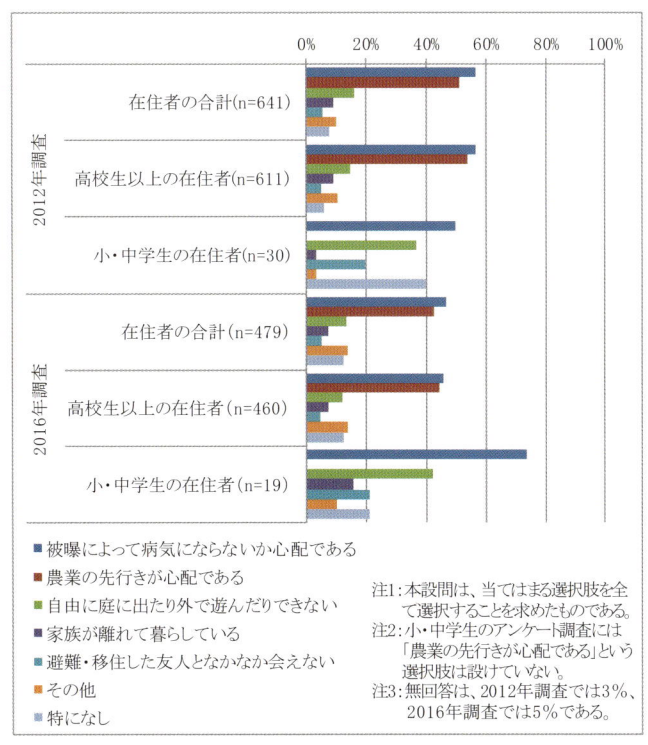

図 4-15　除染の実施後に放射能汚染が原因で困っていることや心配なこと

④避難・移住の理由と避難・移住生活を送る中で困っていることや心配なこと〔避難・移住者が対象〕

　避難・移住の理由については、2012 年調査でも 2016 年調査でも、「放射線被曝を回避するため」が 50％程度であり（図 4-16）、回答者数が少ないために明確なことは言い難いが、その割合は男性よりも女性の方が高く、高齢層よりも若年層や中年層の方が高い。

　避難・移住生活を送る中で困っていることや心配なことについて、2012 年調査では、「被曝によって病気にならないか心配である」が 61％で最も高く、次いで「避難・移住したために生活資金が不足している」が 39％、「家族が離れて暮らしている」が 33％で高かった（図 4-17）。2016 年調査では、これらの 3 つの割合が高いことは変わらないものの、いずれも 10％程度低くなっている。

　高校生以上と小・中学生に分けて見ると、高校生以上については、こうした全体的な傾向と基本的には変わらない。これに対して、小・中学生については、回答者数が少ないために明確なことは言い難いが、2012 年調査では、「被曝によって病気にならないか心配である」が 100％で最も高く、次いで「避難・移住する前の友人となかなか会えない」が 80％、「家族が離れて暮らしている」が 60％であったのに対して、2016 年調査では、「被曝によって病気にならないか心配である」と「新しい場所での生活にまだ慣れていない」が 71％、「家族が離れて暮らしている」と「避難・移住する前の友人となかなか会えない」が 57％となっており、特に被曝による病気の心配と避難・移住する前の友人と会えないことの割合が低くなっている一方で、新しい場所での生活に慣れていないことの割合が高くなっている。

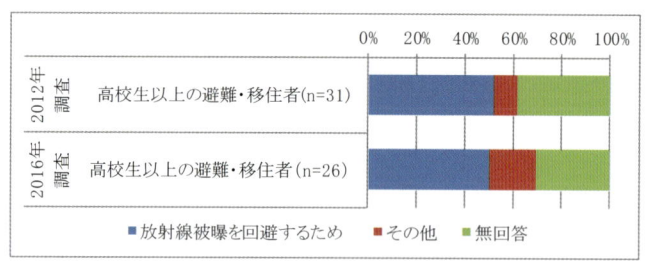

図 4-16　避難・移住の理由

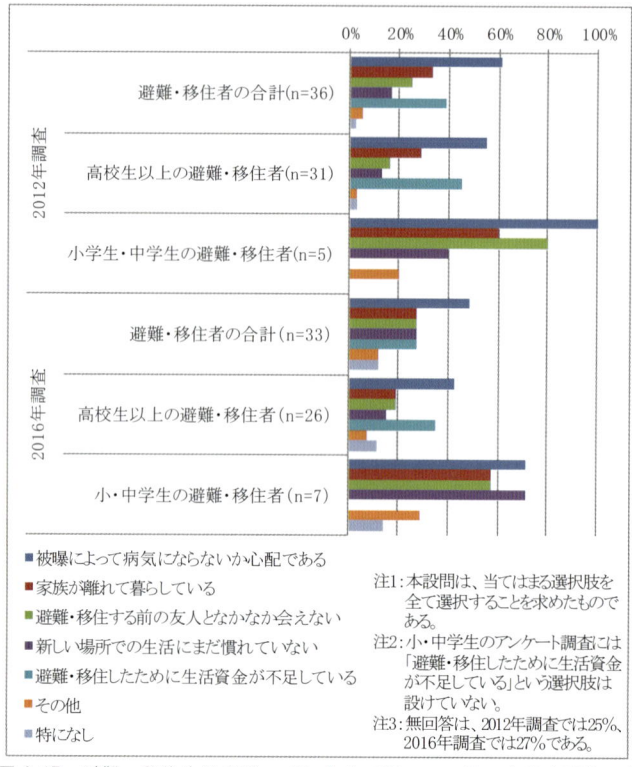

図 4-17　避難・移住生活を送っている中で困っていることや心配なこと

（3）居住継続意向と帰還意向

①居住継続の意向と理由〔高校生以上の在住者が対象〕

　在住者の居住継続の意向について、2012 年調査では、「住み続けたい」が 48％で最も高く、次いで「避難・移住したいが住み続けざるをえない」が 34％、「避難・移住する予定」が 6％であった（図 4-18）。2016 年調査では、それぞれ 53％、27％、2％であり、「住み続けたい」の割合が高くなり、「避難・移住したいが住み続けざるをえない」と「避難・移住する予定」の割合が低くなっている。これらの傾向は、性別に見ても大きくは異ならないが、年代別に見ると、大きく異なっている。すなわち、60 代以上の高齢層については、2012 年調査も 2016 年調査も「住み続けたい」が 50～70％で高い。これに対して、10～50 代の若年層と中年層については、2012 年調査では「避難・移住したいが住み続けざるをえない」が 40～50％前後で最も高かったが、2016 年調査では、40 代を除けば、その割合が低くなり、「住み続け

たい」が 30〜50％と高くなっている。ただし、30〜50 代については、2016 年調査でも、「避難・移住したいが住み続けざるをえない」が 30〜50％を占めている。

「住み続けたい」の理由については、「生まれ育ったところ、または、住み慣れたところだから」が 2012 年調査では 33％、2016 年調査では 40％で突出して高くなっている[10]。「避難・移住したいが住み続けざるをえない」の理由については、住宅ローンが残っていることなどを背景として、「避難・移住するお金がないから」が 2012 年調査では 53％、2016 年調査では 54％で突出して高くなっている[11]。

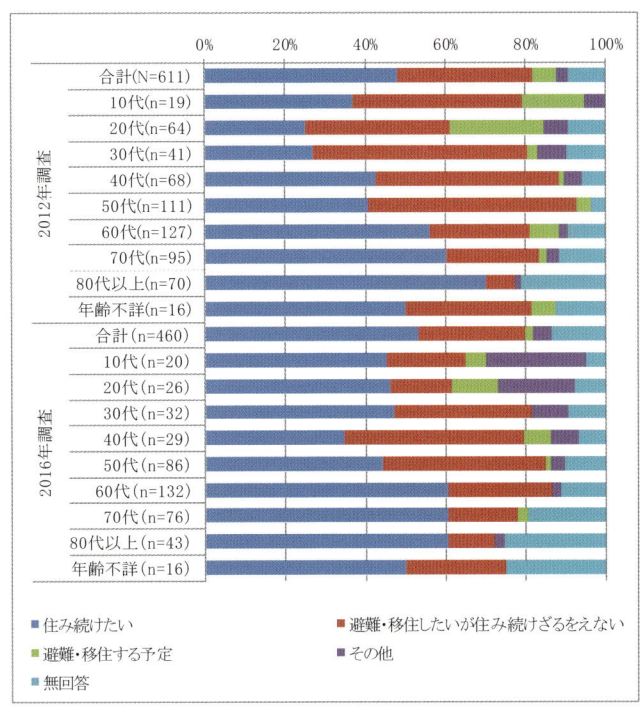

図 4-18　年代別の居住継続意向

②帰還の意向と理由〔高校生以上の避難・移住者が対象〕

避難・移住者の帰還の意向について、2012 年調査でも 2016 年調査でも、判断が困難であるためか、無回答が 40〜50％となっている（図 4-19）。無回答以外については、2012 年調査では、「戻りたいけど戻れない」と「戻りたくない」がそれぞれ 19％であったが、2016 年調査では、「戻りたいけど戻れない」が 12％と低くなり、「戻りたくない」が 31％と高くなっている。性別に見ても年代別に見ても、回答者数が少ないために明確なことは言い難いが、性別については、男性も女性も、2012 年調査よりも 2016 年調査の方が「戻りたくない」の割合が高くなっており、特に女性については 50％となっている。

帰還の意向に関する理由については、回答者数が少ないために明確なことは言い難いが、「戻りたい」の理由としては、2012 年調査では、「自宅があるから」、「生まれ育った場所であるから」、「友達に会えないから」、2016 年調査では、「生まれも育ちも大波なので」といったことが挙げられている。「戻りたいけど戻れない」の理由としては、2012 年調査では、「放射線量が高いから」、「放射能に対する不安が拭いきれないから」、2016 年調査では、「長年続けてきた山林の仕事がもうできないから」といったことが挙げられている。「戻りたくない」の理由としては、2012 年調査では、「大波は特に放射線量が高いから」、「放射能に対する不安が消えないから」、「山を含めて地区全体を除染しないと安心して子どもを外

で遊ばせることができないから」、2016年調査では、「線量が高くて子どもの体が心配だから」、「将来の
ビジョンがまったく見えないから」といったことが挙げられている。

　「戻りたい」または「戻りたいけど戻れない」と回答した避難・移住者の帰還条件についても、回答
者数が少ないために明確なことは言い難いが、2012年調査では、「子どもをはじめ、安全に生活ができ
ること」、2016年調査では、これに加えて、「山林の除染が行われ、山菜などを採って食べられるように
なり、生活が成り立つようになれば」といったことが挙げられている。

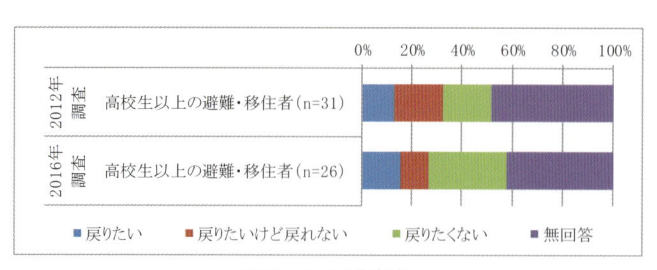

図4-19　帰還意向

（4）今後の除染などに関する意向

①除染の継続の是非〔高校生以上の在住者が対象〕

　2016年調査のみの結果になるが、今後も除染を継続すべきかについて、「今後も除染を続けるべきだ
と思う」が67%、「もう除染は続けなくてよい」が26%、無回答が7%である（図4-20）。性別および年
代別に見ると、男性と女性で大きな違いはないが、年代によって違いが見られ、30〜80代以上では「今
後も除染を続けるべきだと思う」の割合が「もう除染は続けなくてよい」の割合よりも高くなっている
が、10〜20代では「もう除染は続けなくてよい」の割合が「今後も除染を続けるべきだと思う」の割合
よりも高い、または、同じになっている。

　「もう除染は続けなくてよい」の理由については、「除染を続けてもあまり放射線量の低減が見込め
ないから」が61%、「健康に影響しないくらいに放射線量が下がったから」が19%、その他が17%であ
り[12]、その他としては、「除染よりも避難にお金をかけてほしい」、「除染作業を見るとストレスになる」
といったことが挙げられている。

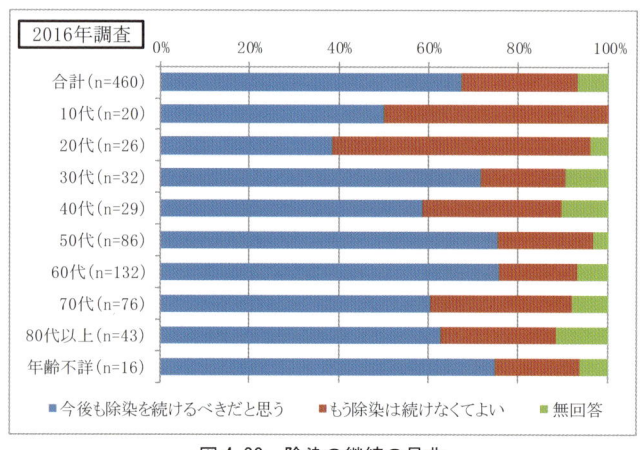

図4-20　除染の継続の是非

②今後優先して除染すべき場所〔高校生以上の在住者が対象〕

　今後優先して除染すべき場所について、2012 年調査では、「森林」が 53％で最も高く、次いで、「田」が 44％、「畑」が 42％、「住宅（2 回目）」が 38％、「河川や水路」が 26％で高かった（図 4-21）。2016 年調査では、除染の継続の是非に関して、「今後も除染を続けるべきだと思う」と回答した者を対象としたため、2012 年調査の結果と単純に比較することはできないが、「生活圏森林（2 回目）」が 46％で最も高く、次いで「生活圏森林以外の森林」が 34％、「住宅（2 回目）」が 30％、「河川や水路」が 22％、「畑」が 17％で高くなっている。「生活圏森林（2 回目）」の割合が高いのは、先述の除染の対象と範囲と手法に対して不満を持っていることによるものと推察されるが、いずれにせよ、生活圏森林の除染が終了しても、生活圏森林や生活圏森林以外の森林の除染の実施を希望する住民が多いこと、住宅、河川や水路については、2012 年調査よりも割合が少し低くなっているものの、除染の実施を希望する住民の割合が高いこと、田や畑については、農産物の放射能測定検査においてすべて不検出になっているためか、除染の実施を希望する住民の割合が大幅に低くなっていることなどがわかる。

　性別および年代別に見ると、2012 年調査では、男性と女性で大きな違いはないが、年代によって違いが見られ、10〜20 代では「住宅（2 回目）」が 50％前後、30〜60 代では「森林」が 60％前後、70 代以上では「田」や「畑」が 50〜60％前後で最も高かった。2016 年調査では、男性と女性で大きな違いがないことは同様であり、また、2012 年調査ほどには年代によって違いが見られず、多くの年代で「生活圏森林（2 回目）」、「生活圏森林以外の森林」、「住宅（2 回目）」などが高い割合を占めている。

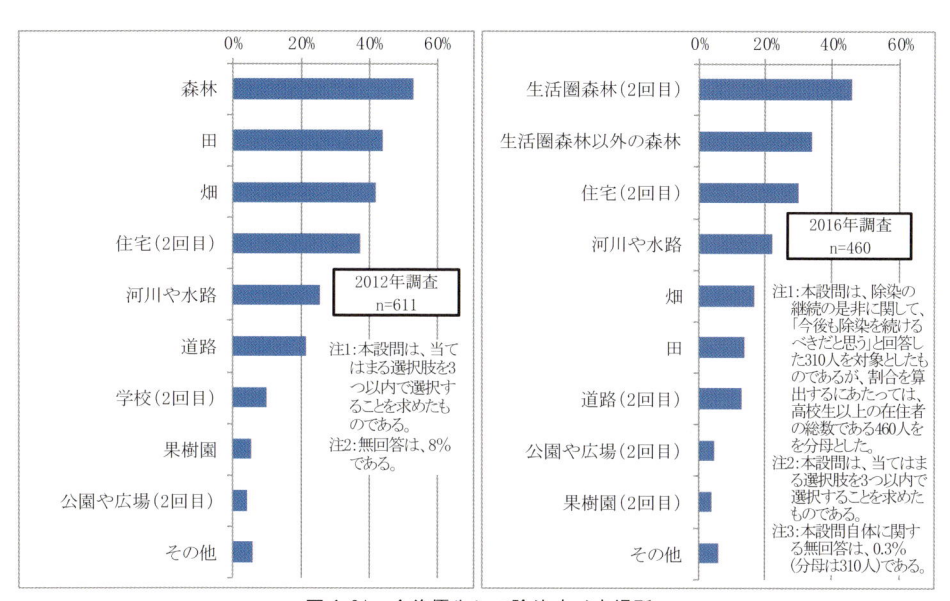

図 4-21　今後優先して除染すべき場所

③生活圏森林以外の森林に関する除染の実施の是非〔全ての住民が対象〕

　2016 年調査のみの結果になるが、生活圏森林以外の森林の除染について、「除染を実施すべきだと思う」が 56％、「除染を実施しなくてよいと思う」が 24％、無回答が 20％である（図 4-22）。在住者と避難・移住者、高校生以上と小・中学生に分けて見ると、在住者と避難・移住者では大きくは変わらない。高校生以上と小・中学生では、小・中学生の方が高校生以上よりも「除染を実施すべきだと思う」の割合が低いが、無回答の割合が高いことを考慮すれば、基本的には大きく変わらない。また、これらの傾

向は、性別に見ても大きくは変わらないが、年代別に見ると、30〜80代以上では「除染を実施すべきだと思う」が 50〜70%前後となっている一方で、10〜20代では「除染を実施すべきだと思う」と「除染を実施しなくてよいと思う」がほぼ同様の割合となっている。

「除染を実施すべきだと思う」の理由については、「森林全体を除染しないと線量が下がらないため」が 15%で最も高く、次いで、「森林全体が生活の場であるため」と「森林全体を除染しないと安心できないため」が 13%、「森林から水や風とともに放射能が落ちてくるため」が 10%、「まだ除染が行われていないため」が 9%となっている（図4-23）。これに対して、「除染を実施しなくてよいと思う」の理由については、「除染の効果は限られているため」が 36%で突出して高く、そのほかには「対象範囲が広くて実施不可能だと思うため」や「土砂災害が懸念されるため」などが挙げられている（図4-24）。

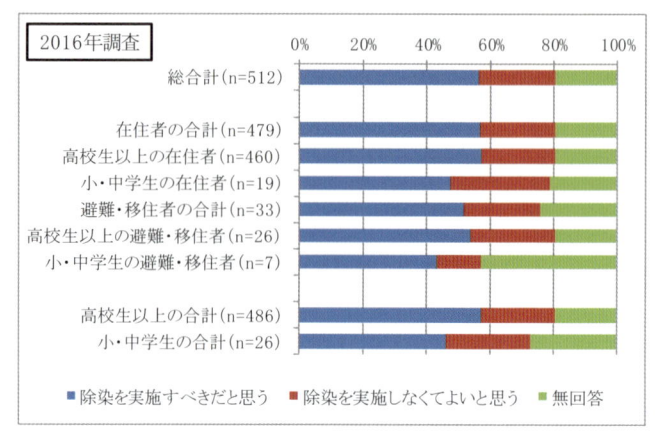

図 4-22　生活圏森林以外の森林に関する除染の実施の是非

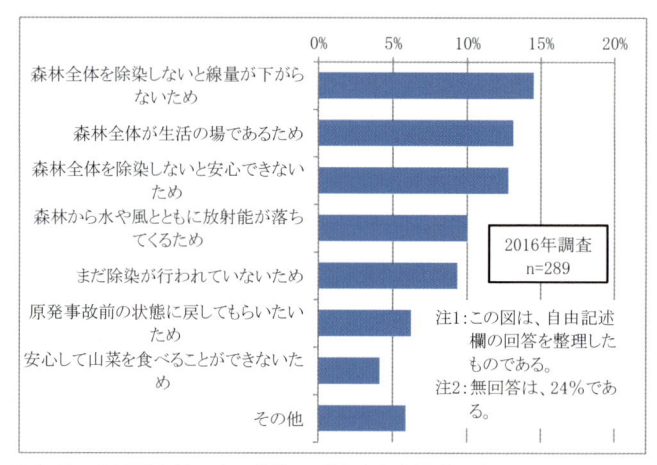

図 4-23　生活圏森林以外の森林の「除染を実施すべきだと思う」の理由

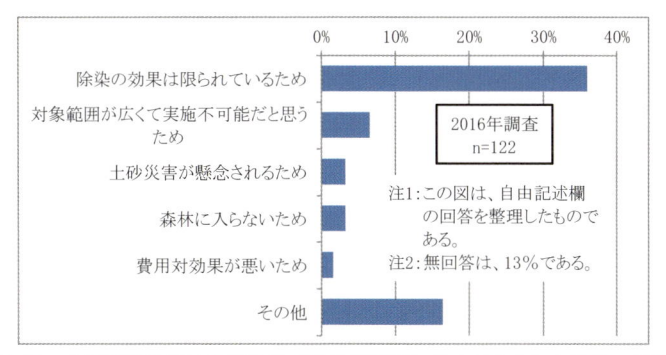

図 4-24　生活圏森林以外の森林の「除染を実施しなくてもよいと思う」の理由

④今後取り組まれるべきこと〔高校生以上の住民が対象〕

　今後取り組まれるべきことについて、2012 年調査では、「継続的な除染」が 56％で最も高く、次いで、「損害賠償の徹底」が 52％、「健康管理の充実」が 44％、「継続的な放射能汚染の測定」が 39％で高かった（図 4-25）。2016 年調査では、「損害賠償の徹底」が 64％で最も高く[13][25][26]、次いで、「継続的な除染」が 39％、「継続的な放射能汚染の測定」が 35％、「健康管理の充実」が 33％で高くなっており、両時点を比べると、「損害賠償の徹底」の割合が高くなっている一方で、「継続的な除染」などの割合が低くなっている。

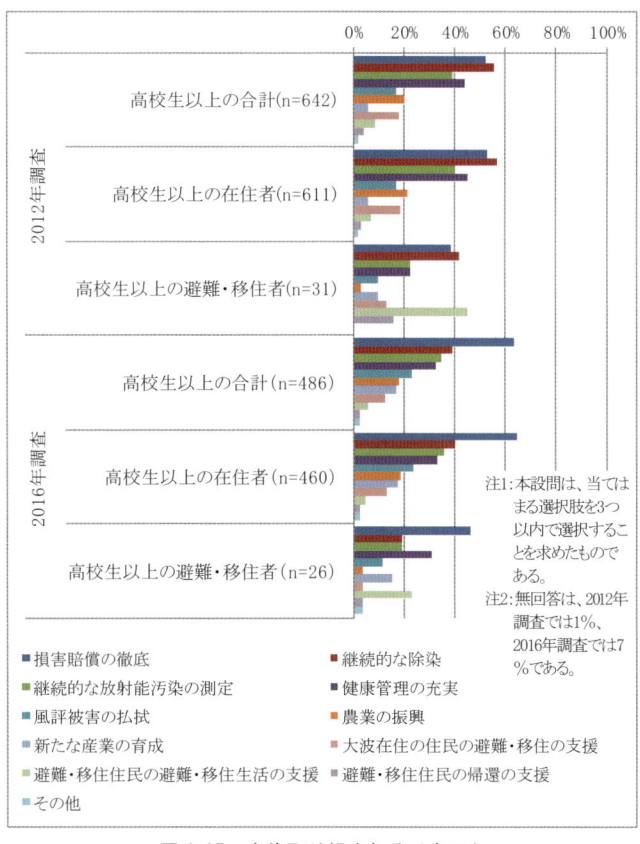

図 4-25　今後取り組まれるべきこと

在住者と避難・移住者に分けて見ると、在住者については、上記の全体的な結果とほぼ同様であるが、避難・移住者については、2012年調査と2016年調査では変化している。すなわち、2012年調査では、「避難・移住者の避難・移住生活の支援」が45%で最も高く、次いで、「継続的な除染」が42%、「損害賠償の徹底」が39%で高かったが、2016年調査では、「避難・移住者の避難・移住生活の支援」と「継続的な除染」がそれぞれ23%、19%と低くなっており、「損害賠償の徹底」が46%で最も高くなっている。

4. 福島の復興に向けた除染に関する課題

　以下では、これまで分析してきた福島市大波地区における除染の実態や除染に関する住民意識を踏まえつつ、福島の復興に向けた除染に関する課題を提起する。

(1) 環境回復を目的とする"除染"の実施

　川﨑（2013）では、2012年調査の結果に基づき、今後の福島の除染と復興のあり方を検討する上での課題として、除染の政策的な位置づけの見直し、多様な生活設計の実現を支援する制度の創設・充実を提示した[5]。前者は、福島の復興の起点であり基盤であるとの位置づけのもとに進められている除染の線量低減効果の限界性を踏まえ、その政策的な位置づけについて、復興を実現する上での手段の一つとして見直すことが必要であること、後者は、これと関連して、避難指示区域外の地域の住民に対する損害賠償制度の見直しとともに、「居住」「避難」「移住」「帰還」に関する自己決定権を認めた原発事故子ども・被災者支援法を活かし、避難・移住支援制度を創設・充実することが必要であることを指摘したものである。

　しかし、その後、現実には、こうした課題は解消されることなく、避難指示区域外の地域では、居住継続を前提としつつ、除染を通じて、「被災者の復興＝生活の再建」と「被災地の復興＝場所の再生」を同時的に実現することが可能な法的・制度的状態を創造することを目的とする復興政策が続けられてきた[14]。そして、その福島復興政策は、本章の冒頭で述べた通り、2017年3月をもって、除染の終了をはじめ、避難指示の解除、自主避難者に対する応急仮設住宅の供与終了など、大きく転換することが予定されているのであるが、それでは、福島の復興の起点であり基盤であるとの位置づけのもとに進められてきた除染が終了した地域では、法的・制度的状態はともかく、実態として「被災者の復興＝生活の再建」と「被災地の復興＝場所の再生」は実現されたのであろうか？

　本章で対象とした大波地区は、住宅除染も生活圏森林除染も終わり、除染特措法に基づく除染がすべて終了した地区である。確かに、多くの住民は、除染が実施されて良かったと評価しており、実際に除染が実施されれば、ある程度は空間線量率が低減するので、除染には効果があると評価しているが、半分の住民は除染の結果に不満を抱いている。そして、除染特措法に基づく除染がすべて終了しても、多くの住民は放射能に対する不安を感じ、また、半分の住民は被曝によって病気にならないかと心配しながら日常生活を送っており、さらに、多くの住民は今後も除染を続けるべきだと考えている。なぜか？今後優先して除染すべき場所として、森林や河川・水路等が上位に挙げられているように、これらが除染特措法に基づく除染の対象外とされていて、手つかずのままであることがその要因の一つになっているものと思われる（図4-26）。

注：着色した部分および破線で囲まれた部分が除染の実施箇所である。ただし、この図の手前の部分
　　は大波城址であり、厳密に言えば、除染ボランティアによって落葉の除去などが行われたが、これ
　　は例外的な事例であるので、ここでは典型的な除染実施箇所を示すために、色を塗っていない。
　　なお、大波地区では、農地については、効果がないとの住民の意見に基づき、樹園地を除いて、
　　除染が実施されていない。

図 4-26　大波地区の大波城址周辺における除染実施箇所

　大波地区は、「自然豊かな山間地域であり、多くの住民は古くからこの地に住み、近くの山で山菜や
キノコ等を採取し、家庭菜園で果物や野菜を育て、井戸水を飲用その他生活用水として使用するなど、
長年に渡り、豊かな自然の恵みを享受してきた」[25]地区である。このような地区の環境は、福島原発事
故の発生に伴って拡散した放射能によって、まるごと破壊されてしまったので[27]、これを回復するため
の除染が求められるところであるが、除染特措法は放射線防護を目的とするものなので、生活圏森林以
外の森林や河川・水路の底質などに多くの放射能が蓄積されていることが明らかになってはいても、そ
れらは健康や生活環境に影響を及ぼす場所ではなく、追加被曝線量にはほとんど影響しないという理由
から、除染を実施する必要がないものとされているのである[15][28][29]。

　確かに、生活圏森林以外の森林や河川・水路の底質などに蓄積されている放射能は追加被曝線量には
ほとんど影響しないかもしれないが、水や緑は暮らしの基盤であって、それらの安全性と安心性の回復
なしには、生活の再建も場所の再生もあり得ない。大波地区の在住者が安心して住み続けることができ、
避難・移住者が放射能に対する不安を抱かずに帰還することができるようになるためには、シーベルト
（Sv）を単位とする放射線防護のための除染のみならず、ベクレル（Bq）を単位とする環境回復のため
の"除染"を実施することが必要なのである。そして、これは、県土面積の約 7 割が森林で[30]、約 8 割
が中山間地域である福島県にあっては[31]、多くの地域に共通する普遍的な課題であり[2][3]、森林や河川・
水路等の面積が広大であることや現在の技術水準などを考慮すれば、環境回復を目的とする"除染"は
長期にわたる事業にならざるをえないだろうから、個別的な取り組みによるのではなく[16][32][33][34]、除染
特措法にかわる新たな法律を制定し、実施することが必要だと考えられる。

（2）総合的な放射線防護措置の一つとしてのフォローアップ除染の実施

　大波地区において、除染特措法に基づく除染がすべて終了しても、多くの住民が放射能に対する不安を感じ、また、半分の住民が被曝によって病気にならないかと心配しながら日常生活を送っており、さらに、多くの住民が今後も除染を続けるべきだと考えているのは、森林や河川・水路等が手つかずになっていることのみならず、福島原発事故が発生してから 5 年後にあたる 2016 年 3 月においても、空間線量率が 0.47μSv/h と相対的に高い状況にあることも要因になっていると思われる。しかし、今のところ、フォローアップ除染が行われる予定はない。なぜか？

　環境省は、追加被曝線量が年間 20mSv 未満である地域での長期的な目標である「年間 1mSv」を空間線量率に換算すると「0.23μSv/h」になると示し、これを汚染状況重点調査地域の指定基準や除染実施区域の設定基準のほか、除染対策事業交付金の交付基準、すなわち除染の実施基準としているが、除染の目標値とはしておらず、フォローアップ除染の具体的な実施基準を定めていない。このため、除染の実施後に 0.23μSv/h を上回っていても、必ずしもフォローアップ除染が行われることにはなっていないのであるが、避難・移住という選択肢は用意されず、居住継続を前提としつつ除染を通じて復興をめざすという復興政策のもとに置かれている住民の立場からすれば、除染を徹底して原状回復を果たしてほしい、せめて空間線量率が最高の地点であっても確実に年間 1mSv 以下になるようにしてほしいと思うのは当然である [2)3)]。

　環境省がフォローアップ除染について定めているのは、事後モニタリングの結果等を踏まえ、除染効果が維持されていない箇所が確認された場合には、個々の現場の状況に応じて原因を可能な限り把握し、合理性や実施可能性を判断した上で実施するという方針のみである [35)]。フォローアップ除染の実施基準や空間線量率の低減目標を一律に定めることが難しい理由として、放射性物質による汚染の状況は多様であり、除染の効果も実施箇所毎に様々であること、同じ手法を用いて再度除染を実施したとしても放射線量の大幅な低減効果は期待できないなど、除染による放射線量の低減には限界があることを挙げている。

　しかし、放射能汚染の状況や除染の効果が場所によって異なるというのは、除染の実施基準を 0.23μSv/h と定めた時も同じである。現在では、年間追加被曝線量 1mSv に相当する空間線量率は 0.23μSv/h ではなく、その 2 倍程度であることが明らかになっているのであるから [4)]、こうした科学的・経験的知見を踏まえてフォローアップ除染の実施基準を定めることは可能なはずである。また、除染の線量低減効果には限界があるというのはその通りであるが、そうであるならば、フォローアップ除染のみによって年間 1mSv を実現することが困難な場合については、それを手段の一つとする総合的な放射線防護措置を講じることが必要であろう。

　つまり、大波地区をはじめ、除染の実施後にも空間線量率が相対的に高く、年間 1mSv を超えるおそれのある場所については、住民の追加被曝線量を低減し、安心して住み続けられる環境を回復するため、環境省がフォローアップ除染の合理性や実施可能性を判断した上で実施するという現行制度を改善することが必要である。例えば、住民、市町村、県、環境省の協働によって、地区単位で場所の特性に即した総合的な放射線防護計画を策定し、その中でフォローアップ除染の実施基準を定め、一回目とは範囲や手法を変えることも視野に入れながら実行するという制度体系を構築することが検討されるべきだと考えられる。

【補注】

(1) 2011 年 11 月に閣議決定された「平成二十三年三月十一日に発生した東北地方太平洋沖地震に伴う原子力発電所の事故により放出された放射性物質による環境の汚染への対処に関する特別措置法 基本方針」による。

(2) 除染特別地域については、除染情報サイトの http://josen.env.go.jp/area/index.html、汚染状況重点調査地域については、除染情報サイトの http://josen.env.go.jp/zone/index.html を参照（2016 年 11 月 22 日に最終閲覧）。

(3) 大波小学校の児童数は、2010 年度には 41 人であったが、2011 年度には 30 人、2012 年度には 10 人、2013 年度には 1 人となり、2014 年度以降は 0 人となっている。

(4) 大波地区の住民のみの外部被曝線量と内部被曝線量に関する調査結果は公表されていないが、福島市の住民全体のそれらに関する調査結果は公表されているので、参考までに以下に示す。外部被曝線量に関しては、2015 年 9 月〜11 月における個人線量計（ガラスバッジ）による測定結果に基づく年間追加被曝線量の推計値であるが、測定者の総数である 24,667 人のうち、1mSv 未満の住民は 24,240 人で 98％、1mSv 超の住民は 427 人で 2％である。内部被曝線量に関しては、2011 年 11 月〜2016 年 9 月のホールボディカウンタによる検査結果であるが、検査人数の総数である 145,484 人の預託実効線量（大人は 50 年間、子どもは 70 歳までに体内から受けると推定される内部被曝線量）は、全員が 1mSv 未満である。

(5) 「特定避難勧奨地点」とは、計画的避難区域および警戒区域以外の区域で、計画的避難区域とするほどの地域的な広がりはないものの、福島原発事故の発生後 1 年間の積算放射線量が 20mSv を超えると推定される地点について、注意喚起、情報提供、避難の支援や促進を目的として、住居単位で指定されるものである。伊達市（117 地点・128 世帯）、南相馬市（142 地点・152 世帯）、川内村（1 地点・1 世帯）に指定されたが、伊達市と川内村では 2012 年 12 月、南相馬市では 2014 年 12 月に解除された。

(6) 「最重点除染地域」とは、福島市が 2011 年 6 月に実施した「全市一斉放射量測定結果」において、2μSv/h 以上であった調査地点が全調査地点の概ね 50％以上の地域であり、大波地区と渡利地区が指定された。

(7) 福島市が住民の同意を得られずに除染を実施できなかった住宅等が数件存在する。

(8) 福島市が住民の同意を得られずに除染を実施できなかった生活圏森林が数箇所存在する。

(9) 本章では、「避難」は帰還を前提として一時的に大波地区から離れることを意味する用語、「移住」は帰還を前提とせずに大波地区から離れることを意味する用語として使っているが、これらは必ずしも住民票の異動と連動するものではなく、回答者自身も自己決定していない場合があることから、「避難・移住者」との用語を使っている。

(10) 「住み続けたい」の理由に関する無回答は、2012 年調査では 29％、2016 年調査では 31％である。

(11) 「避難・移住したいが住み続けざるをえない」の理由に関する無回答は、2012 年調査では 11％、2016 年調査では 0％である。なお、自主避難者の応急仮設住宅に関する新規受付は、福島県内外を問わず、2012 年 12 月で終了になっている。

(12) 「もう除染は続けなくてよい」の理由に関する無回答は 3％である。

(13) 大波地区では、避難指示区域の一部に比べて遥かに線量が高い状態であったにもかかわらず、避難指示区域等対象区域に含まれず、住民は日々放射能被曝に対する不安に苛まれ、日常生活を阻害され続けてきたとして、2014 年 11 月に、伊達市雪内・谷津地区とともに、申立人ひとりあたり、2011 年 3 月 11 日から和解成立日まで毎月 10 万円を求め、原子力損害賠償紛争解決センターに集団 ADR の申立が行われている。なお、福島市などの 23 市町村からなる自主避難等対象区域内の住民等に対する損害賠償は、避難の有無にかかわらず、18 歳以下の者と妊婦に対して 52 万円/人、その他の者に対して 12 万円/人であり、子どもと妊婦については、避難した場合には 20 万円/人が加算された 72 万円/人である。

(14) 2015 年 8 月に改定された原発事故子ども・被災者支援法に基づく基本方針では、「原発事故発生から 4 年余りが経過した現在においては、空間放射線量等からは、避難指示区域以外の地域から新たに避難する状況にはなく」、帰還や定住の支援に重点を置くとの方針が示された。しかし、先に見た通り、福島原発事故の発生から 5 年が経過し、除染特措法に基づく除染がすべて終了した大波地区においてでさえ、在住者の 4 人に 1 人が避難・移住を希望していながら経済的な理由などからできないという境遇に置かれており、また、避難・移住者の 3 人に 1 人が帰還したくないと考えている。

(15) 具体的には、森林に関しては、林縁部から 20m 以内の範囲（生活圏）については除染を実施するものの、20m を超える部分については基本的には除染を実施しないものとされており、河川・水路等に関しては、一定の条件を満たす河川敷の公園やグラウンドなどについては除染を実施するものの、底質などについては除染を実施しないものとされている。

(16) これまでに、森林に関しては、2013 年度から、除染特措法に基づく除染とは別に、2013 年 4 月の時点で汚染状況重点調査地域に指定されていた 40 市町村を対象として、森林の公益的機能を維持しながら放射能を削減し、森林再生を図る福島県の補助事業である「ふくしま森林再生事業」が実施されているが、福島県農林水産部（2016）「平成 27 年福島県森林・林業統計書（平成 26 年度）」によると、その実績は、森林整備（間伐）が 595ha、作業道整備が 53km にとどまっている。また、国は、2016 年 3 月に森林・林業再生に向けた新たな方針を示し、住居周辺の里山等の森林については、森林内の憩いの場や日常的に人が立ち入る場所を対象として、追加被曝線量を低減する観点から除染を実施する、奥山については、間伐等の森林整備と放射性物質対策を一体的に実施する事業などを推進するものとしたが、今なお具体的な内容は不明である。他方、河川・水路等に関しては、営農再開・農業復興の観点からの放射性物質対策が必要なため池については、2014 年度から、除染特措法に基づく除染とは別に、福島再生加速化交付金事業として底質の除去などが実施されているが、2016 年 3 月現在、多くの市町村では放射能汚染状況を調査している段階にあり、実際に実施されたのは川俣町の 1 ヵ所と広野町の 2 ヵ所にとどまっている。また、福島県は、2016 年 3 月に、比較的高い放射線量が確認された河川のうち、土砂の堆積量が多く洪水時の危険性が高い河川を対象として、県が独自に堆積土砂の除去工事を実施するとの方針を示し、2016 年内には工事が終了する予定になっているが、環境回復に向けた"除染"が行われるべき河川は、放射線量が高く洪水時の危険性が高い河川に限られない。

【参考文献】

1) 川﨑興太（2014a）「福島の除染と復興－福島復興政策の再構築に向けた検討課題－」『都市問題』第 105 巻第 3 号、91-108 頁

2) 川﨑興太（2016a）「除染特別地域における除染に関する市町村の評価・見解－福島第一原子力発電所事故から 4 年半後の記録－」『環境放射能除染学会 環境放射能除染学会誌』第 4 巻第 1 号、15-34 頁

3) 川﨑興太（2016b）「福島県における市町村主体の除染の実態と課題－福島第一原子力発電所事故から 4 年半後の記録－」『環境放射能除染学会 環境放射能除染学会誌』第 4 巻第 2 号、105-140 頁

4) 川﨑興太（2014b）「生活者の心と除染と復興」『日本放射線安全管理学会 第 13 回学術大会 講演予稿集』、29-41 頁

5) 川﨑興太（2013）「福島第一原子力発電所事故後の福島市大波地区における除染の経緯と住民意識－今後の福島の除染と復興のあり方を検討する上での論点の提起－」『日本都市計画学会 都市計画論文集』第 48 巻第 3 号、705-710 頁

6) 川﨑興太（2014c）「除染・復興政策の問題点と課題－福島原発事故から 3 年半が経った今－」『都市計画』第 311 号、48-51 頁

7) 川﨑興太（2016c）「政策移行期における福島の除染・復興まちづくり－福島原発事故の発生から 5 年後の課題－」日本建築学会東日本大震災における実効的復興支援の構築に関する特別調査委員会『日本建築学会東日本大震災における実効的復興支援の構築に関する特別調査委員会 最終報告書（2016 年度日本建築学会大会総合研究協議会資料「福島の現状と復興の課題」）』、ii69-ii86 頁

8) 原子力災害対策本部（2015）「『原子力災害からの福島復興の加速に向けて』改訂」（2015 年 6 月 12 日閣議決定）、http://www.meti.go.jp/earthquake/nuclear/kinkyu/pdf/2015/0612_02.pdf（2016 年 11 月 22 日に最終閲覧）

9) 福島県（2015）「応急仮設住宅（仮設・借上げ住宅）の供与期間について」（2015 年 6 月 15 日公表）、http://www.reconstruction.go.jp/topics/main-cat2/kyoutsuu01_11hinanmoto.pdf（2016 年 11 月 22 日に最終閲覧）

10) 日野行介（2016）『原発棄民－フクシマ 5 年後の真実－』毎日新聞出版

11) 戸田典樹編著（2016）『福島原発事故 漂流する自主避難者たち－実態調査からみた課題と社会的支援のあり方－』明石書店

12) 長島和也・川﨑興太（2013）「出荷制限と作付制限が行われた福島市大波地区における農地・農業の現状に関する研究」『2012 年度日本都市計画学会東北支部研究交流会研究発表梗概集』、16-17 頁

13) 福島市放射線健康管理課（2016a）「個人線量計（ガラスバッジ）の測定結果がまとまりました（平成 28 年 3 月 1 日更新）」、http://www.city.fukushima.fukushima.jp/soshiki/71/hkenkou-kanri16021501.html（2016 年 11 月 22 日に最終閲覧）

14) 福島市放射線健康管理課（2016b）「ホールボディカウンタによる内部被ばく検査の結果をお知らせします【平成 28 年 11 月 15 日更新】」、http://www.city.fukushima.fukushima.jp/soshiki/71/h-kenkou12062801.html（2016 年 11 月 22 日

に最終閲覧）

15) 福島市（2011）『福島市ふるさと除染計画（第 1 版)』（2011 年 9 月 27 日策定）

16) 環境省（2013a）「除染関係ガイドライン　第 2 版（平成 25 年 12 月　追補）」（2013 年 12 月 26 日公表）、http://www.env.go.jp/jishin/rmp/attach/josen-gl-full_ver2.pdf（2016 年 11 月 22 日に最終閲覧）

17) 福島市ホームページ「大波地区での放射能除染事業の結果（速報）についてお知らせします」、http://www.city.fukushima.fukushima.jp/soshiki/29/5251.html（2016 年 11 月 22 日に最終閲覧）

18) 原子力災害対策本部（2011）「市町村による除染実施ガイドライン」（2011 年 8 月 26 日公表）、http://josen.env.go.jp/material/session/pdf/001/mat01-4-2.pdf（2016 年 11 月 22 日に最終閲覧）

19) 福島県（2012）「福島県面的除染モデル事業　概要版」、https://www.pref.fukushima.lg.jp/uploaded/attachment/39350.pdf（2016 年 11 月 22 日に最終閲覧）

20) 環境省（2011）「除染関係ガイドライン　第 1 版」（2011 年 12 月 14 日公表）、http://www.env.go.jp/press/press.php?serial=14582（2016 年 11 月 22 日に最終閲覧）

21) 福島市（2013）「大波地区住宅除染再モニタリング結果（中間速報）」（2013 年 1 月 11 日公表）、http://www.city.fukushima.fukushima.jp/uploaded/attachment/47877.pdf（2016 年 11 月 22 日に最終閲覧）

22) 環境省（2013b）「森林除染に係る知見の整理等について」（第 9 回環境回復検討会資料（2013 年 8 月 27 日公表))、http://josen.env.go.jp/material/session/pdf/009/mat05.pdf（2016 年 11 月 22 日に最終閲覧）

23) 福島市政策推進部危機管理室除染推進課・除染企画課（2013）「生活圏森林除染」（大波地区における生活圏森林除染に係る第 3 回実施検討会議の資料（2013 年 6 月 27 日付け))

24) 環境省（2016）「除染関係 Q&A（平成 28 年 5 月 20 日版）」、https://www.env.go.jp/jishin/rmp/fiscal/subsidy01/04_qa02.pdf（2016 年 11 月 22 日に最終閲覧）

25) 原発被災者弁護団（2014）「福島市大波地区、伊達市雪内・谷津地区集団 ADR 申立」、http://ghb-law.net/wp-content/uploads/2014/11/141118onami.pdf（2016 年 11 月 22 日に最終閲覧）

26) 原子力損害賠償紛争審査会（2011）「東京電力株式会社福島第一、第二原子力発電所事故による原子力損害の範囲の判定等に関する中間指針追補（自主的避難等に係る損害について）」（2011 年 12 月 6 日公表）、http://www.mext.go.jp/component/a_menu/science/detail/__icsFiles/afieldfile/2013/12/16/1329116_006.pdf（2016 年 11 月 22 日に最終閲覧）

27) 『生業を返せ、地域を返せ！』福島原発訴訟原告団・弁護団（2014）『あなたの福島原発訴訟－みんなして「生業を返せ、地域を返せ！」』かもがわ出版

28) 環境省（2015a）「森林における放射性物質対策の方向性について（案）」（第 16 回環境回復検討会資料（2015 年 12 月 21 日公表))、https://www.env.go.jp/jishin/rmp/conf/16/mat05.pdf（2016 年 11 月 22 日に最終閲覧）

29) 環境省（2014）「除染関係ガイドライン　第 2 版（平成 26 年 12 月追補）」（2014 年 12 月 26 日公表）、http://www.env.go.jp/jishin/rmp/attach/josen-gl-full_ver2.pdf（2016 年 11 月 22 日に最終閲覧）

30) 福島県企画調整部土地・水調整課（2016）「福島県土地利用の現況」、https://www.pref.fukushima.lg.jp/sec/11015c/fukushimaken-tochi-riyou-genkyou.html（2016 年 11 月 22 日に最終閲覧）

31) 農林水産省（2015）「平成 27 年　都道府県別総土地面積」（2015 年農林業センサスのデータを組み替えたデータ）

32) 福島県農林水産部（2016）「平成 27 年福島県森林・林業統計書（平成 26 年度）」、https://www.pref.fukushima.lg.jp/uploaded/attachment/166005.pdf（2016 年 11 月 22 日に最終閲覧）

33) 復興庁・農林水産省・環境省（2016）「福島の森林・林業の再生に向けた総合的な取組（案）」（第 2 回福島の森林・林業の再生のための関係省庁プロジェクトチーム会議資料（2016 年 3 月 9 日公表))、http://www.reconstruction.go.jp/topics/main-cat1/sub-cat1-4/forest/160309_4_siryou2.pdf（2016 年 11 月 22 日に最終閲覧）

34) 福島県土木部河川整備課（2016）「放射性物質の影響が懸念される河川において堆積土砂の除去を開始します。」（2016 年 3 月 31 日公表）、https://www.pref.fukushima.lg.jp/uploaded/attachment/159186.pdf（2016 年 11 月 22 日に最終閲覧）

35) 環境省（2015b）「フォローアップ除染の考え方について（案）」（第 16 回環境回復検討会資料（2015 年 12 月 21 日公表))、https://www.env.go.jp/jishin/rmp/conf/16/mat02.pdf（2016 年 11 月 22 日に最終閲覧）

第5章　福島復興政策の転換後における課題

写真 5-1　浪江町の避難指示解除にかかわる住民懇談会（福島市、2017 年 2 月）

＊本章は、梶秀樹・和泉潤・山本佳世子編著（2017）『自然災害－減災・防災と復旧・復興への提言－』（技報堂出版）
　所収の「第4章 原子力災害と復興政策」（川﨑興太、67-90 頁）に加筆したものである。

1. 福島原発事故と"2020 年問題"

　2011 年 3 月 11 日に、東日本大震災の発生に伴って、福島第一原子力発電所事故（以下、福島原発事故）が発生した。その福島原発事故の発生から 6 年が経過した今、被災者の生活再建こそ「加速化」されるべきであるが、逆に、被災者や被災地の実態にかかわらず、避難指示の解除、被災者への支援と賠償の打ち切りが「加速化」されている。

　被災者の避難や不安の原因となっている原発事故を収束させ、放射能汚染を解消することによってではなく、原発避難者を消滅させ、原発避難問題を解決済みのものとすることによって、2020 年、すなわち、復興期間が終了し、復興庁が設置期限を迎え、東京オリンピックが開催される節目の年までには、原子力災害を克服した国の姿を形づくることがめざされている。

　"2020 年問題"である [1]。

2. 福島復興政策の転換

　福島復興政策は、"除染なくして復興なし"との理念のもとに、除染を復興の起点かつ基盤として位置づけた上で、避難指示区域内にあっては「将来的な帰還」、避難指示区域外にあっては「居住継続」を前提として、「被災者の復興＝生活の再建」と「被災地の復興＝場所の再生」を同時的に実現することが可能な法的・制度的状態を創造することを目的とする政策である。

　この福島復興政策は、2017 年 3 月をもって大きく転換し、福島県は、「復興・創生期間」への移行から 1 年遅れの 4 月から、新たなフェーズを迎えることになる（表 5-1）。

　第一に、除染特別地域（国直轄除染地域）では帰還困難区域を除く全域において、汚染状況重点調査地域（市町村除染地域）では全域において、復興の起点かつ基盤として位置づけられている除染（面的除染）が 2017 年 3 月で終了になる。

　第二に、除染の終了とあわせて、避難指示区域のうち、帰還困難区域を除いて、すなわち避難指示解除準備区域と居住制限区域において、2017 年 3 月までに避難指示が解除される（ただし双葉町と大熊町を除く）[(1)2]。

　第三に、原子力損害賠償紛争審査会は、精神的損害賠償の終期として、避難指示等の解除等から 1 年間を目安として示しているので [3]、2018 年 3 月で精神的損害賠償が終了になる。

　第四に、自主避難者にとって、ほぼ唯一の避難支援策である応急仮設住宅の供与が 2017 年 3 月で終了になる [4]。

　一言で言えば、避難指示区域内の地域では、帰還困難区域を除けば除染が終わり、帰還が可能な程度にまで環境が回復したので、避難指示を解除し、精神的損害賠償を終わりにする、避難指示区域外の地域では、除染が終わり、安心して住み続けることが可能な程度にまで環境が回復したので、応急仮設住宅の供与を終わりにするということである。2016 年 10 月現在、福島県の避難者は約 86,000 人であり、そのうち帰還困難区域からの避難者は約 24,000 人であるので、これらの一連の福島復興政策の転換に伴って、政策的課題としては、約 62,000 人（うち約 29,000 人が自主避難者）の原発避難者が消滅し [5]、原発避難問題がほぼ終焉を迎えることになる [6][7]。

　こうした福島復興政策の転換が、被災者や被災地の実態に即したものであれば問題ないのであるが、

現実はそうではない。以下、この点について、避難指示区域外の地域と避難指示区域内の地域に分けて論じることにする[(2)8)9)]。

表 5-1　福島復興政策の転換

	避難指示区域内の地域（注 1）	避難指示区域外の地域
除染（面的除染）	帰還困難区域を除いて 2017 年 3 月で終了	2017 年 3 月で終了
避難指示	帰還困難区域を除いて 2017 年 3 月までに解除（双葉町と大熊町を除く）	－
精神的損害賠償	2018 年 3 月で終了（避難指示の解除から 1 年間）	－
応急仮設住宅	供与の終了時期は未定（注 2）	2017 年 3 月で供与の終了

注 1：「避難指示区域内の地域」には、すでに避難指示が解除された地域を含む。

注 2：すでに避難指示が解除された地域からの避難者については、解除時期によって異なるが、供与の終了時期が決定されている。

3. 避難指示区域外の地域の現状と課題

(1) 問題の所在

　先述の通り、避難指示区域外の地域では、除染が終わり、安心して住み続けることが可能な程度にまで環境が回復したので、応急仮設住宅の供与を終わりにするということになっている。そこで、まず問題とされるべきことは、本当に、安心して住み続けることが可能な程度にまで環境が回復したのか、そして、避難指示区域外の地域で生活している住民は安心して住み続けることができるのか、できないとすればなぜなのかということである。

　避難指示区域外の地域は、低線量汚染地域である。低線量被曝に関しては、被曝線量と人体への影響の間にはしきい値が存在しないという前提のもとで、放射線防護の観点から、直線しきい値なし仮説（Linear Non-Threshold hypothesis; LNT 仮説）が立てられている [10)11)]。この仮説に依拠するならば、避難指示区域外の地域の住民は、科学的には未解明ながらも健康リスクを抱えつつ暮らしているということになり、放射性物質汚染対処特措法（以下「除染特措法」）に基づく除染は、そのリスクを低減させるための放射線防護措置ということになる。

　国は、除染特措法に基づく基本方針において [12)]、追加被曝線量が年間 20mSv 未満である地域の長期的な目標を、国際放射線防護委員会（ICRP）の 2007 年基本勧告などを踏まえて [13)]、「年間追加被曝線量 1mSv 以下」と定めている。注意すべきことは、この「年間追加被曝線量 1mSv 以下」とは、除染それ自体の目標値ではなく、除染、モニタリング、食品の安全管理、リスクコミュニケーションなど、放射線リスクの総合的な管理によってめざされるべき長期的な目標値とされているということである。しかし、その一方で、国は、「年間追加被曝線量 1mSv」を空間線量率に換算した「0.23μSv/h」を汚染状況重点調査地域の指定基準のほか、除染対策事業交付金の交付基準、すなわち除染の実施基準としているが、「除染の実施＝除染の終了」として運用しており、除染の実施後に空間線量率が 0.23μSv/h 以上であっても、必ずしも再除染（フォローアップ除染）を実施することにはなっていない[(3)14)15)]。このため、現実的に 0.23μSv/h 以上である場合が少なくないので、今なお住民からも市町村からも、国は除染

の目標値と再除染（フォローアップ除染）の実施基準を明示すべきとの意見が出されている [16)17)]。

　このように、国が長期的な目標として示している年間追加被曝線量 1mSv、これを空間線量率に換算した 0.23μSv/h、そして再除染（フォローアップ除染）をめぐっては少し複雑なところがあるのだが、問題の本質はシンプルである。市町村が実施しているガラスバッジに基づく外部被曝線量調査によって、0.23μSv/h の地域で暮らす住民の年間追加被曝線量は、実際には 0.5mSv 程度であり、ホールボディカウンターに基づく内部被曝線量調査の結果を加味しても、1mSv を超えない場合が多いことが明らかになっているからである [18)]。すなわち、福島原発事故の発生から 6 年が経過し、放射能の自然減衰によって、除染なしでも放射線量が半分以下になったことに伴って、避難指示区域外の地域では、基本的にはすでに「年間追加被曝線量 1mSv 以下」は達成されており、放射線防護を目的とする除染の必要性は低下しているということである。

（2）住民の意識

　しかし、福島で暮らしている住民は、安心して暮らすことができているのであろうか？　できていないとすれば、なぜなのか？

　筆者は、避難指示区域外の地域としては最も放射能汚染が深刻であった地区の一つである福島市大波地区の住民を対象として、これまで 2 回にわたってアンケート調査を実施している [(4)19)]。1 回目は住宅除染の終了直後にあたる 2012 年 10〜11 月であり、2 回目は生活圏森林除染の終了直後、換言すれば、すべての除染が終了した直後にあたる 2016 年 2〜4 月である。対象者は、いずれの調査においても、避難・移住者を含む小学生以上のすべての住民である。アンケート調査票の回収数は、2012 年調査では 677 件、2016 年調査では 512 件であり、仮にアンケート調査票の配布時点における住民基本台帳に基づく大波地区の全人口を分母とすれば、回収率はそれぞれ 60%、50% である。なお、大波地区の空間線量率の平均は、2011 年 6 月では 2.24μSv/h、2016 年 3 月では 0.47μSv/h である。

　調査の結果を見てみると、図 5-1 と図 5-2 から、多くの在住者は、生活圏森林の除染が終了し、すべての除染が終了した後も、放射能に対する不安感を抱きながら暮らしており、被曝による病気を心配していることがわかる。

　図 5-3 は、今後取り組まれるべきこととして高校生以上の者が望んでいることをまとめたものである。2012 年調査では「継続的な除染」が最も多いのに対して、2016 年調査では「損害賠償の徹底」が最も多くなっているが [(5)20)]、それでも特に在住者については多くの者が今なお「継続的な除染」を望んでいることがわかる。

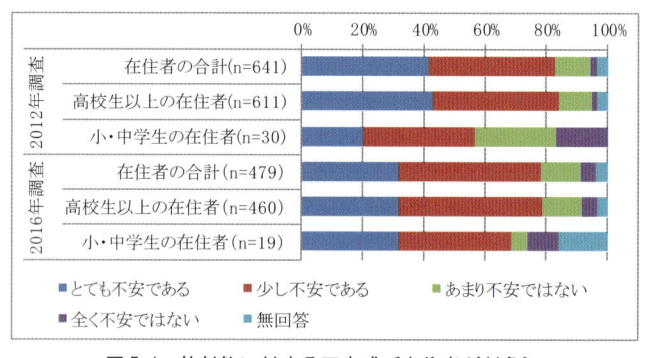

図 5-1　放射能に対する不安感〔在住者が対象〕

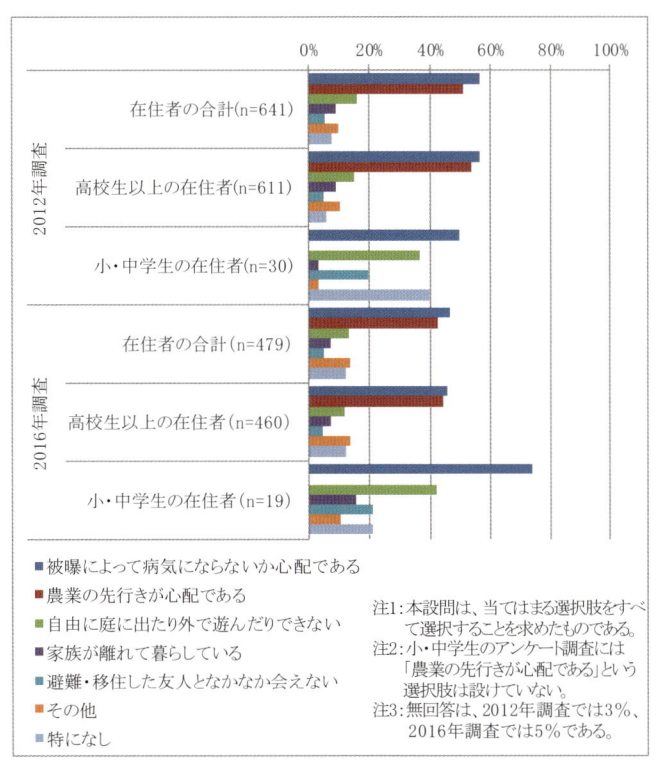

図 5-2　放射能汚染が原因で困っていることや心配なこと〔在住者が対象〕

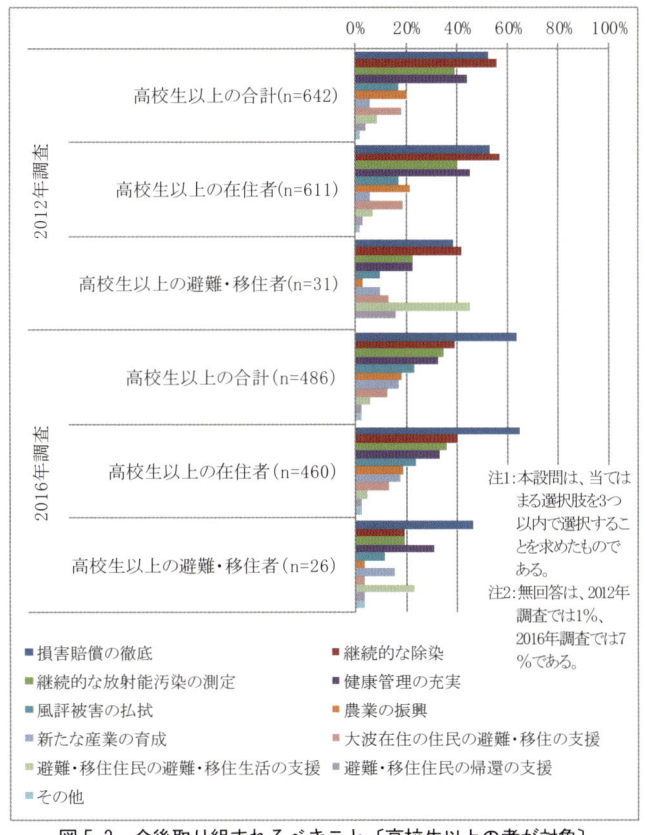

図 5-3　今後取り組まれるべきこと〔高校生以上の者が対象〕

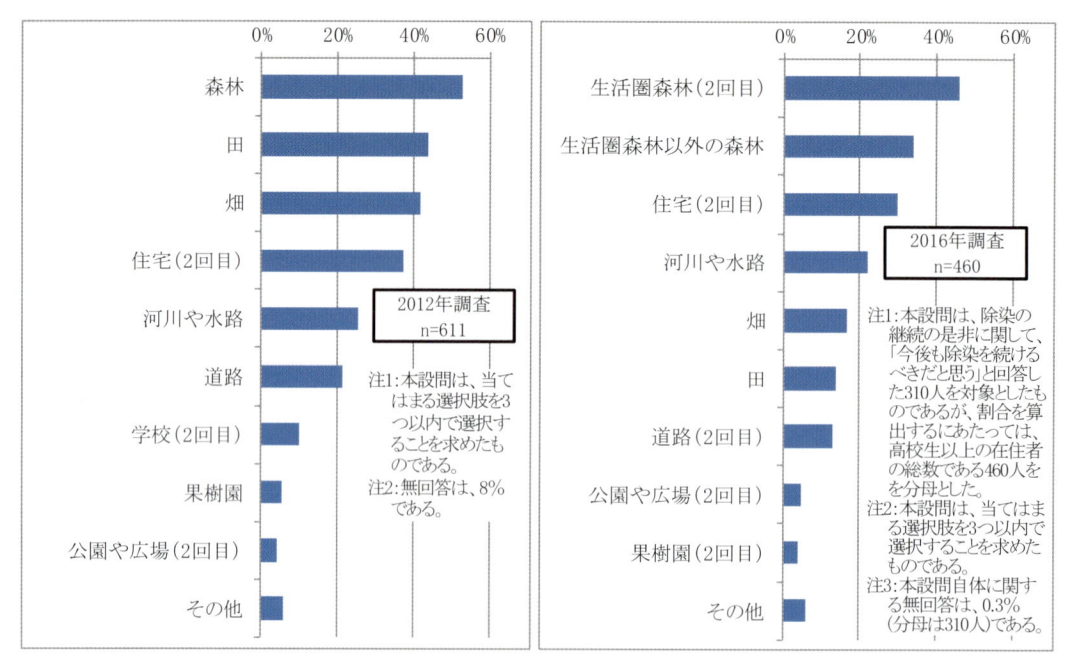

図5-4　今後優先して除染すべき場所〔高校生以上の在住者が対象〕

　それでは、今後、どこを優先して除染すべきと考えているかというと、図5-4から、2012年調査でも2016年調査でも森林が最も多いことがわかる。2016年調査で2番目に多い「生活圏森林以外の森林」については、後述する通り、基本的に除染特措法に基づく除染の対象とされていないが、在住者も避難・移住者も、大人も子どもも、多くの者は除染を実施すべきだと考えており、その理由としては、森林全体を除染しないと線量が下がらない、森林全体を除染しないと安心できない、森林全体が生活の場であるといったものが多くなっている。

（3）避難指示区域外の地域に関する課題

①環境回復を目的とする“除染”の実施
　大波地区では、住宅除染も生活圏森林除染も終わり、除染はすべて終了した。にもかかわらず、多くの住民は、被曝によって病気にならないかと不安を感じながら日常生活を送っており、森林全体の除染をはじめ、継続的に除染を実施することを望んでいる。こうした住民の心情や意向は、大波地区に特有のものかと言えばそうではなく、むしろ、ある普遍的なもの、端的に言えば、福島復興政策の根本的な欠陥を表出しているように思われる。その欠陥とは、環境回復を目的とする“除染”政策の不在であり、典型的には、森林や河川・水路等が基本的に除染の対象とされていないことである[6)21)]。
　大波地区の住民が、除染の実施後にも放射能に対する不安を抱き続けているのは、空間線量率が低減したとはいっても、放射能がある場所であること自体は変わっていない、つまり、原状回復には至っていないからである。たとえ年間追加被曝線量1mSvに達しないとしても、放射能リスクを背負いながら暮らすこと自体に不安を抱いているのであり、その不安は決して理由がないことではない[22)23)24)25)26)]。
　福島原発事故には明確な原因者がおり、住民は完全な被害者である。住民は、除染によって、放射能をすべて取り除くことはできないことを知っている。同じ場所を同じ手法で除染を繰り返したところで、

ほとんど効果があがらないことも知っている。しかし、大地も水も、すべて元に戻してほしい。少しでも放射能リスクを減らすことができるのであれば、何度でも除染を実施してほしい。こうした住民の当然の願いに対して、福島復興政策がまったく応えていないことがある。森林や河川・水路等の"除染"である。

　除染の根拠法である除染特措法は、「事故由来放射性物質による環境の汚染が人の健康又は生活環境に及ぼす影響を速やかに低減すること」を目的とするものであり、森林や河川・水路等については、基本的に健康や生活環境に影響を及ぼす場所ではないとして、除染を実施する必要がないものとされている。具体的には、森林に関しては、林縁部から 20m 以内の範囲（生活圏）は健康や生活環境に影響を及ぼす可能性があるので落葉の除去などを実施するものの、20m を超える部分は基本的には除染を実施しない[27]、河川・水路等に関しては、一定の条件を満たす河川敷の公園やグラウンドなどは健康や生活環境に影響を及ぼす可能性があるので除染を実施するものの、底質などについては除染を実施しないものとされている[28]。

　確かに、放射線防護という観点からすれば、森林全体の除染や河川・水路等の底質などの除染は必要ではないかもしれないが、原状回復という理念からすれば、除染の意義や役割は、健康リスクの低減に限られるものではない。水や緑は暮らしの基盤であり、物質的な意味でも象徴的な意味でも、それらの安全性と安心性の回復なしには、生活の再建も場所の再生もありえない。県土面積の約 7 割が森林で[29]、県土面積の約 8 割が中山間地域である福島県では[30]、多くの住民が森林と非分離の暮らしを営んでおり、森林全体の除染を強く望む大波地区の住民の願いは、決して例外的なものだとは言えないだろう。

　つまり、避難指示区域外の地域では、すでに基本的には「年間追加被曝線量 1mSv 以下」が達成されているとはいっても、除染そのものの必要性がなくなったわけではなく、むしろ、放射線防護を目的とする除染の必要性が低下したからこそ、環境回復を目的とする"除染"に力が注ぎ込まれるべき状況に至っているのである。いわば、シーベルト（Sv）を単位とする除染から、ベクレル（Bq）を単位とする"除染"への転換が求められているのであり、今後は環境回復を目的とする"除染"を進めるための新たな法律を制定し、特に森林や河川・水路等の"除染"を実施してゆくことが望まれる[7][31][32]。

②自主避難者に対する住宅セーフティネットの構築

　こうした課題を抱える中での、自主避難者に対する応急仮設住宅の供与の終了である。この問題の背景には、避難指示区域外の地域の住民に対して「居住」「避難」「移住」「帰還」の自己決定権を認めた原発事故子ども・被災者支援法が形骸化してしまったこと[33][34][35]、自主避難者に対する損害賠償が避難の継続や移住を行うに足りるものにはなっていないことなどがある[8]。

　2015 年 6 月に応急仮設住宅の供与の終了が決定される前に実施された福島県生活環境部避難者支援課（2015）によると、2015 年 2 月時点で、福島県の避難者のうち、「応急仮設住宅の入居期間の延長」を求めている者は、応急仮設住宅の入居者を分母とすれば 79% となっており、応急仮設住宅の入居期間の延長を求めている者のうち、その理由として「放射線の影響が不安であるため」を挙げている者は 56% となっている[36]。また、福島県生活環境部避難者支援課（2016）によると、2016 年 2 月時点で、2017 年 3 月末で応急仮設住宅の供与が終了する世帯のうち、2017 年 4 月以降の住宅が決まっていない世帯は、県内避難世帯では 56%、県外避難世帯では 78% を占めている[37]。

　福島県は、こうした結果に基づき、2017 年 4 月以降の住宅が決まっていない世帯などに対する戸別訪問を通じて、恒久住宅への円滑な移行、避難者の意向に沿った生活の再建に向けた取り組みを行っている。しかし、福島県が用意している具体的な生活再建支援制度は、半ば当然のことながら、自宅などへ

の移転費用の補助のほかには、低所得者層向けの家賃補助などに限られており、避難者の帰還を促すことに焦点を当てて設計されている[38]。

　国は、2015 年 8 月に改定した原発事故子ども・被災者支援法に基づく基本方針において、「原発事故発生から 4 年余りが経過した現在においては、空間放射線量等からは、避難指示区域以外の地域から新たに避難する状況にはなく」と述べている[9][39]。この現状認識は、政策判断を行う上での基礎認識として、決して全面的に間違ったものだとは思われない。しかし、避難指示区域外の地域では、上述の通り、今なお森林や河川・水路等を典型とする環境回復が図られていないという実態に鑑み、避難指示区域外の地域から新たに避難すること、また、自主避難者が帰還することに躊躇することには合理的な理由があると言うべきであり、国は、原発事故子ども・被災者支援法の目的や基本理念に則って、また、住宅セーフティネットを構築する責任を負う者として[40]、多様な住まいの選択を保障する政策を確立・充実することが必要だと考えられる[10]。

　この点に関して、原発避難者の住まいについては、自然災害を念頭に置いた災害救助法に基づいて確保されているが、原子力災害は広域性と長期性を特徴としているため、災害救助法の枠組みでは原発避難者の避難生活を十分に支えるものにはなりえない。今後は、原発避難者の住まいに関する新たな法律を制定し、国が直轄事業として住宅の長期供与を行う制度を創設することが検討されてよい[41]。さらに言えば、今回の福島原発事故によって、自然災害を前提とした災害対策基本法と、これをベースにした原子力災害対策特別措置法では、十分な原子力災害対策を果たしえないことが明らかになった。住まいに限らず、避難、健康管理、生活再建、除染、復興まちづくりなど、原子力災害に固有の災害対策に関する「原子力災害対策基本法」の制定が検討されてよい[42]。

写真 5-2　自主避難者に対する公的住宅の優遇措置に関する説明会（埼玉県さいたま市、2016 年 7 月）

4. 避難指示区域内の地域の現状と課題

(1) 避難指示区域の状況と住民の帰還意向・状況

　福島原発事故の発生に伴って、避難指示区域等が設定されたのは、2011 年 4 月に警戒区域、計画的避難区域、緊急時避難準備区域のいずれかが指定された大熊町、双葉町、富岡町、浪江町、広野町、川内

村、楢葉町、葛尾村、飯舘村、田村市、南相馬市、川俣町の 12 市町村である。これらの 12 市町村において、緊急時避難準備区域については、2011 年 9 月に広野町、川内村、楢葉町、田村市、南相馬市の 5 市町村で解除されたが、その他の区域については、2012 年 4 月から始まった避難指示区域の見直しに伴って、帰還困難区域、居住制限区域、避難指示解除準備区域に再編された。その後、2014 年 4 月に田村市、同年 10 月に川内村（当初の避難指示解除準備区域）、2015 年 9 月に楢葉町、2016 年 6 月に葛尾村と川内村（当初の居住制限区域）、同年 7 月に南相馬市で避難指示が解除された。また、2017 年 3 月に飯舘村、川俣町、浪江町、同年 4 月に富岡町で避難指示が解除されることが決定されている。

　住民の帰還意向については、復興庁による住民意向調査によると、帰還困難区域が相当な範囲に指定された大熊町、双葉町、富岡町、浪江町では、「戻らない」と回答している住民の割合が 50〜60%程度と高くなっている（図 5-5）[43][44]。他方、帰還困難区域が部分的に指定された、または、指定されなかった市町村、あるいは、行政区域の一部に避難指示区域が指定された市町村であるその他の 8 市町村では、「戻りたい」と回答している住民の割合が 30〜60%となっている。

　「戻りたい」と回答している住民が帰還する場合に希望する行政の支援などについては、市町村によって多少の違いは見られるが、「医療・介護・福祉施設・サービスの再開・新設」、「商業施設の再開・新設」、「住宅の修繕や建て替えへの支援」がほぼ共通して多くなっている。「戻らない」と回答している住民のその理由としては、市町村によって異なるが、「水道水などの生活用水の安全性に不安があるから」や「原子力発電所の安全性に不安があるから」などの放射能や原子力発電所の安全性に関するもの、「医療環境に不安があるから」や「家が汚損・劣化し、住める状況ではないから」や「生活に必要な商業施設などが元に戻りそうにないから」などの避難元の生活インフラに関するもの、「避難先の方が生活利便性が高いから」などの避難先の居住環境に関するものが多くなっている。

　では、実際に避難指示が解除された地域における住民の帰還状況はどうかといえば、ほとんどの住民が市内の他地区に避難し、かつ、最も早期に解除された田村市都路地区を除けば、どこでも 1〜2 割にとどまっている（表 5-2）[45]。また、広く知られているように、帰還者の多くは高齢者である。

写真 5-3　双葉郡の取水源の一つである木戸川（楢葉町、2015 年 11 月）　　写真 5-4　被災したままの双葉町の中心市街地（双葉町、2016 年 10 月）

156

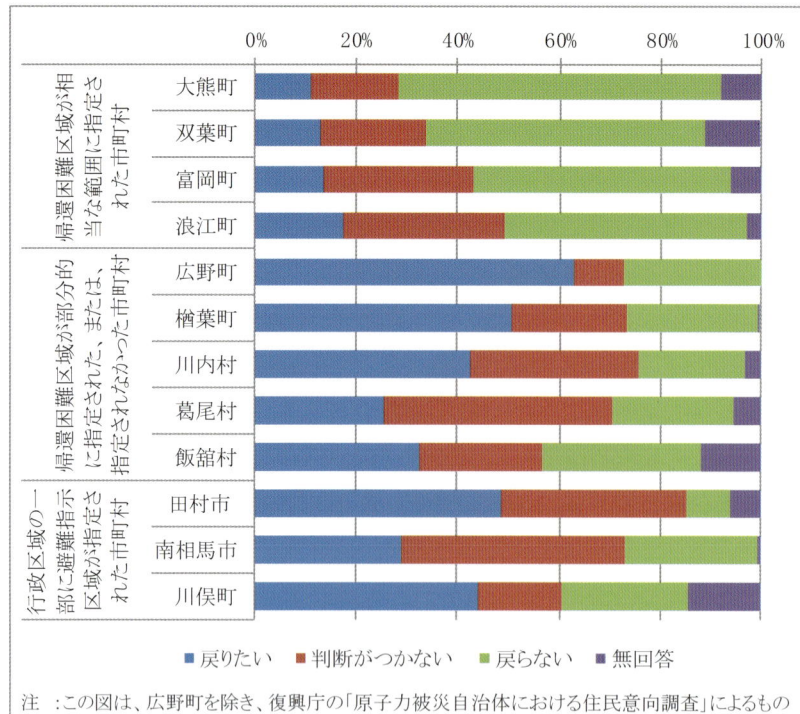

注 ：この図は、広野町を除き、復興庁の「原子力被災自治体における住民意向調査」によるもの
　　であり、大熊町、双葉町、富岡町、浪江町、川内村、楢葉町、飯舘村、田村市、川俣町につ
　　いては、2015年度に実施された調査の結果、葛尾村と南相馬市については2013年度に実
　　施された調査の結果である。広野町については、同調査が実施されていないため、2013年
　　度に実施された「広野町復興計画（第二次）策定のための町民意向調査」の結果である。
資料：復興庁「原子力被災自治体における住民意向調査」（2012年度から毎年度実施・公表）、
　　http://www.reconstruction.go.jp/topics/main-cat1/sub-cat1-4/ikoucyousa/（2017年3月11
　　日に最終閲覧）、広野町（2013）「広野町復興計画（第二次）策定のための町民意向調査集
　　計結果について」、http://www.town.hirono.fukushima.jp/data/open/cnt/3/1127/1/
　　annketokekka.pdf（2017年3月11日に最終閲覧）

図 5-5　住民の帰還意向

表 5-2　避難指示が解除された地域における住民の帰還状況

	避難指示の解除時期	人口	帰還者数	帰還率	備考
田村市 都路地区	2014年4月	316	228	72%	人口も帰還者数も2016年11月30日現在。旧緊急時避難準備区域は含まれていない。
川内村 東部地区	2014年10月 2016年6月	311	64	21%	人口も帰還者数も2017年1月1日現在。
楢葉町	2015年9月	7,282	767	11%	人口は2017年1月1日現在、帰還者数は2017年1月4日現在。帰還者は、週4日以上の滞在者。
葛尾村	2016年6月	1,333	107	8%	人口も帰還者数も2017年1月1日現在。帰還困難区域は含まれていない（人口116人）。
南相馬市 小高区など	2016年7月	10,378	1,280	12%	人口も帰還者数も2016年12月12日現在。帰還困難区域は含まれていない（人口2人）。

注：この表は、各市町村へのヒアリング調査の結果に基づくものである。

(2)　避難指示区域内の地域に関する課題

①除染と帰還を前提としない復興政策の充実

　除染の実施を前提として帰還が可能な法的・制度的状態を創造するという復興政策は、住民が生活再建を図る上での選択肢の一つを保障するものとして重要な政策であることは言うまでもない。しかし、これまでに蓄積された科学的・経験的知見からは、同時に、除染と帰還を前提としない復興政策の充実が必要であることが示唆されているように思われる。

　避難指示区域内の地域の現状はどうかといえば、まず、原子力発電所そのものに関する問題がある。廃炉・汚染水対策は一定の進捗が見られると言われることがあるが、今なお、溶け落ちた燃料（デブリ）がどこにあるのかすら不明のままであり、もう一度、万が一のことが起きたらという不安を拭いきれない。

　次に、放射能に関する問題がある。避難指示区域内では、放射能汚染が深刻であった地域が多いが、除染の線量低減効果には限界があって、除染の実施後にも絶対的な放射線量が高く、「年間追加被曝線量 1mSv 以下」が達成されないところが少なくない。また、多くの市町村において、「戻らない」理由として水道水などの生活用水の安全性に関する不安が挙げられている通り、避難指示区域外の地域と同様に、森林や河川・水路等の"除染"が実施されておらず、住民が安心して帰還できる程度にまで環境が回復していない。ふるさと帰還に向けて除染に期待を寄せざるをえない市町村でさえ、実は、避難指示区域の種類にかかわらず、除染特措法に基づく除染を実施すれば住民は帰還して安全に安心して生活することが可能になるとは考えていないというのが実情である（図 5-6）[46][47][48]。

　さらに、生活インフラに関する問題がある。道路、水道、電気、ガスなどの公共インフラについては復旧が進んでいるものの、生活インフラの復旧や再生の目途がたっていない。6 年という歳月の中で、特に全町・全村避難が続いてきたところでは、そもそも帰るべき自宅が荒廃してしまっている。現在、国が荒廃家屋の解体作業を進めているが、今後、どれだけの住民が帰還して家を建て替えるのか、まったく見当がつけられない[49]。また、住民が「戻らない」理由として、多くの市町村において医療や買い物に関する不安が挙げられているが、帰還する住民は限られることが予想される中で、医療や商業を再開または開業・開店する事業者は数少ない[50]。帰還する住民の多くは高齢者であるので、これらの問題は特に深刻である。さらに、原子力発電所の廃炉に伴って、雇用の場が大幅に減ってしまっている。国は、福島イノベーション・コースト（福島・国際研究産業都市）構想の具体化を進めているが、雇用のミスマッチの問題もあり、元の住民の雇用の場としてはそれほど期待することができない。

　もっとも、福島復興政策の目的は、避難指示区域内の地域に関しては、避難指示を解除し、被災者が被災地に帰還して生活再建を果たすことが可能な法的・制度的状態を創造すること自体にあるので、本質的には、福島復興政策にとって、避難指示が解除された地域に、被災者が帰還するかどうかに関心はない。すなわち、避難指示を解除した後は、帰還してもしなくても、被災者の人生は被災者が"主体"となって決めればよいということになっているのであるが、現実的に被災者が帰還を選択することが可能な程度にまで環境が回復したのかと言えば、上述のような原子力発電所や放射能や生活インフラに関する問題が残されているというのが実情である。そのために、避難指示が解除されても住民はあまり帰還しておらず、今後、避難指示の解除が予定されている地域でも若年層を中心として帰還を望まない住民が多いのであり、むしろ、帰還ではなく、避難先での避難生活の支援や生活再建の支援を求めている被災者が多い。

　つまり、帰還困難区域を除けば除染が終わり、帰還が可能な程度にまで環境が回復したので、避難指

158

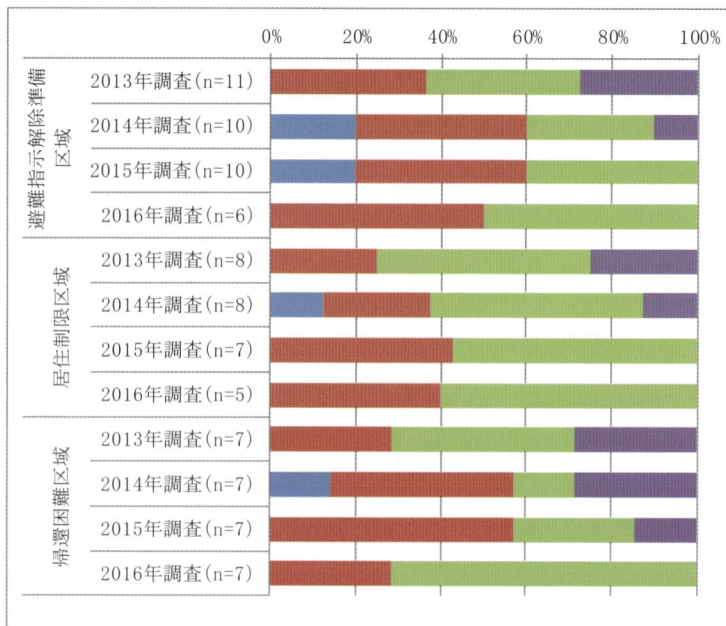

注 :この図は、筆者が、除染特別地域に指定されている11市町村を対象として、2013年から
　　実施しているアンケート調査の結果の一部であり、それぞれの避難指示区域が指定され
　　ている市町村による回答を示すものである。安全・安心な生活の回復可能性については、
　　除染特措法に基づく除染のみならず、公共・生活インフラの回復状況をはじめ、さまざま
　　なことが条件になるが、この設問は、除染特措法に基づく除染による被曝量の低減効果
　　などの観点から回答を求めたものである。なお、市町村数(n)は、アンケート調査に対する
　　回答の有無にかかわらず、それぞれの調査年において、それぞれの避難指示区域に指
　　定されている市町村の総数を示している。
資料:川﨑興太(2015)「除染特別地域における除染の実態と市町村の評価と見解－福島第
　　一原子力発電所事故から2年半後の記録－」『日本都市計画学会 都市計画論文集』第
　　50巻第1号、8-19頁、川﨑興太(2015)「除染特別地域における除染に関する市町村の評
　　価・見解－福島第一原子力発電所事故から3年半後の記録－」『環境放射能除染学会
　　環境放射能除染学会誌』第3巻第3号、161-178頁、川﨑興太(2016)「除染特別地域にお
　　ける除染に関する市町村の評価・見解－福島第一原子力発電所事故から4年半後の記
　　録－」『環境放射能除染学会 環境放射能除染学会誌』第4巻第1号、15-34頁

図 5-6　除染特措法に基づく除染による安全・安心な生活の回復可能性

写真 5-5　避難指示解除後における浪江町の荒廃住宅
（浪江町、2017 年 4 月）

写真 5-6　楢葉町の公設民営店舗（楢葉町、2015 年 11
月）

写真 5-7　福島県営の復興公営住宅（郡山市、2016 年 11 月）

写真 5-8　浪江町民向けの本宮市営の復興公営住宅（本宮市、2016 年 10 月）

示解除準備区域と居住制限区域では避難指示を解除し、精神的損害賠償も終わりにするということになっているが、今なお上述のような問題が解消される見込みが立っていないという実態に鑑み、除染と帰還を前提としない復興政策、すなわち、移住や長期避難という選択肢を保障する政策[11][51][52][53][54]を充実する必要があると考えられる[12][55][56][57]。

②広域単位での復興政策の確立

　その一方で、当然のことながら、すでに帰還した住民や帰還を希望する住民の帰還生活をしっかりと支えることは重要な課題である。避難指示区域内の多くの市町村は、福島原発事故の発生前から、人口減少・高齢化・経済停滞が深刻であった地域であり、帰還した住民が安心して安定的な日常生活を送れるように場所を再生すること、そして、それが同時に持続可能な地域の形成につながること、およそこのような道筋にそって、復興まちづくりが進むことが求められるが、ここでの問題は、復興まちづくりの空間単位が市町村の行政区域となっていることにある。

　例えば、双葉町は、行政区域面積の 96％が帰還困難区域に指定されており、同区域内に同じく 96％の住民が暮らしていた町である。双葉町にとってみれば、たとえ 4％ではあったとしても、帰還困難区域以外の場所に自治体としての存亡がかかっているわけだから、そこを国にしっかりと除染してもらいながら、自分は復興計画を立案し、国や県との連携のもとに、住宅、教育施設、医療・福祉施設、買い物施設、上下水道、道路などを復旧・再生するという具合に、なんとか自分の守備範囲と権限の中で、「創造的復興」を果たすべく、まちづくりを進めようということになる。

　こうしたことが双葉町に限らず、帰還困難区域が広く指定されている大熊町、富岡町、浪江町などにおいても、それぞれの市町村の行政区域ごとに行われているのである。現在、それぞれの市町村において、住民の帰還を促すとともに、帰還した住民の生活を支えるための都市機能が集積した復興拠点の整備が進められているが、この復興拠点こそ、このような枠組みで進められている復興まちづくりの象徴的な存在である（図 5-7）[13][58][59][60]。要するに、広域性と長期性を特徴とする原子力災害の実態と、市町村主義に立った復興政策の空間単位がズレているのである。今後、持続可能な地域の形成に向けて、避難指示区域内の市町村の復興を進めるにあたっては、基礎自治体としての組織のあり方や、国や県との連携のあり方について検討しつつ、広域単位での復興政策を確立することが必要だと考えられる。

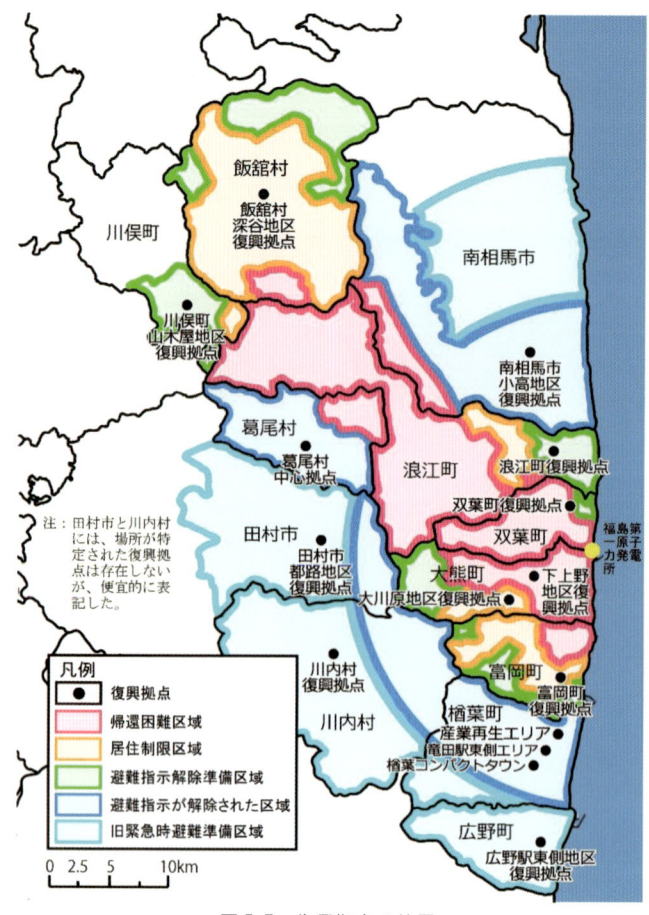

図 5-7　復興拠点の位置

5. 複線型復興政策の確立に向けて

　被災者が望んでいることは、何よりも、被災者の生活と被災地の環境が原発事故前の状態に戻ることである[61]。「復興」ではなく、「復旧」である。

　しかし、問題は、その「復旧」が不可能であるときに、どのような政策が必要かということである。現在の福島復興政策のもとでは、被災者が望むことと、福島復興政策がめざしていることには食い違いがあって、「復興」が進めば進むほど、被災者にとって「復興」はどんどん疎遠なものになっていくという構図がある。福島復興政策の転換は、この「復興」の流れを加速化するものであり、被災者は、生活再建どころか、避難生活さえままならない状況に追い込まれてゆく。

　2016 年 9 月現在、東日本大震災の発生に伴う震災関連死は 3,523 人であり、そのうちの 2,086 人は福島県民である[62]。福島県では、直接死よりも震災関連死の方が多く、特に避難指示が発令された市町村での死者数が多い。これは、原発避難生活の過酷さを示していると同時に、福島復興政策が一人ひとりの被災者の生活再建をしっかりと支えるものになりえていないことを示している。

　原子力災害は、原因者の存在、被害の広域性と長期性、避難の広域性と長期性をその特質とする。被害と避難が広域かつ長期におよぶため、被災者が生活再建を望む場所は被災地とは限らない。被災者や

写真 5-9　広野町の復興拠点（広野町、2016 年 5 月）

写真 5-10　富岡町の復興拠点内の商業施設（富岡町、2017 年 4 月）

写真 5-11　飯舘村の復興拠点（飯舘村、2017 年 5 月）

写真 5-12　浪江町の復興拠点の整備予定地（浪江町、2017 年 5 月）

写真 5-13　大熊町の復興拠点の整備予定地（大熊町、2015 年 12 月）

写真 5-14　双葉町の復興拠点の整備予定地（双葉町、2016 年 7 月）

被災地の実態をしっかりと把握すること、そして、そこから、一人ひとりの生活再建に向けた政策をつくり、実行していくという、"普通のこと"が求められている。帰還か長期避難か移住かにかかわらず、住宅、雇用、健康管理、医療・福祉、賠償など、あらゆる面で、被災者一人ひとりの意思の実現を保障する複線型の復興政策を確立することが求められている。

【補注】

(1) 厳密に言えば、富岡町では、2017 年 4 月 1 日に避難指示が解除される。

(2) 厳密に言えば、緊急時避難準備区域には避難指示が発令されておらず、避難指示区域ではないが、同区域内の地域の多くの住民は広域かつ長期にわたって避難したという意味では、避難指示区域内の地域と共通の問題を抱えていることなどに鑑み、以下では、避難指示区域内の地域に緊急時避難準備区域内の地域を含めて論じる。

(3) 環境省は、2015 年 12 月に、再除染（フォローアップ除染）については、従来通りの方針、すなわち、事後モニタリングの結果等を踏まえ、再汚染や取り残し等の除染の効果が維持されていない箇所が確認された場合に、個々の現場の状況に応じて原因を可能な限り把握し、合理性や実施可能性を判断した上で、実施することを基本とするとの方針を示している。

(4) 以下で述べる福島市大波地区の住民に対するアンケート調査の結果に関する詳細については、第 4 章を参照。

(5) 大波地区では、避難指示区域の一部に比べて遥かに線量が高い状態であったにもかかわらず、避難指示区域等対象区域に含まれず、住民は日々放射能被曝に対する不安に苛まれ、日常生活を阻害され続けてきたとして、2014 年 11 月に、伊達市雪内・谷津地区とともに、申立人ひとりあたり、2011 年 3 月 11 日から和解成立日まで毎月 10 万円を求め、原子力損害賠償紛争解決センターに集団 ADR の申立が行われている。

(6) 厳密に言えば、森林に関しては、除染特措法に基づく除染とは別に、2013 年度から、2013 年 4 月の時点で汚染状況重点調査地域に指定されていた 40 市町村を対象として、森林の公益的機能を維持しながら放射能を削減し、森林再生を図る福島県の補助事業である「ふくしま森林再生事業」が実施されているが、福島県農林水産部（2016）「平成 27 年福島県森林・林業統計書（平成 26 年度）」によると、その実績は、森林整備（間伐）が 595ha、作業道整備が 53km にとどまっている。また、営農再開・農業復興の観点からの放射性物質対策が必要なため池については、除染特措法に基づく除染とは別に、2014 年度から、福島再生加速化交付金事業として底質の除去などが実施されているが、2016 年 3 月現在、多くの市町村では放射能汚染状況を調査している段階にあり、実際に実施されたのは川俣町の 1 ヵ所と広野町の 2 ヵ所にとどまっている。

(7) なお、最近では、避難指示区域外の地域に限られたものではないが、森林や河川の"除染"をめぐって、個別的な取り組みが見られる。すなわち、森林に関しては、国は、2016 年 3 月に新たな方針を示し、住居周辺の里山等の森林については、森林内の憩いの場や日常的に人が立ち入る場所を対象として、追加被曝線量を低減する観点から除染を実施する、奥山については、間伐等の森林整備と放射性物質対策を一体的に実施する事業などを推進するものとしたが、例えば里山除染については、今なおモデル事業が進められている段階である。河川に関しては、福島県は、2016 年 3 月に、比較的高い放射線量が確認された河川のうち、土砂の堆積量が多く洪水時の危険性が高い河川を対象として、県が独自に堆積土砂の除去工事を実施するとの方針を示し、その後、実施しているが、環境回復に向けた"除染"が行われるべき河川は、放射線量が高く、洪水時の危険性が高い河川に限られない。

(8) 福島市などの 23 市町村からなる自主避難等対象区域内の住民等に対する損害賠償は、避難の有無にかかわらず、18 歳以下の者と妊婦に対して 52 万円/人、その他の者に対して 12 万円/人であり、18 歳以下の者と妊婦については、避難した場合には 20 万円/人が加算された 72 万円/人である。また、白河市などの県南地域にある 9 市町村の住民等に対する損害賠償は、避難の経験の有無にかかわらず、18 歳以下の者と妊婦に対して 20 万円/人である。

(9) 「新たに」という言葉は、パブリックコメントにおいて、改定案に対して批判的な意見が出されたことを踏まえて追加されたものである。

(10) 埼玉県をはじめ、いくつかの全国の地方自治体では、自主避難者に対する公営住宅の入居期限の延長や公営住宅の優先枠の確保などを独自に実施しているが、これらはそれぞれの地方自治体の自己判断による偶然的なものであるにすぎず、たまたま避難した先の地方自治体の運用によって避難者への支援内容に格差が生じるというのは不合理であって、原子力政策を推進してきた国が統一的な運用が図られるように対応すべきことであろう。

(11) 舩橋（2013）や今井（2014）は、放射能被害の実態や被災者の心情などを踏まえて、「帰還」でも「移住」でもない第三の道として「待避」という選択肢を政策・制度として保障すること、具体的には、長期避難者の「待避」を

可能にするための住まいの保障、避難元と避難先の双方における市民権を保障するための「二重の住民登録」制度の構築などが必要だと指摘している。二重の住民登録制度については、選挙権や課税などの問題があって、憲法上不可能とされており、これにかわって原発避難者特例法が制定されたという経緯があるが、両者の指摘は、そもそも「避難」とはどのように定義されるものなのか、どの時点をもって終わるものと見なすことができるのという論点を提起しているものと見なすこともできるだろう。福島復興政策では、基本的には、「年間積算線量 20mSv 以下」となり、避難指示が解除された時点をもって、避難は終了することが基本的な前提とされている。これに対して、福島原発事故の発生当初に双葉町などで提唱された「仮の町」構想は、避難元の放射能汚染状況が原発事故前と同程度または「年間追加被曝線量 1mSv 以下」になる時点を帰還の時期、その間の避難元に帰還するまでの期間を避難期間と設定し、帰還するまで「待避」する場所として構想されたものであったが、こうした「仮の町」の本質的な意味合いは、復興公営住宅という「仮の住まい」としての位置づけを有する恒久住宅へと変容する過程で消滅することになった。

(12)　なお、この点に関して、原子力災害対策本部は、2013 年 12 月に決定した「原子力災害からの福島復興の加速に向けて」において、「早期帰還支援と新生活支援の両面で福島を支える」との方針を打ち出し、これを受けて、原子力損害賠償紛争審査会は、同月に決定した「中間指針第四次追補」において、移住または長期避難のために負担した住宅・宅地の取得にかかわる費用について、事故前の価値を超えて賠償するものとした。これらは、どんなに放射能に汚染されていようとも、"いつかは全員帰還"という方針を一部変更したものだと解釈できるものであり、その意味では、肯定的に評価してよいものである。しかし、そもそも生活再建支援と賠償は異なるものであり、それにもかかわらず、新生活支援の内容が賠償の追加に矮小化されてしまっていることは問題視されるべきであろう。

(13)　先に双葉町の状況について述べたが、2016 年 8 月に原子力災害対策本部と復興推進会議が決定した「帰還困難区域の取扱いに関する考え方」において、帰還困難区域における避難指示の解除および復興拠点の整備を進めるとの方針が示されたことを受けて、現在、双葉町では、4%の土地にあたる避難指示解除準備区域のみならず、帰還困難区域を含む双葉駅の東西の地域を復興拠点として設定し、整備することが計画されている。

【参考文献】

1)　川﨑興太（2016a）「政策移行期における福島の除染・復興まちづくり−福島原発事故の発生から 5 年後の課題−」日本建築学会東日本大震災における実効的復興支援の構築に関する特別調査委員会『日本建築学会東日本大震災における実効的復興支援の構築に関する特別調査委員会　最終報告書（2016 年度日本建築学会大会総合研究協議会資料「福島の現状と復興の課題」）』、ii69-ii86 頁

2)　原子力災害対策本部（2015）「『原子力災害からの福島復興の加速に向けて』改訂」（2015 年 6 月 12 日閣議決定）、http://www.meti.go.jp/earthquake/nuclear/kinkyu/pdf/2015/0612_02.pdf（2017 年 3 月 11 日に最終閲覧）

3)　原子力損害賠償紛争審査会（2016）「東京電力株式会社福島第一、第二原子力発電所事故による原子力損害の範囲の判定等に関する中間指針第四次追補（避難指示の長期化等に係る損害について）」（2017 年 1 月 31 日改定）、http://www.mext.go.jp/component/a_menu/science/detail/__icsFiles/afieldfile/2017/02/03/1329116_011_2.pdf（2017 年 3 月 11 日に最終閲覧）

4)　福島県（2015）「応急仮設住宅（仮設・借上げ住宅）の供与期間について」（2015 年 6 月 15 日公表）、http://www.pref.fukushima.lg.jp/sec/16055b/260528-kasetukyouyoencyou.html（2017 年 3 月 11 日に最終閲覧）

5)　復興庁（2016）「復興の現状」（2016 年 11 月 9 日公表）、http://www.reconstruction.go.jp/topics/main-cat1/sub-cat1-1/161110_gennjyoutokadai.pdf（2017 年 3 月 11 日に最終閲覧）

6)　川﨑興太（2017a）「仮の住まいと仮の町と居住・避難・移住・帰還」東日本大震災合同調査報告書編集委員会『東日本大震災合同調査報告　土木編 6　緊急・応急期の対応』土木学会、390-396 頁

7)　関西学院大学災害復興制度研究所ほか編（2015）『原発避難白書』人文書院

8)　川﨑興太（2014a）「福島の除染と復興−福島復興政策の再構築に向けた検討課題−」『都市問題』第 105 巻第 3 号、91-108 頁

9)　川﨑興太（2014b）「除染・復興政策の問題点と課題−福島原発事故から 3 年半が経った今−」『都市計画』第 311 号、48-51 頁

10)　日本アイソトープ協会（1991）「ICRP Publication 60 国際放射線防護委員会の 1990 年勧告」、http://www.icrp.org/docs/P60_Japanese.pdf（2017 年 3 月 11 日に最終閲覧）

11)　中川保雄（2011）『増補 放射線被曝の歴史−アメリカ原爆開発から福島原発事故まで−』明石書店

12) 「平成二十三年三月十一日に発生した東北地方太平洋沖地震に伴う原子力発電所の事故により放出された放射性物質による環境の汚染への対処に関する特別措置法 基本方針」（2011 年 11 月 11 日閣議決定）、http://www.env.go.jp/jishin/rmp/attach/law_h23-110_basicpolicy.pdf（2017 年 3 月 11 日に最終閲覧）

13) 日本アイソトープ協会（2009）「ICRP Publication 103 国際放射線防護委員会の 2007 年勧告」、http://www.icrp.org/docs/P103_Japanese.pdf（2017 年 3 月 11 日に最終閲覧）

14) 環境省（2014a）「除染のフォローアップについて」（第 11 回環境回復検討会資料（2014 年 3 月 20 日公表））、http://www.env.go.jp/jishin/rmp/conf/11/mat02-1.pdf（2017 年 3 月 11 日に最終閲覧）

15) 環境省（2015a）「フォローアップ除染の考え方について（案）」（第 16 回環境回復検討会資料（2015 年 12 月 21 日公表））、http://www.env.go.jp/jishin/rmp/conf/16/mat02.pdf（2017 年 3 月 11 日に最終閲覧）

16) 川﨑興太（2016b）「福島県における市町村主体の除染の実態と課題－福島第一原子力発電所事故から 4 年半後の記録－」『環境放射能除染学会 環境放射能除染学会誌』第 4 巻第 2 号、105-140 頁

17) 中西準子（2014）『原発事故と放射線のリスク学』日本評論社、118-126 頁

18) 川﨑興太（2014c）「生活者の心と除染と復興」『日本放射線安全管理学会 第 13 回学術大会 講演予稿集』、29-41 頁

19) 川﨑興太（2013）「福島第一原子力発電所事故後の福島市大波地区における除染の経緯と住民意識－今後の福島の除染と復興のあり方を検討する上での論点の提起－」『日本都市計画学会 都市計画論文集』第 48 巻第 3 号、705-710 頁

20) 原発被災者弁護団（2014）「福島市大波地区、伊達市雪内・谷津地区集団 ADR 申立」、http://ghb-law.net/wp-content/uploads/2014/11/141118onami.pdf（2017 年 3 月 11 日に最終閲覧）

21) 福島県農林水産部（2016）「平成 27 年福島県森林・林業統計書（平成 26 年度）」、https://www.pref.fukushima.lg.jp/uploaded/attachment/166005.pdf（2017 年 3 月 11 日に最終閲覧）

22) 今中哲二編（1998）『チェルノブイリ事故による放射能災害－国際共同研究報告書－』技術と人間

23) ジョン・W・ゴフマン（2011）『新装版 人間と放射線－医療用 X 線から原発まで－』明石書店

24) ベラルーシ共和国非常事態省チェルノブイリ原発事故被害対策局編（2013）『チェルノブイリ原発事故 ベラルーシ政府報告書〔最新版〕』産学社

25) アレクセイ・V・ヤブロコフ, ヴァシリー・B・ネステレンコ, アレクセイ・V・ネステレンコ, ナタリヤ・E・プレオブラジェンスカヤ（2013）『調査報告 チェルノブイリ被害の全貌』岩波書店

26) 成元哲編著（2015）『終わらない被災の時間－原発事故が福島県中通りの親子に与える影響－』石風社

27) 環境省（2015b）「森林における放射性物質対策の方向性について（案）」（第 16 回環境回復検討会資料（2015 年 12 月 21 日公表））、http://josen.env.go.jp/material/session/pdf/016/mat05.pdf（2017 年 3 月 11 日に最終閲覧）

28) 環境省（2014b）「除染関係ガイドライン 第 2 版（平成 26 年 12 月追補）」（2014 年 12 月 26 日公表）、http://josen.env.go.jp/chukanchozou/material/pdf/josen-gl_ver2_supplement-201412.pdf（2017 年 3 月 11 日に最終閲覧）

29) 福島県企画調整部土地・水調整課（2016）「福島県土地利用の現況」、https://www.pref.fukushima.lg.jp/sec/11015c/fukushimaken-tochi-riyou-genkyou.html（2017 年 3 月 11 日に最終閲覧）

30) 農林水産省（2015）「平成 27 年 都道府県別総土地面積」（2015 年農林業センサスのデータを組み替えたデータ）

31) 復興庁・農林水産省・環境省（2016）「福島の森林・林業の再生に向けた総合的な取組（案）」（第 2 回福島の森林・林業の再生のための関係省庁プロジェクトチーム会議資料（2016 年 3 月 9 日公表））、http://www.reconstruction.go.jp/topics/main-cat1/sub-cat1-4/forest/160309_4_siryou2.pdf（2017 年 3 月 11 日に最終閲覧）

32) 福島県土木部河川整備課（2016）「放射性物質の影響が懸念される河川において堆積土砂の除去を開始します。」（2016 年 3 月 31 日公表）、https://www.pref.fukushima.lg.jp/uploaded/attachment/159186.pdf（2017 年 3 月 11 日に最終閲覧）

33) ヒューマンライツ・ナウ編（2014）『国連グローバー勧告－福島第一原発事故後の住民がもつ「健康に対する権利」の保障と課題－』合同出版

34) 日野行介（2016）『原発棄民－フクシマ 5 年後の真実－』毎日新聞出版

35) 戸田典樹編著（2016）『福島原発事故 漂流する自主避難者たち－実態調査からみた課題と社会的支援のあり方－』明石書店

36) 福島県生活環境部避難者支援課（2015）「平成 26 年度福島県避難者意向調査（応急仮設住宅入居実態調査） 全体報告書」（2015 年 4 月 27 日公表）、https://www.pref.fukushima.lg.jp/uploaded/attachment/118275.pdf（2017 年 3 月 11 日に

最終閲覧）

37)　福島県生活環境部避難者支援課（2016）「『住まいに関する意向調査』結果等（6 月 20 日）」（2016 年 6 月 20 日公表）、
　　https://www.pref.fukushima.lg.jp/uploaded/attachment/170906.pdf（2017 年 3 月 11 日に最終閲覧）

38)　福島県（2016）「帰還・生活再建に向けた総合的な支援策」（2016 年 2 月 3 日公表）、
　　http://www.pref.fukushima.lg.jp/site/portal/ps-shiensaku.html（2017 年 3 月 11 日に最終閲覧）

39)　「被災者生活支援等施策の推進に関する基本的な方針」（2015 年 8 月 25 日改定）、
　　http://www.reconstruction.go.jp/topics/main-cat2/20150825honbun.pdf（2017 年 3 月 11 日に最終閲覧）

40)　鈴木浩（2013）「福島 人びとの『居住権』を求めて－『被災者に寄り添う』ことの意味－」平山洋介・齋藤浩編『住
　　まいを再生する－東北復興の政策・制度論－』岩波書店、165-180 頁

41)　日本弁護士連合会（2014）「原発事故避難者への仮設住宅等の供与に関する新たな立法措置等を求める意見書」（2014
　　年 7 月 17 日公表）、https://www.nichibenren.or.jp/activity/document/opinion/year/2014/140717.html（2017 年 3 月 11 日に
　　最終閲覧）

42)　日本学術会議東日本大震災復興支援委員会福島復興支援分科会（2014）「東京電力福島第一原子力発電所事故による
　　長期避難者の暮らしと住まいの再建に関する提言」（2014 年 9 月 30 日公表）、
　　http://www.scj.go.jp/ja/info/kohyo/pdf/kohyo-22-t140930-1.pdf（2017 年 3 月 11 日に最終閲覧）

43)　復興庁「原子力被災自治体における住民意向調査」（2012 年度から毎年度実施・公表）、
　　http://www.reconstruction.go.jp/topics/main-cat1/sub-cat1-4/ikoucyousa/（2017 年 3 月 11 日に最終閲覧）

44)　広野町（2013）「広野町復興計画（第二次）策定のための町民意向調査集計結果について」、
　　http://www.town.hirono.fukushima.jp/data/open/cnt/3/1127/1/annketokekka.pdf（2017 年 3 月 11 日に最終閲覧）

45)　除本理史・渡辺淑彦編著（2015）『原発災害はなぜ不均等な復興をもたらすのか－福島事故から「人間の復興」、地
　　域再生へ－』ミネルヴァ書房

46)　川﨑興太（2015a）「除染特別地域における除染の実態と市町村の評価と見解－福島第一原子力発電所事故から 2 年
　　半後の記録－」『日本都市計画学会 都市計画論文集』第 50 巻第 1 号、8-19 頁

47)　川﨑興太（2015b）「除染特別地域における除染に関する市町村の評価・見解－福島第一原子力発電所事故から 3 年
　　半後の記録－」『環境放射能除染学会 環境放射能除染学会誌』第 3 巻第 3 号、161-178 頁

48)　川﨑興太（2016c）「除染特別地域における除染に関する市町村の評価・見解－福島第一原子力発電所事故から 4 年
　　半後の記録－」『環境放射能除染学会 環境放射能除染学会誌』第 4 巻第 1 号、15-34 頁

49)　川﨑興太（2017b）「原子力被災自治体における空き家・空き地バンク制度に関する研究」『日本建築学会 2017 年度
　　大会（中国）学術講演梗概集 F-1』、363-366 頁

50)　木下佑樹・川﨑興太・藤本典嗣・吉田樹（2017）「原子力災害被災地域における買い物行動に関する研究－避難指示
　　が解除された福島県田村市都路地区を事例として－」『日本都市計画学会 都市計画報告集』第 15 号、239-245 頁、
　　http://www.cpij.or.jp/com/ac/reports/15_239.pdf（2017 年 3 月 11 日に最終閲覧）

51)　舩橋晴俊（2013）「震災問題対処のために必要な政策議題設定と日本社会における制御能力の欠陥」『社会学評論』
　　第 64 巻第 3 号、342-365 頁

52)　今井照（2014）『自治体再建－原発避難と「移動する村」－』ちくま新書

53)　川﨑興太・鈴木涼也・續橋和樹・深谷智亜稀・矢吹怜太・矢部征紀（2017a）「福島県における復興公営住宅の整備
　　状況と入居状況－福島県の復興公営住宅に関する研究（その 1）－」『日本都市計画学会 都市計画報告集』第 15 号、
　　246-251 頁、http://www.cpij.or.jp/com/ac/reports/15_246.pdf（2017 年 3 月 11 日に最終閲覧）

54)　川﨑興太・鈴木涼也・續橋和樹・深谷智亜稀・矢吹怜太・矢部征紀（2017b）「福島県における復興公営住宅の入居
　　者の生活実態と生活意識－福島県の復興公営住宅に関する研究（その 2）－」『日本都市計画学会 都市計画報告集』
　　第 15 号、252-257 頁、http://www.cpij.or.jp/com/ac/reports/15_252.pdf（2017 年 3 月 11 日に最終閲覧）

55)　原子力災害対策本部（2013）「原子力災害からの福島復興の加速に向けて」（2013 年 12 月 20 日閣議決定）、
　　http://www.meti.go.jp/earthquake/nuclear/pdf/131220_hontai.pdf（2017 年 3 月 11 日に最終閲覧）

56)　淡路剛久・吉村良一・除本理史編『福島原発事故賠償の研究』日本評論社

57)　山下祐介・市村高志・佐藤彰彦（2013）『人間なき復興－原発避難と国民の「不理解」をめぐって－』明石書店

58)　川﨑興太（2016d）「原発避難 12 市町村の復興拠点の実態－福島原発事故から約 5 年が経過した現在－」『日本建築
　　学会 2016 年度大会（九州）学術講演梗概集 F-1』、33-36 頁

59)　原子力災害対策本部・復興推進会議（2016）「帰還困難区域の取扱いに関する考え方」（2016 年 8 月 31 日公表）、

166

http://www.meti.go.jp/earthquake/nuclear/kinkyu/pdf/2016/0831_01.pdf（2017 年 3 月 11 日に最終閲覧）

60) 福島県双葉町（2016）『双葉町 復興まちづくり計画（第二次）』、http://www.town.fukushima-futaba.lg.jp/5466.htm（2017 年 3 月 11 日に最終閲覧）

61) 金井利之・今井照編著（2016）『原発被災地の復興シナリオ・プランニング』公人の友社

62) 復興庁・内閣府（防災担当）・消防庁（2016）「東日本大震災における震災関連死の死者数（平成 28 年 9 月 30 日現在調査結果）」（2017 年 1 月 16 日公表）、http://www.reconstruction.go.jp/topics/main-cat2/sub-cat2-6/20160930_kanrenshi.pdf（2017 年 3 月 11 日に最終閲覧）

【コラム】震災関連死と震災関連自殺

　2016 年 9 月末現在、東日本大震災および福島原発事故の発生に伴う震災関連死の死者数は 3,523 人であり、そのうちの 2,086 人（59％）は福島県である（図 5 コ-1）[1]。福島県では、直接死よりも震災関連死の方が多く、特に避難指示が発令された市町村で多くなっている（図 5 コ-2）[2]。津波被災地である岩手県や宮城県では、発災から 1 年後の 2012 年 3 月にはほぼピークを迎えているのに対して、福島県ではその後も増加し続けている。震災関連死の死者の多くは高齢者であり、9 割を占めている。

　福島県では、震災関連死が多いだけではなく、震災関連自殺数も多い（図 5 コ-3）[3]。2016 年 12 月末現在、東日本大震災および福島原発事故の発生に伴う震災関連自殺者数は 183 人であるが、そのうちの 87 人（48％）は福島県である。

　このように、福島県において、震災関連死や震災関連自殺が多いのは、決して福島原発事故と無関係ではない。避難生活が長期化する中で、心身の疲労によって体調が悪化して死に至ったケース、生きがいの喪失や先行きの不安から自殺に追い込まれたケースなどが多い。

　震災関連死や震災関連自殺は、復興の過程において発生した死であり、復興政策のあり方によっては防ぐことができた可能性のある死である。東日本大震災および福島原発事故からの復興に向けて 32 兆円もの予算が確保され、さまざまな事業が行われている。この膨大な復興予算にもかかわらず、震災関連死や震災関連自殺をとめることができないのである。復興予算の使い方が間違っていると考えざるをえない。

　福島復興政策の再転換が求められている。

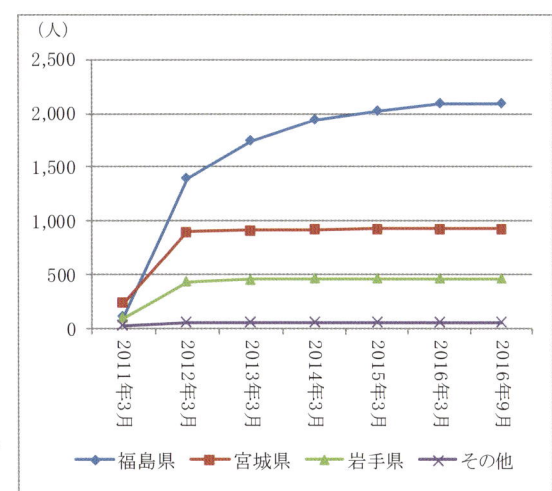

（人）

資料：復興庁・内閣府（防災担当）・消防庁（2016）「東日本大震災における震災関連死の死者数（平成28年9月30日現在調査結果）」（2017年1月16日公表）、https://www.reconstruction.go.jp/topics/main-cat2/sub-cat2-6/20160930_kanrenshi.pdf（2017年3月11日に最終閲覧）

図5コ-1　東日本大震災および福島原発事故の発生に伴う震災関連死の死者数の累計推移

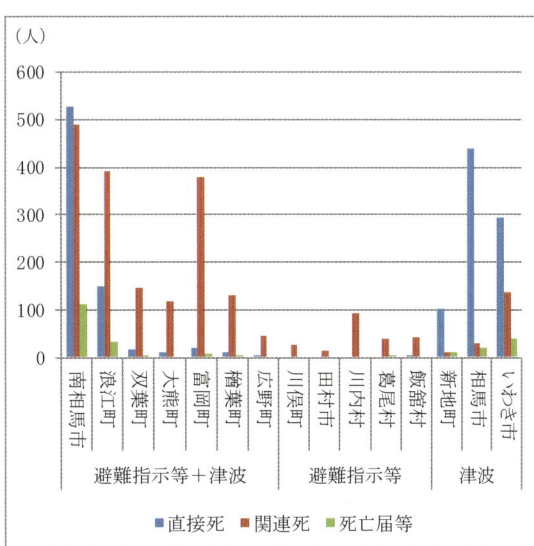

（人）

資料：福島県災害対策本部（2017）「平成23年東北地方太平洋沖地震による人的被害（平成29年3月3日）」（2017年3月3日公表）、http://www.pref.fukushima.lg.jp/site/portal/shinsai-higaijokyo.html（2017年3月3日に最終閲覧）

図5コ-2　福島県内の津波被災市町村・避難指示市町村における震災関連死の死者数

168

【参考文献】

1) 復興庁・内閣府（防災担当）・消防庁（2016）「東日本大震災における震災関連死の死者数（平成28年9月30日現在調査結果）」（2017年1月16日公表）、https://www.reconstruction.go.jp/topics/main-cat2/sub-cat2-6/20160930_kanrenshi.pdf（2017年3月11日に最終閲覧）

2) 福島県災害対策本部（2017）「平成23年東北地方太平洋沖地震による人的被害（平成29年3月3日）」（2017年3月3日公表）、http://www.pref.fukushima.lg.jp/site/portal/shinsai-higaijokyo.html（2017年3月3日に最終閲覧）

3) 厚生労働省自殺対策推進室（2017）「東日本大震災に関連する自殺者数（平成29年1月分）」（2017年2月23日公表）、http://www.mhlw.go.jp/file/06-Seisakujouhou-12200000-Shakaiengokyokushougaihokenfukushibu/h28kakutei_5.pdf（2017年3月11日に最終閲覧）

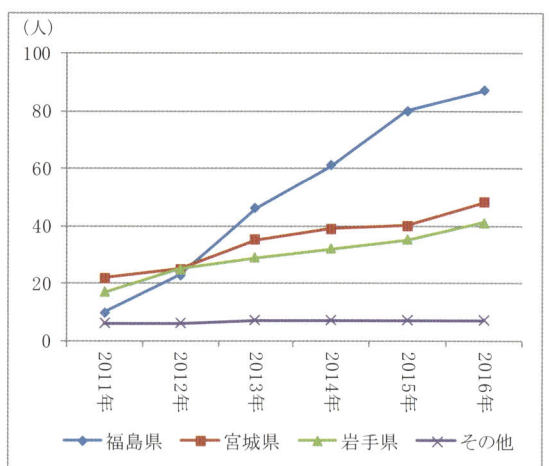

注 ：自殺者数は、発見日・発見地ベースの数値である。
資料：厚生労働省自殺対策推進室（2017）「東日本大震災に関連する自殺者数（平成29年1月分）」（2017年2月23日公表）、http://www.mhlw.go.jp/file/06-Seisakujouhou-12200000-Shakaiengokyokushougaihokenfukushibu/h28kakutei_5.pdf(2017年3月11日に最終閲覧)

図5コ-3　東日本大震災および福島原発事故の発生に伴う震災関連自殺者数の累計推移

結章　2020 年問題と福島復興のスタートライン

写真結-1　福島原発事故の発生前における福島市中心市街地の風景（福島市、2010 年 11 月）

1.「除染の終了」後における除染に関する評価と課題

　我が国では、福島第一原子力発電所事故（以下「福島原発事故」）の発生後に、除染を復興の起点かつ基盤として位置づけるという世界的に先例のない復興政策が組み立てられ、実行されてきた。しかし、その除染は、福島原発事故が発生してから 6 年後にあたる 2016 年度末をもって、除染特別地域ではすべての市町村において、汚染状況重点調査地域では多くの市町村において終了になった[1]。

　第 1 章では、除染特別地域に指定された 11 市町村（以下「除染特別地域の市町村」）を対象として、2013 年から 2016 年まで実施したアンケート調査等の結果について分析し、第 2 章では、行政区域の全域が除染特別地域に指定されている 7 市町村を除く 52 市町村（以下「汚染状況重点調査地域等の市町村」）を対象として、2012 年から 2016 年まで実施したアンケート調査等の結果について分析したが、2017年にも、これらの市町村を対象として、除染に関するアンケート調査等を行った（表結-1）。2016 年までのアンケート調査等は、実施中であった除染の実態と課題を把握することを主たる目的として実施したのに対して、2017 年のアンケート調査は、終了後におけるこれまでの除染に関する評価と現在または今後の課題を把握することを主たる目的として実施した。アンケート調査の方法は 2016 年までと同様であり、7 月に除染担当課宛てに調査票を電子メールで配布し、9 月までに回収した。回収率は 100%である。

　以下では、このアンケート調査等の結果について分析した上で、「除染の終了」後における除染に関する課題を提示する。

表結-1　2017 年のアンケート調査の概要

調査目的	「除染の終了」後におけるこれまでの除染に関する評価と現在または今後の課題を把握すること	
調査対象	福島県内の全59市町村	
	除染特別地域に指定されている福島県内の11市町村（除染特別地域の市町村）	行政区域の全域が除染特別地域に指定されている7市町村を除く52市町村（汚染状況重点調査地域等の市町村）
調査期間	2017年7月～9月	
配布数	11	52
回収数	11	52
回収率	100%	100%
調査項目	●除染に関する制度構造と制度運用 ●除染の放射線防護措置としての効果 ●除染による安全・安心な環境の回復状況 ●除染に関する課題　　　　　　　　　　など	

(1)　「除染の終了」後におけるこれまでの除染に関する評価

①除染に関する制度構造と制度運用

　除染に関する制度構造と制度運用については、どのように評価されているのであろうか？

　図結-1 は、除染の主体、時期、範囲・対象、技術・方法、手続きに関する評価の結果を示すものである。汚染状況重点調査地域等の市町村数が 40 市町村となっているのは、第 2 章での分析と同様に、除染特措法の全面施行後において市町村主体の除染の実績がない 12 市町村は回答の対象外であるためであるが（以下、本節では同じ）、除染特別地域の市町村についても汚染状況重点調査地域等の市町村に

ついても、基本的には「適切であった」の割合の方が「不適切であった」の割合よりも高くなっている。唯一、「不適切であった」の割合の方が高いのは、除染特別地域の市町村の範囲・対象に関してであり、その理由として、行政区域の全域が対象になっていないこと、具体的には、森林や河川・ため池などが除染の対象とされていないこと、帰還困難区域では除染が全域にわたって行われることになっていないことが挙げられている。

　そのほか、「不適切であった」の割合が比較的高いのは、除染特別地域の市町村については、時期と技術・方法に関してであり、その理由として、時期については遅かったこと、技術・方法については森林やため池の除染技術が確立されておらず実施されていないこと、技術・方法に制限があって放射線量が下がりきっていないことなどが挙げられている。汚染状況重点調査地域等の市町村については、主体に関してであり、その理由として、原因者である東京電力や国が実施すべきであったことが挙げられている。

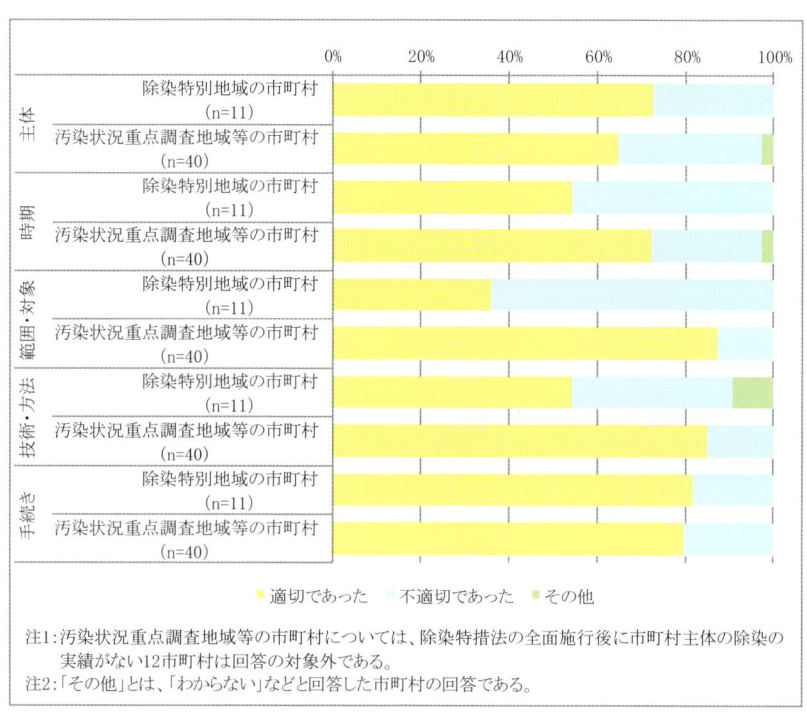

図結-1　除染に関する制度構造と制度運用

②除染の放射線防護措置としての効果

　このように、除染に関する制度構造や制度運用については、「不適切であった」と評価されている面があるものの、基本的には「適切であった」と評価されているが、除染の放射線防護措置としての効果については、どのように評価されているのであろうか？

　図結-2 は、その評価の結果を示すものである。この図からは、ほぼすべての市町村が除染には「効果があった」と評価していることがわかる。その理由としては、除染によって空間線量率が低減したことが多く挙げられている。除染の線量低減効果は、一般的には除染の実施前における空間線量率が高ければ高いほど大きく、特に福島原発事故の発生直後には、除染によって空間線量率が大幅に低減したので、こうした評価になっていると考えられる。

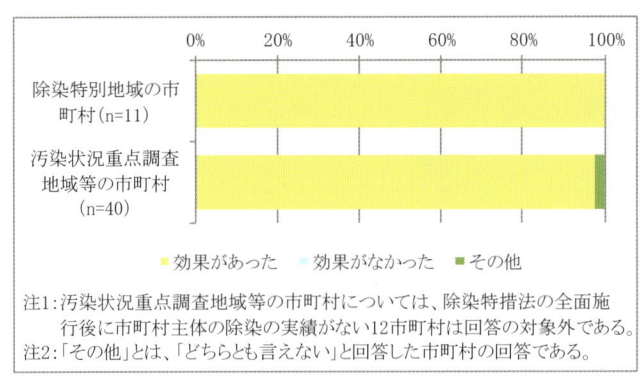

図結-2　除染の放射線防護措置としての効果

③除染による安全・安心な環境の回復状況

　しかし、除染によって安全・安心な環境が回復したと考えているのかといえば、必ずしもそうではない。

　除染特別地域の市町村については、避難指示・解除地域の種類にかかわらず、「回復していない」と「分からない」の割合が高く、汚染状況重点調査地域等の市町村については、「回復した」と「回復していない」と「分からない」がほぼ同じ割合になっている（図結-3）。「回復していない」と考える理由としては、除染特別地域の市町村についても汚染状況重点調査地域等の市町村についても、福島原発事故の発生前の状況までには環境が回復していないこと、森林や河川などの除染が実施されていないことなどが挙げられている。

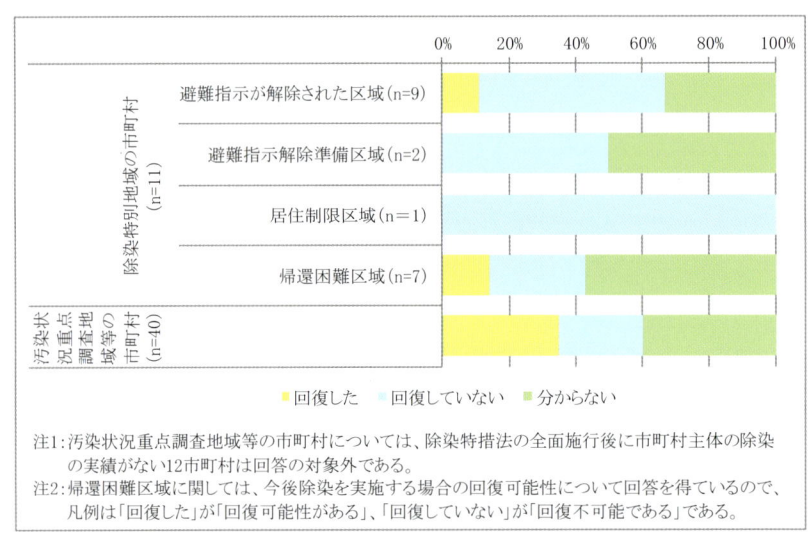

図結-3　除染による安全・安心な環境の回復状況

④除染に関する課題

　安全・安心な環境が「回復していない」との評価にも関連するが、除染が終了したといっても、除染に関する課題は山積していると評価されている。

　図結-4は除染特別地域の市町村、図結-5は汚染状況重点調査地域等の市町村の除染に関する課題認識

である。基本的な傾向は 2016 年調査までと同様であり、除染特別地域についても汚染状況重点調査地域等についても、中間貯蔵施設の整備・完成と除去土壌等の搬出、仮置場の維持管理、森林や河川等の“除染”、フォローアップ除染が多くなっている。

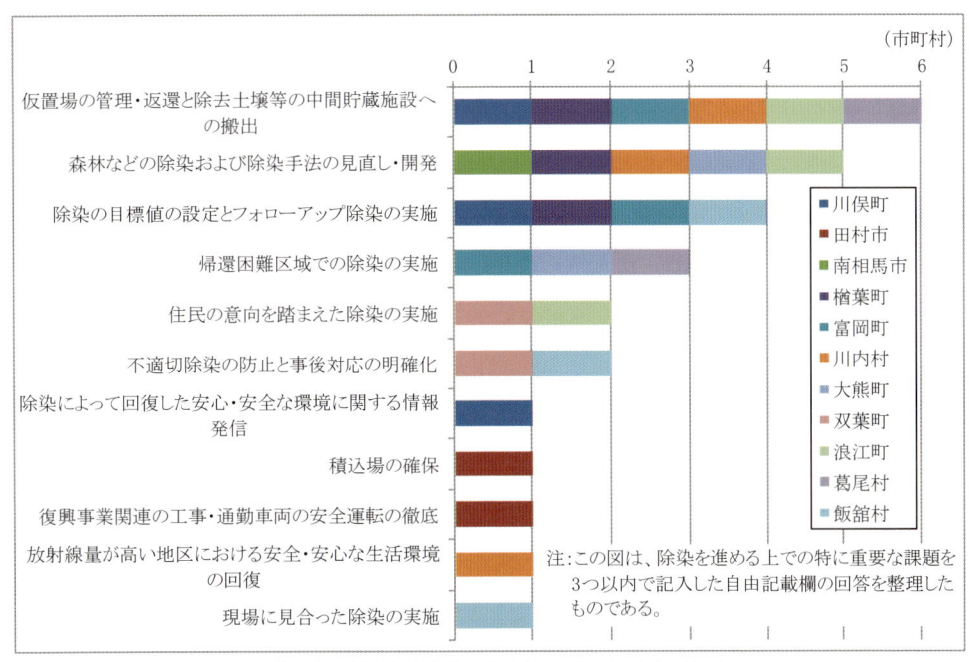

図結-4　除染特別地域の市町村の除染に関する課題

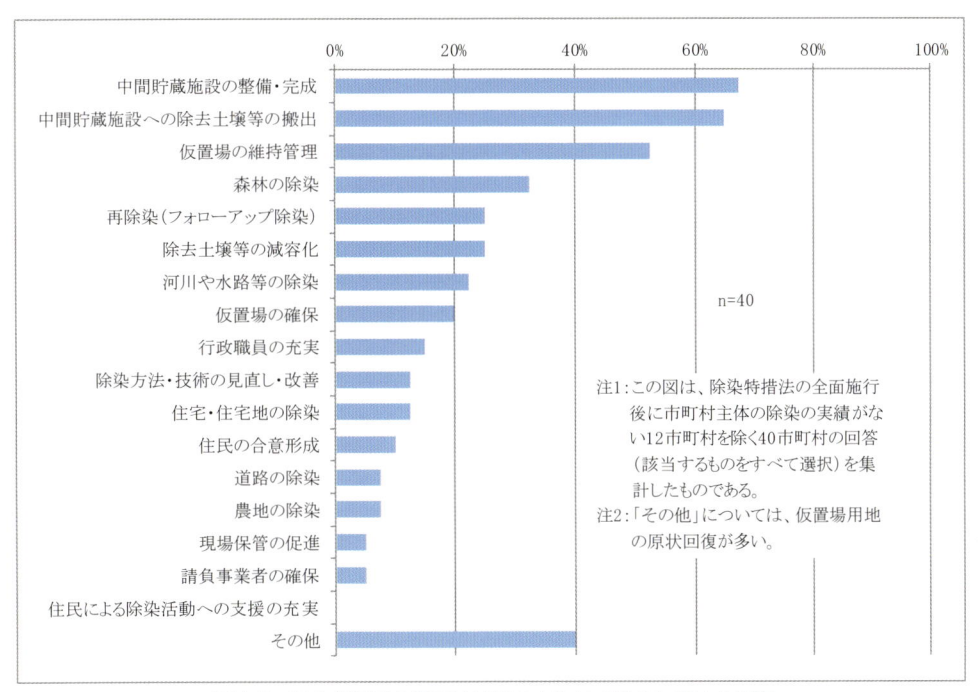

図結-5　汚染状況重点調査地域等の市町村の除染に関する課題

（2）　「除染の終了」後における除染に関する課題

　以上をまとめると、除染に関する制度構造や制度運用は概して悪かったというわけではなく、除染は放射線防護措置として効果があったが、必ずしも安全・安心な環境が回復したとは言えず、中間貯蔵施設、仮置場、森林や河川等に関する課題が残されているというのが平均的な市町村の評価である。

　第1章では、除染特別地域における除染に関する課題として、①森林や河川・ため池等の環境回復を目的とする"除染"の実施、②場所の特性に即した総合的な放射線防護措置の一つとしてのフォローアップ除染の実施、③中間貯蔵施設の早期整備・完成と仮置場の適正管理と県外最終処分の実現可能性の検討、④帰還困難区域全域を対象とする除染の計画策定と実施を提示した。第2章では、汚染状況重点調査地域等における除染に関する課題として、①中間貯蔵施設の早期整備・完成と除去土壌等の保管に関する制度的・経済的諸条件の整備、②環境回復を目的とする新たな法律に基づく森林や河川・水路等の"除染"の実施、③場所の特性に即した総合的な放射線防護措置の一つとしての再除染（フォローアップ除染）の実施を提示した。「除染の終了」後に実施した2017年のアンケート調査において、市町村が上記のように評価しているということは、今なおこれらの課題が積み残されていること、そして、これらの課題を解決することなくして、安全・安心な環境を回復し、復興を果たすことは難しいということを示唆しているものと考えられる。

　また、学術的な課題も積み残されている。これまで除染に関するさまざまな研究が蓄積されてきているが、被災者の生活再建や被災地の復興という観点から、除染は適切な手段であったと言えるのか、あるいは、除染はどれほどの効果をもったものであったのかといった基本的なことですら、実はきちんと分析・検証が行われていない。一言でいえば、「除染とはいったい何だったのか」、この問いに対する学術的な知見を得ることは、これまでの福島復興政策の合理性や妥当性を検証するためにも、また、上記の「除染の終了」後における除染に関する課題に対処するためにも必要であり、さらに、今後、原子力災害が発生した場合における的確な政策の立案・実施に活かすためにも必要だと考えられる。

2．避難指示解除地域の実相と復興に向けた課題

（1）　避難指示解除後の住民の帰還状況

　福島原発事故の発生に伴って発令された避難指示は、双葉町と大熊町以外の市町村では、2017年4月までに帰還困難区域を除いてすべて解除されることになった。除染とインフラの復旧・再生が終わり、帰還して生活できる環境が回復したとの政府の判断からである。

　それでは、避難指示が解除された地域は、現在、どのような状況にあるのだろうか？

　例えば、浪江町。2011年3月には、人口は21,434人、世帯数は7,671世帯を数え、双葉郡8町村（広野町、楢葉町、富岡町、川内村、大熊町、双葉町、浪江町、葛尾村）の中では最も人口が多かった町であった。浪江町では、2017年3月に避難指示が解除されたが、その半年後にあたる2017年9月現在、住民の死亡や住民票の異動などによって、人口は18,102人、世帯数は6,923世帯へと減少している。しかし、それ以上に浪江町にとって深刻なのは帰還者数であり、人口ベースで2%の381人、世帯数ベースで4%の267世帯となっている（表結-2）。もっとも、復興庁・福島県・浪江町が2016年9月に実施した浪江町住民意向調査によると、「すぐに戻りたい」と回答した世帯は5%であるので、こうした状況は予想できたところであるし、また、今なお避難指示が解除されてから日が浅く、「いずれ戻りたいと

考えている」と回答した世帯が 11％以上は存在することからすれば、今後、帰還者がもう少し増加すると見込むことも可能ではあるが、いずれにせよ、決して明るい展望を持てる状況にはない[(2)1)]。

　もう少し、復興庁・福島県・浪江町による浪江町住民意向調査の結果を見てみよう。図結-6 は、「すぐに戻りたい」と考えている町民が浪江町へ帰還する場合に不足していると感じる支援について整理したものであり、図結-7 は、「いずれ戻りたい」と考えている町民が浪江町への帰還時期を判断する条件について整理したものである。両者の設問は内容が異なるし、回答者も異なるが、ここからは、浪江町の場合、帰還を考えている住民にとって、買い物、住宅、医療・介護などの生活インフラに関することが大きな問題になっていることがわかる。除染とインフラの復旧・再生が終わったので帰還して生活できる環境が回復したとの政府の判断と、住民の認識との間には乖離がある。

　以下では、浪江町の中心市街地を対象として、生活インフラの復旧・再生状況と帰還者の生活実態について分析する[(3)]。調査時点は、避難指示が解除されてから約半年後にあたる 2017 年 9 月である。中心市街地は、JR 常磐線と国道 6 号線の間に位置する約 180ha の地域であり、浪江町の中で最も人口と商業が集積していたところである。浪江町は、復興計画において、この中心市街地を復興拠点として位置づけ、住民の帰還を促すとともに、帰還した住民の生活を支えるための拠点整備を進めている。この意味では、浪江町の中で最も生活インフラが整っているはずの地域である。こうした地域の現状である。

表結-2　浪江町の帰還人口・世帯

		浪江町	
			中心市街地
2011年3月11日	人口（人）	21,434	3,468
	世帯数（世帯）	7,671	1,429
2017年9月30日	人口（人）	18,102	3,070
	世帯数（世帯）	6,923	1,332
	帰還人口（人）	381	データなし
	帰還率	2％	データなし
	帰還世帯数（世帯）	267	30
	帰還率	4％	2％

注：2011年3月11日現在および2017年9月30日現在の人口および世帯数は住民基本
　　台帳に基づくものであり、2017年9月30日現在の帰還人口および帰還世帯数のうち、
　　浪江町全体については浪江町が集計したデータ、中心市街地については筆者らが
　　行ったヒアリング調査および現地調査に基づくものである。

(2) 生活インフラの復旧・再生状況

①住宅の復旧・再生状況

　福島原発事故の発生前には、浪江町の中心市街地に 267 世帯が暮らしていたが、そのうち帰還したのは 30 世帯（2％）であり、ほとんどの家屋は空き家になっている（図結-8）。しかも、その空き家は単なる空き家ではなく、東日本大震災の地震によって全壊または半壊になったもののほか、長期にわたる避難の間に空き巣やイノシシなどによって荒らされたものなど、荒廃したものが多い。つまり、帰ろうにも、帰って生活できる家がない住民が多いのである。「すぐに戻りたい」と考えている住民が「住宅の修繕や建て替えへの支援」を求めており、「いずれ戻りたい」と考えている住民が「元の家屋に住めるようになること」を課題として挙げているのは、このためである。

176

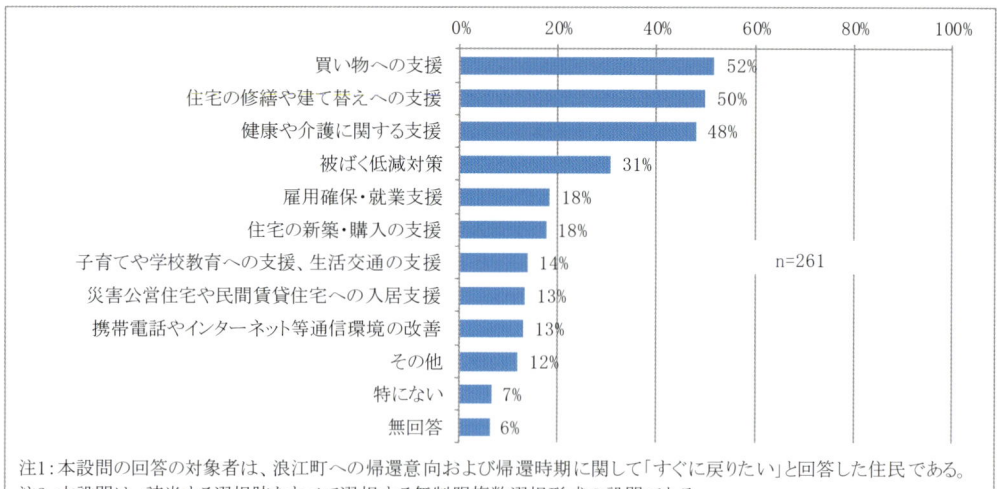

注1：本設問の回答の対象者は、浪江町への帰還意向および帰還時期に関して「すぐに戻りたい」と回答した住民である。
注2：本設問は、該当する選択肢をすべて選択する無制限複数選択形式の設問である。
資料：復興庁・福島県・浪江町（2017）「浪江町 住民意向調査 報告書」
　　　http://www.reconstruction.go.jp/topics/main-cat1/sub-cat1-4/ikoucyousa/28ikouchousakekka_namie.pdf
　　　（2017年11月22日に最終閲覧）

図結-6　「すぐに戻りたい」と考えている浪江町民の浪江町へ帰還する場合に不足していると感じる支援

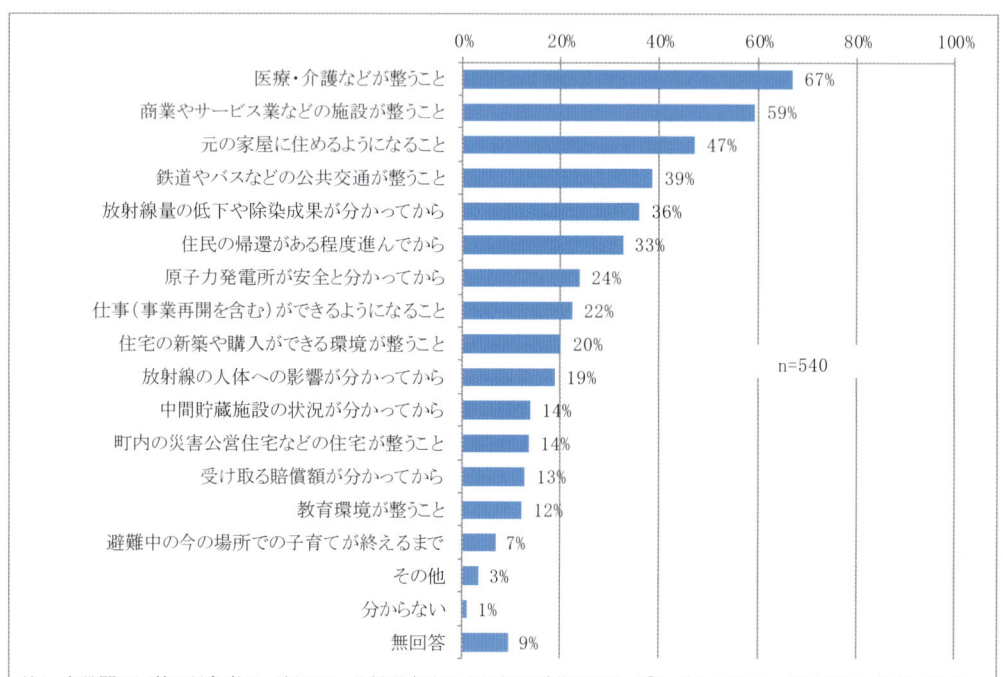

注1：本設問の回答の対象者は、浪江町への帰還意向および帰還時期に関して「いずれ戻りたい」と回答した住民である。
注2：本設問は、該当する選択肢をすべて選択する無制限複数選択形式の設問である。
資料：復興庁・福島県・浪江町（2017）「浪江町 住民意向調査 報告書」
　　　http://www.reconstruction.go.jp/topics/main-cat1/sub-cat1-4/ikoucyousa/28ikouchousakekka_namie.pdf
　　　（2017年11月22日に最終閲覧）

図結-7　「いずれ戻りたい」と考えている浪江町民の浪江町への帰還時期を判断する条件

　第1章で述べた通り、環境省は、こうした荒廃家屋の解体作業を進めているが、避難指示が解除された後になっても解体作業はあまり進んでいない（写真結-2、写真結-3）。多くの家屋が荒廃していることから、ほとんどの所有者が解体申請を行っていると思われるが、2010年の住宅地図と照らし合わせながら、現地で解体標識を数えたところ、福島原発事故の発生前に存在した1,439棟のうち、解体済みのものと解体中のものを合わせても1割程度にすぎないという状況である（表結-3）[4]。

　なお、土地所有者の家屋解体後における土地利用意向に関しては、体系的なデータを持ち合わせていないが、住民や浪江町役場に対するヒアリング調査によれば、ほとんどの土地所有者は建物を建てる予定がない。例えば、浪江町のメインストリートであった新町通りでは、沿道の建物の約9割が解体される予定であるが、今のところ、新築される予定のものは1件もない（写真結-4）。浪江町は、今後、家屋解体作業が進むにつれて、空き地だらけのまちになっていくことが予想される。

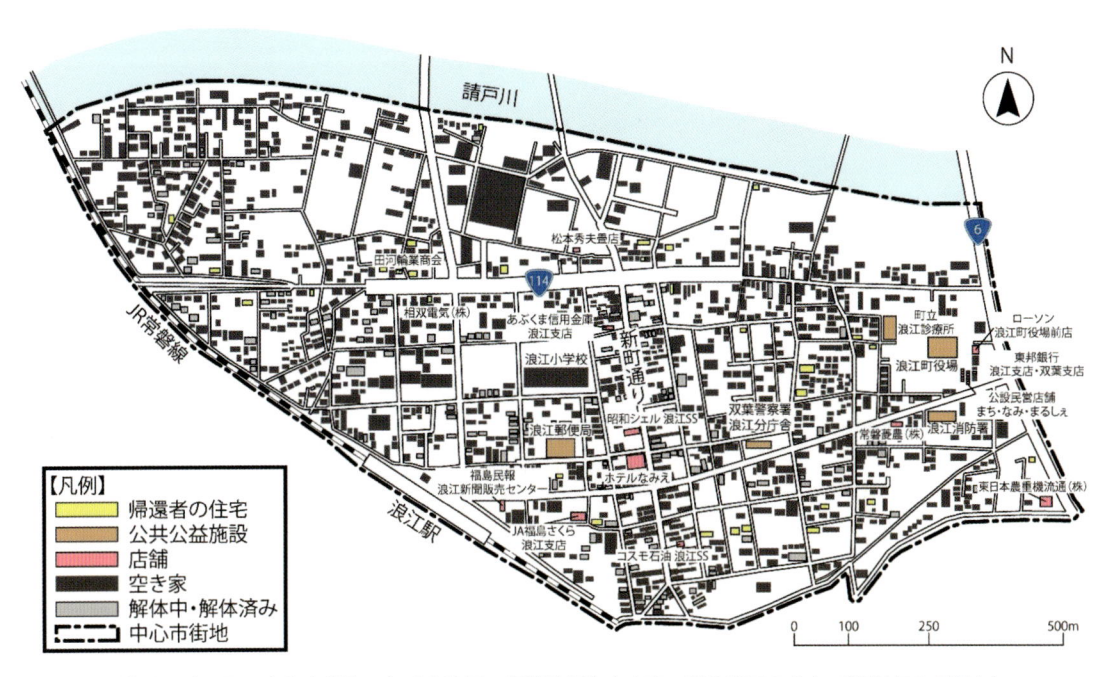

図結-8　浪江町の中心市街地における住民の帰還状況と空き家・解体家屋の分布（2017年9月現在）

写真結-2　家屋の解体作業（浪江町、2017年9月）

写真結-3　家屋の解体跡地（浪江町、2017年9月）

表結-3　浪江町の中心市街地における家屋の解体状況（2017 年 9 月現在）

合計	合計	1,439	100%	店舗	計	294	20%
	現存	1,265	88%		現存	258	18%
	解体中	45	3%		解体中	15	1%
	解体済み	129	9%		解体済み	21	1%
戸建住宅	小計	970	67%	事務所	計	55	4%
	現存	842	59%		現存	48	3%
	解体中	29	2%		解体中	0	0%
	解体済み	99	7%		解体済み	7	0%
共同住宅	小計	87	6%	工場	計	7	0%
	現存	85	6%		現存	7	0%
	解体中	1	0%		解体中	0	0%
	解体済み	1	0%		解体済み	0	0%
公共公益施設	小計	23	2%	倉庫	計	3	0%
	現存	22	2%		現存	3	0%
	解体中	0	0%		解体中	0	0%
	解体済み	1	0%		解体済み	0	0%

注1：この表は、現地調査と2010年住宅地図に基づくものである。
注2：福島原発事故の発生前に存在していた1,439棟のすべての家屋所有者が解体申請を行っているわけではない。

※沿道の建物の約9割が解体される予定であるが、新築される予定があるものは1件もない。

写真結-4　浪江町のメインストリートであった新町通り（浪江町、2017 年 4 月）

②商業施設の復旧・再生状況

　福島原発事故の発生前には、浪江町全体で 1,155 件（事業内容等が不詳のものを含む）の事業所が存在したが、現在、浪江町内で営業している事業所は 71 件、そのうち卸売業・小売業の事業所は 18 件であり、中心市街地では、事業所が 28 件、卸売業・小売業の事業所が 12 件となっている（表結-4）(5)2)。

　浪江町には、中心市街地を中心に、商店街のほか、複数のスーパーが立地していたため、住民の 94% が浪江町内で食料品を購入し、周辺市町村の住民も浪江町で食料品を購入していた [3]。しかし、現在、中心市街地において食料品を購入できるのは、役場の隣接地にあるコンビニエンスストア（2014 年 8 月に営業再開、営業時間 7～18 時、日曜日は定休）と、役場の敷地内に整備された公設民営店舗「まち・なみ・まるしぇ」（2016 年 10 月にオープン、小売事業所の営業時間は 9～17 時、日曜日は定休）のみである（写真結-5）。

表結-4　浪江町における事業所数の新設・再開状況

	集計日	事業所数	
			卸売業・小売業
浪江町	2009年7月1日	1,155	322
	2017年9月15日	71	18
中心市街地	2009年7月1日	480	154
	2017年9月15日	28	12

注：2009年7月1日時点のデータは「平成21年経済センサス」、2017年9月15日時点のデータは
　　浪江町役場に対するヒアリング調査に基づくものである。

写真結-5　公設民営店舗の「まち・なみ・まるしぇ」（浪江町、2017 年 9 月）

③医療機関の復旧・再生状況

　福島原発事故の発生に伴って避難指示等が発令された 12 市町村には、医療機関として、病院が 8 件、医科診療所が 43 件、歯科診療所が 32 件存在していたが、現在は、それぞれ 2 件、12 件、4 件となっている（図結-9）。二次救急医療機関については、浪江町、富岡町、大熊町、双葉町に 1 件ずつで合計 4 件存在していたが、現在ではすべて休止中となっている[(6)4]。

　浪江町の場合、福島原発事故の発生前には、病院が 1 件、医科診療所が 12 件、歯科診療所が 8 件存在していたが、現在、診療を行っているのは、役場の敷地内に整備された町立の浪江診療所（2017 年 3 月に開所、内科・外科、診療時間 9〜12 時と 14〜16 時、土日・祝日は休診）のみである（写真結-6、写真結-7）。

写真結-6　休業中の医療機関（浪江町、2017 年 9 月）

写真結-7　町立浪江診療所（浪江町、2017 年 6 月）

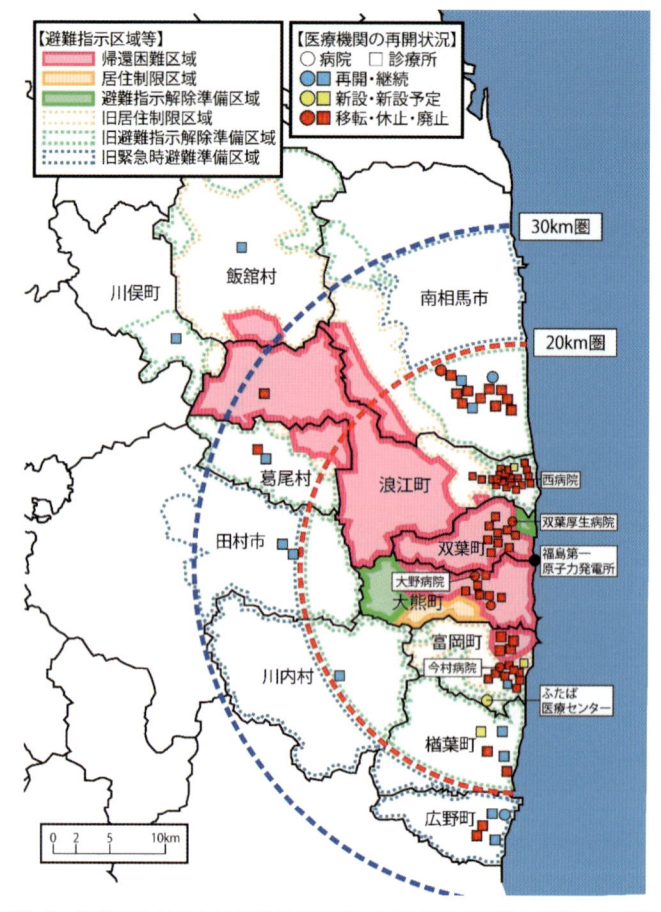

図結-9　双葉8町村または避難指示区域における医療機関の新設・再開状況

④公共交通の復旧・再生状況

　浪江町では、福島原発事故の発生前には、JR 常磐線、路線バス（2 系統）、福祉バス（医療機関への通院バス、2 系統）、スクールバス、デマンドタクシーが運行されていた。

　福島原発事故の発生後、JR 常磐線は上下ともに運転を見合わせていたが、2017 年 4 月に、浪江駅から下り方面については運転が再開され（上りも下りも平日と土曜・休日を問わず 11 本／日）、浪江駅〜

写真結-8　浪江駅とデマンドタクシー（浪江町、2017 年 6 月）

富岡駅間については、列車代行バスが運行されることになった（上り1本／日、下り3本／日）。また、同じ2017年4月からは、町内の移動や、南相馬市の商業施設や医療機関への移動のためのデマンドタクシーが運行されており（写真結-8）、日曜日と祝日を除き、9時から17時まで、浪江町民であれば無料で利用できるが、運転手へのヒアリング調査によると、帰還者が少なく、帰還者の多くは自動車を運転できるためか、利用者は1日あたり1〜2人である。

（3）帰還者の生活実態

　避難指示の解除後における帰還者の生活実態を明らかにするため、2017年9月に、中心市街地に居住している世帯のうち、福島原発事故の発生前にも浪江町に居住していた全30世帯を対象として訪問式アンケート調査を実施した。中心市街地に居住している世帯の中には、避難先と浪江町の自宅を行き来している場合があるなど、調査対象者を確定することが難しい面もあったが、行政区長および浪江町役場職員などにヒアリング調査を行って確定した。なお、福島原発事故の発生前にも浪江町に居住していた世帯に限定したのは、福島原発事故の発生前後における生活の変化を明らかにするためであり、また、一時的に居住している廃炉関係者などを除外するためである。さらに、福島原発事故の発生前において、中心市街地に限らず、浪江町に居住していた世帯を含めたのは、町内の帰還困難区域に居住していた世帯を含めるためである。

　調査票を回収できたのは18世帯であり、回収率は60％である。40％の世帯から回収できなかったのは、高齢者のためアンケート調査への協力が困難であったこと、アンケート調査への協力を断られたことによる。対象者数が少ないわりに回収率が必ずしも高いとは言えないが、帰還者の生活実態の一端がわかると思うので、以下では、このアンケート調査の結果に基づき、浪江町中心市街地における帰還者の生活実態について分析する[7]。

①帰還者の属性
　回答が得られた18世帯の世帯人員の合計は34人である（表結-5、図結-10）。この18世帯の原発事故前における世帯人員の合計は52人であり、若年層や中年層の原発避難の継続、高齢者の死亡などによって、18人減少している。

　18世帯の世帯人員の合計である34人の性別については、男性と女性がほぼ50％ずつである（図結-11）。年齢については、65歳以上の者が47％を占めており、半分は高齢者である（図結-12、図結-13）。20〜30歳代の者が24％を占めているが、その多くは役場の職員である。

表結-5　回答世帯の世帯人員等

		n	
			原発事故前に浪江町に居住していた帰還者
回答世帯数（世帯）		18	－
回答世帯の世帯人員（人）	原発事故前	52	31
	現在	34	31
有職者数または学生数（人）	原発事故前	35	22
	現在	13	11
原発事故前には同居していたが、現在は同居していない者がいる世帯数（世帯）		12	－

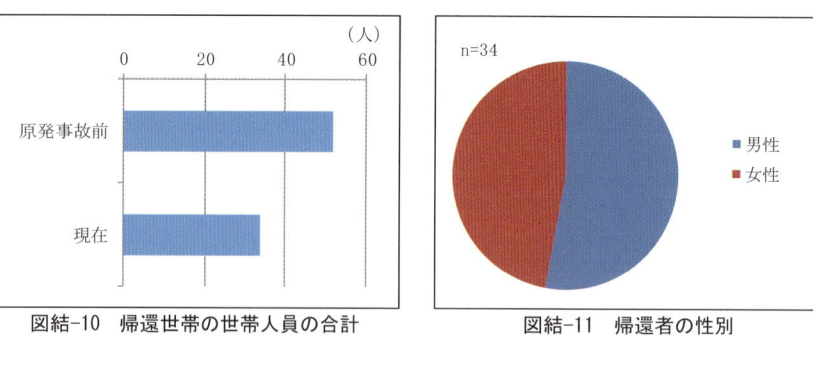

図結-10　帰還世帯の世帯人員の合計

図結-11　帰還者の性別

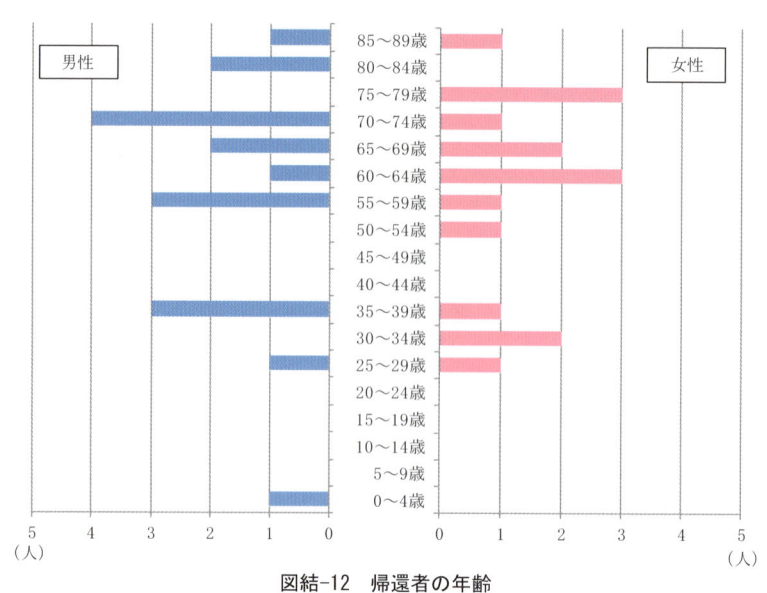

図結-12　帰還者の年齢

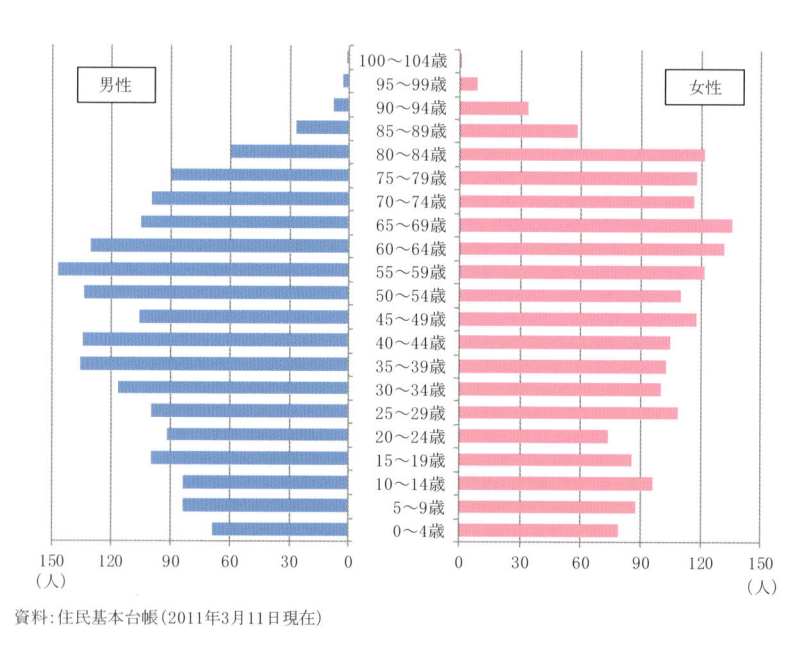

資料：住民基本台帳（2011年3月11日現在）

図結-13　福島原発事故の発生前における中心市街地の年齢別人口構成

　世帯構成については、原発事故前には 50％を占めていた「親子」が現在では 11％まで減少しており、これにかえて、「夫婦」が 11％から 61％へ、「単身」が 11％から 22％へと増加している（図結-14）。「親子」が減って「夫婦」や「単身」が増えたのは、主として、避難の継続を希望する子ども世代を避難先に残して高齢者が帰還したことによる。

　住宅については、「原発事故前に住んでいた自宅」が 83％である（図結-15）。東日本大震災による地震被害をほとんど受けなかった比較的新しい住宅や、空き巣被害や獣害などを受けなかった住宅を所有する世帯がほとんどである。その他の 17％の世帯については、民間アパートや官舎などで暮らしている。

　18 世帯の世帯人員の職業については、「無職」が 61％を占めており、有職者の中では、「公務員」と「自営業・経営者（第三次産業）」が多い（図結-16）。原発事故前と比較すると、「無職」が約 2 倍となっており、「公務員」の割合はほぼ変わっていない。無職の高齢者、役場職員、第三次産業の自営業者・経営者が帰還することができる、または、帰還せざるをえない者である。

　有職者の通勤先については、「浪江町」が 82％を占めており、原発事故前とほとんど変わらない（図結-17）[8]。役場の職員と自営業者・経営者が多いので、当然である。通勤の交通手段については、原発事故前には「自動車（自分の運転）」が 55％、「徒歩」が 41％であったが、現在では、役場の職員と自営業者・経営者が多いことから、それぞれ 36％、55％となっている（図結-18）。

　自動車運転免許証の有無については、これを持っている者がいる世帯が 100％である（図結-19）。

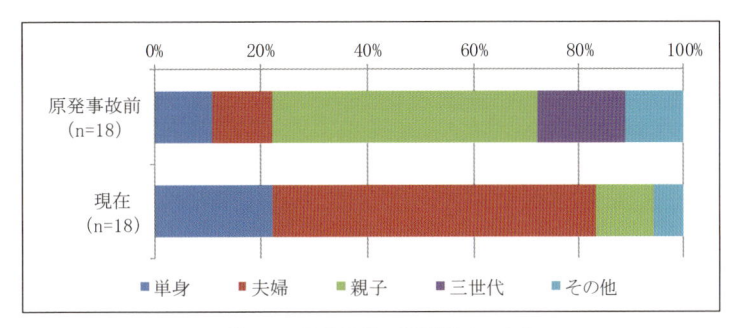

図結-14　帰還世帯の世帯構成の変化

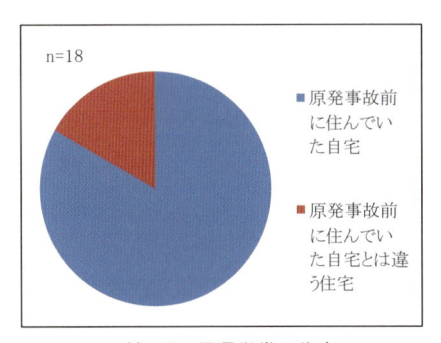

図結-15　帰還世帯の住宅

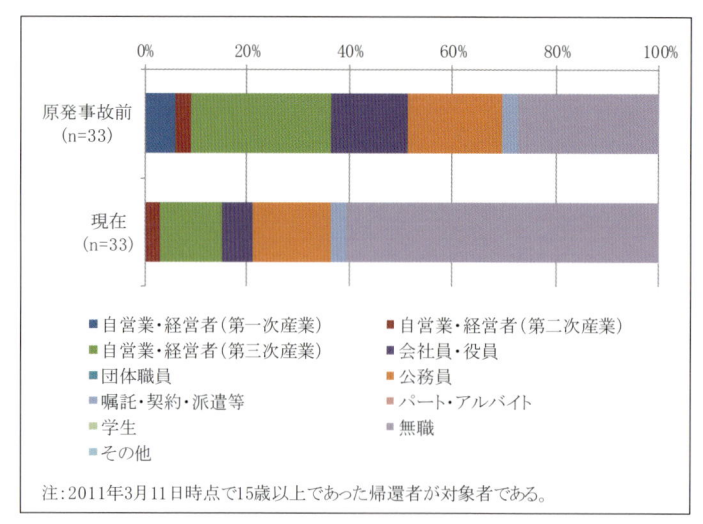

図結-16　帰還者の職業

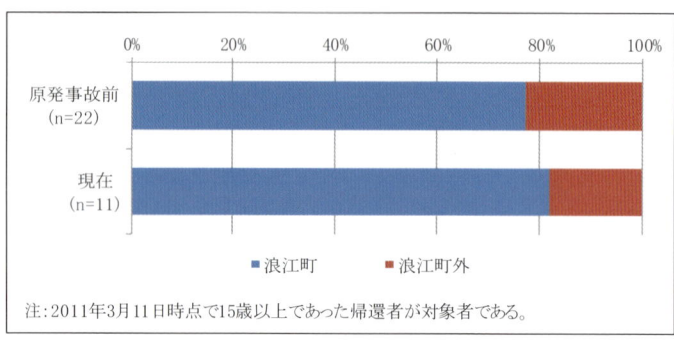

図結-17　有職者の通勤先

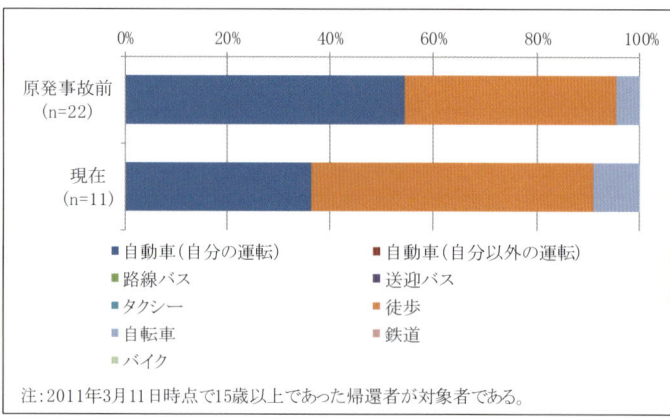

図結-18　有職者の通勤の交通手段

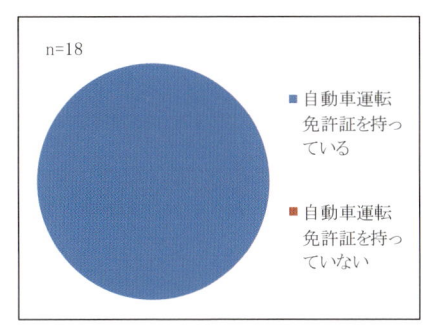

n=18

■ 自動車運転免許証を持っている

■ 自動車運転免許証を持っていない

図結-19　帰還世帯の自動車運転免許証の有無

②買い物

買い物については、肉、魚、野菜、卵などの食料品に関する調査を行った。

主な買い物の主体については、原発事故前も現在も「同居人」が100％である（図結-20）。

主な買い物先については、原発事故前は「浪江町」が100％であったが、現在では店舗数も品揃えも限られているため、「南相馬市」（原町区）が78％となっている（図結-21）。なお、富岡町の復興拠点にスーパーが出店したが、買い物とあわせて他の用事をたすために「南相馬市」に行く者が多い。

主な買い物先までの交通手段については、原発事故前は「自動車」と「徒歩」がそれぞれ50％であったが、現在では南相馬市に行く者が増えたため「自動車」が83％となっている（図結-22）。

買い物の頻度については、原発事故前は「ほぼ毎日」が39％を占めていたが、現在では、週末にまとめ買いをする者が多くなり、「週に1回」が39％となっている（図結-23）。

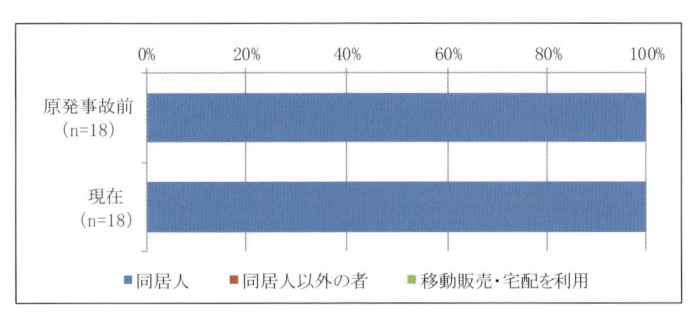

■ 同居人　　■ 同居人以外の者　　■ 移動販売・宅配を利用

図結-20　主な買い物の主体

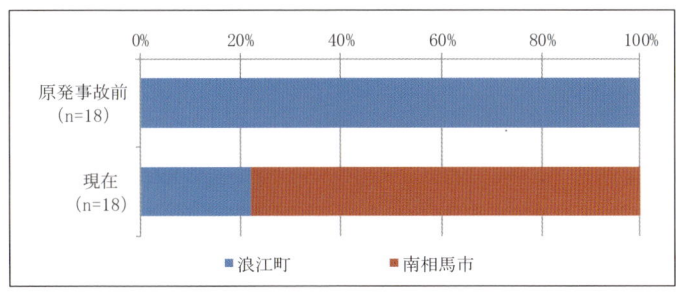

■ 浪江町　　■ 南相馬市

図結-21　主な買い物先

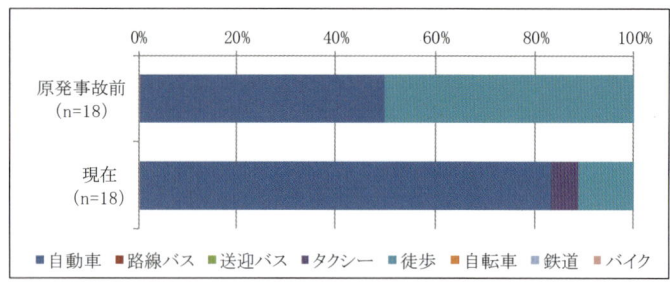

図結-22　主な買い物先までの交通手段

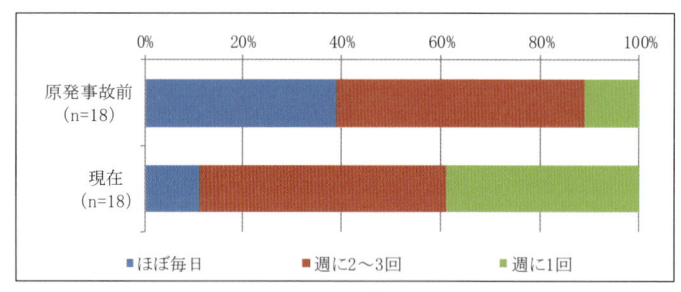

図結-23　買い物の頻度

③医療

　帰還世帯内に定期受診を行っている者の有無については、原発事故前は「あり」が 33%であったが、現在では 61%となっている（図結-24）。これは、高齢者の加齢に伴う心身機能の低下が影響している可能性もあるが、原発避難に伴う生活環境の変化によって体調を崩した者が多いことによる。

　定期受診を行っている科目については、特に「内科」が多く、定期受診を行っている者のすべてが内科の定期受診を行っている（図結-25）。

　内科の定期受診先については、原発事故前は「浪江町」と「南相馬市」がそれぞれ 40%であったが、現在は「浪江町」（町立浪江診療所）が 27%、「南相馬市」が 18%に減り、これらにかえて避難先であった「二本松市」が 45%となっている（図結-26）。

　これに伴って、内科の定期受診のための交通手段については、原発事故前は「自動車」が 60%であったのに対して、現在では 91%となっている（図結-27）。二本松市まで自動車で 2 時間弱の道のりである。

　内科の定期受診の頻度については、原発事故前では「月に 1 回」が 80%であったが、現在は浪江町外に定期受診している者が多いため 64%となっている（図結-28）。

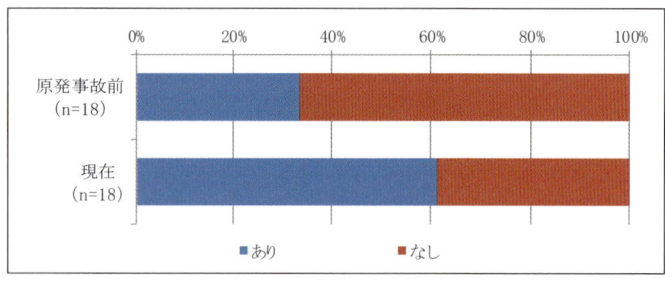

図結-24　定期受診を行っている者の有無

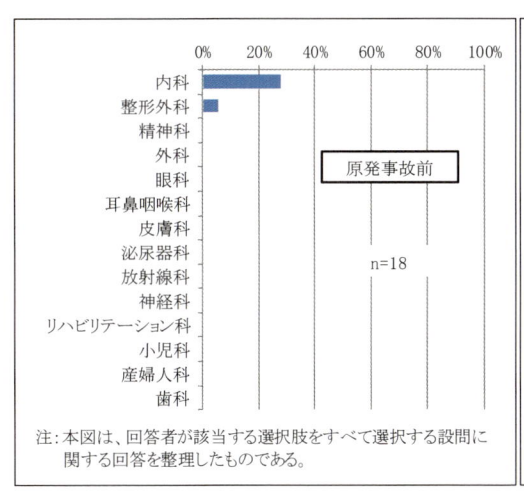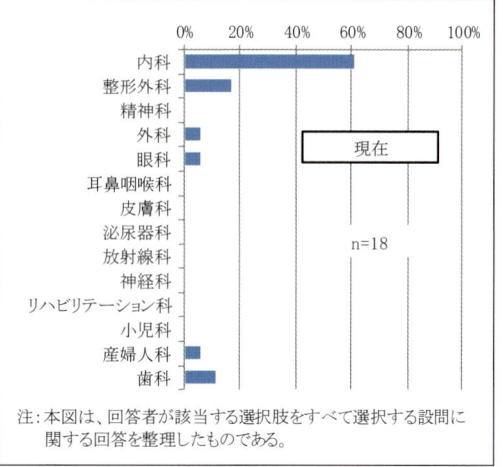

図結-25　定期受診を行っている科目

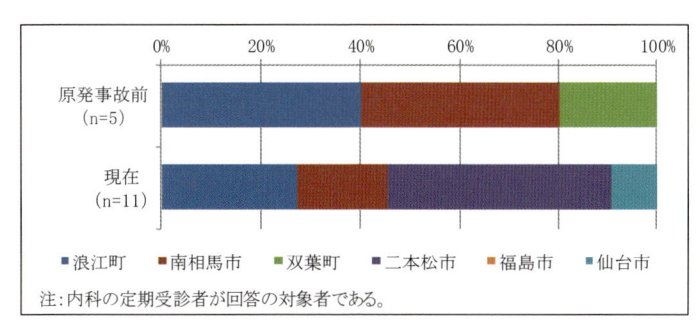

図結-26　内科の定期受診を行っている者の受診先

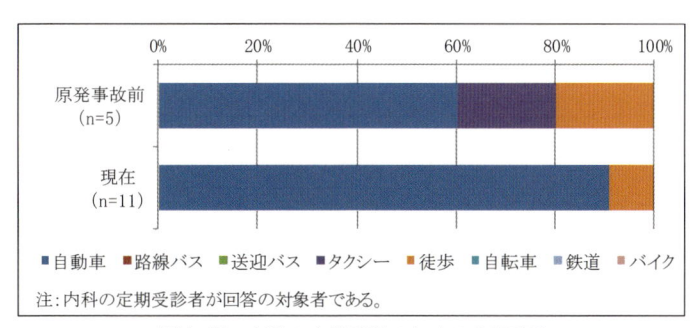

図結-27　内科の定期受診のための交通手段

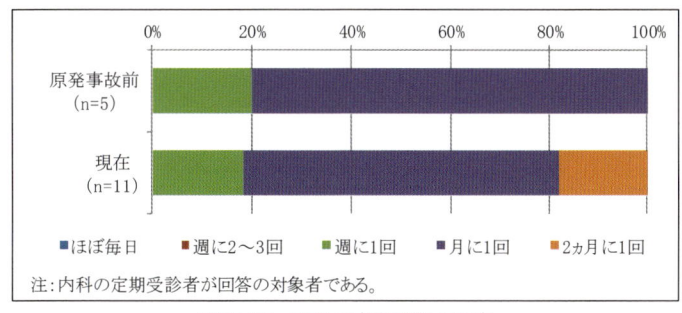

図結-28　内科の定期受診の頻度

④帰還の理由と居住継続意向

浪江町に帰還した理由については、「住み慣れたところに戻りたかったため」が 72％で最も多く、次いで「仕事をするため」が 44％、「先祖代々の土地を守るため」が 39％である（図結-29）。

今後の居住継続意向については、「住み続ける」が 78％、「転居する（浪江町外）」が 11％、「転居する（浪江町内）」と「わからない」が 6％である（図結-30）。

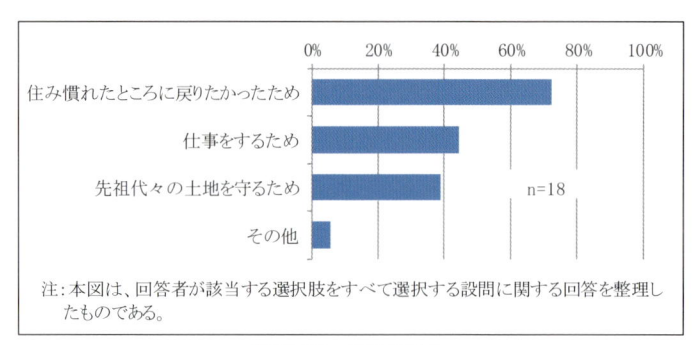

図結-29　帰還の理由

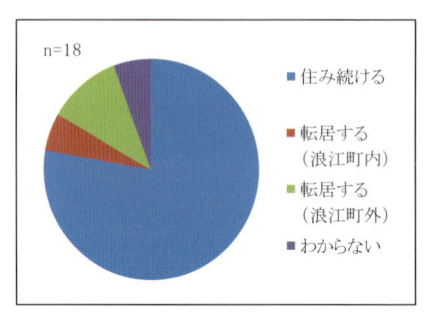

図結-30　居住継続意向

⑤近所づきあいの変化

近所づきあいの変化については、原発事故前は「よく付き合いがある」が 83％であったが、原発避難に伴って生活環境が一変し、応急仮設住宅などでの避難生活中には「ほとんど付き合いがない」が 50％となった（図結-31）。帰還した現在は、帰還者そのものが少ないので、「ほとんど付き合いがない」が 78％となっている。

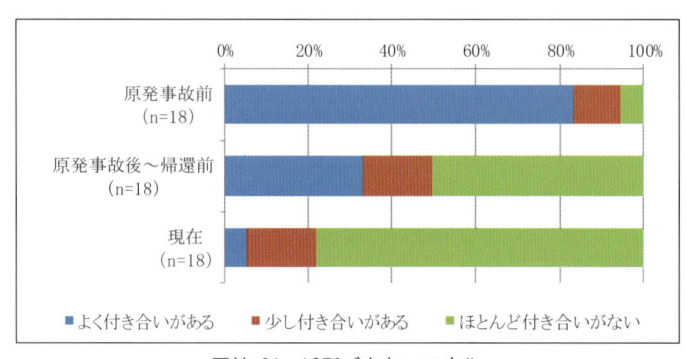

図結-31　近所づきあいの変化

⑥浪江町で生活していく上で必要なこと

　浪江町で生活していく上で必要なことについては、「商業機能の回復・整備」と「医療・福祉機能の回復・整備」が78%で最も多く、次いで「原発事故の収束」と「事業所の再開」が50%、「住民の帰還」が39%となっている（図結-32）。

　「商業機能の回復・整備」に関しては、生鮮食料品店が不足している、自動車を運転できなくなったときのことを考えるとスーパーがなければ生活できない、土日に開いている店を増やしてほしい、南相馬市原町区まで行くのが大変であるといった意見が出されている。「医療・福祉機能の回復・整備」に関しては、町立浪江診療所では機能が不足しており、入院ができる総合病院がほしい、高齢者に対応した耳鼻科・眼科・歯科などが必要である、デイサービスが必要であるといった意見が出されている。「原発事故の収束」に関しては、収束しないと人が戻らない、今後絶対に事故を起こさないようにしてほしい、情報をもっとわかりやすくしてほしいといった意見が出されている。「事業所の再開」に関しては、若い人が戻るために必要である、仕事がない人のために必要であるといった意見が出されている。「住民の帰還」に関しては、人が戻らないと暮らしが戻らない、人が戻ってこないと店が再開しないという悪循環になるといった意見が出されている。

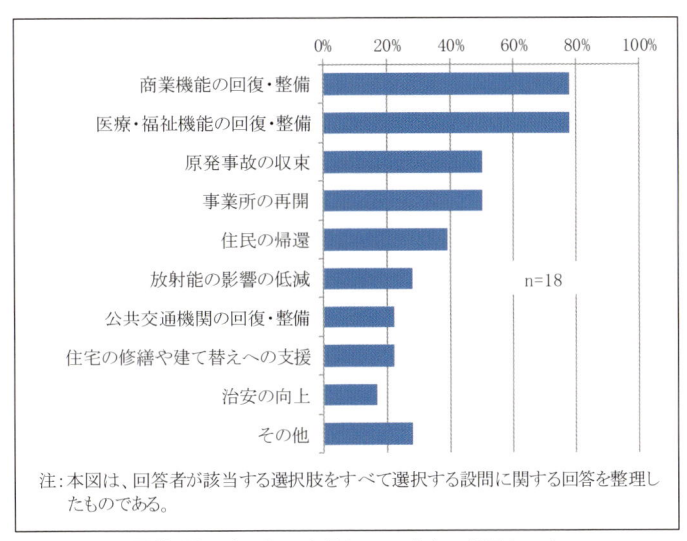

図結-32　浪江町で生活していく上で必要なこと

（4）避難指示解除地域の復興に向けた課題

　以上において、浪江町の中心市街地における生活インフラの復旧・再生状況と帰還者の生活実態を見てきたが、これが除染とインフラの復旧・再生が終わり、帰還して生活できる環境が回復したとの判断のもとに、避難指示が解除された地域の実相である。

　避難指示が解除されて帰還したのは、住民の数%である。その数%の住民の多くは、避難や帰還に伴って世帯の分離を経験した無職の高齢者、自営業者の高齢者、役場職員であり、次代を担う若者や子どもの姿はほとんどない。生活環境はどうかといえば、そもそも自宅が荒廃してしまっており、その解体が遅れているので帰るべき家がない。仮に自宅が荒廃していなくても、ほとんどの店舗や医療機関は閉まったままなので、帰ったところで、食料品を買うことも通院することもままならない。つまり、被災

者については、そのほとんどが避難者であり続けているが[(9)1)5]、帰還者であっても、帰還をもって生活再建が果たされたということではなく、帰還したがゆえに避難者ではなくなったものの、依然として困難性と不可能性に満ちた環境のもとで暮らす被災者であり続けているということであり、被災地については、たとえ原子力発電所や放射能の問題を抜きにしても、多くの被災者にとって帰還を選択することが可能な程度にまで生活環境が回復していないということである。

　被災自治体にしてみれば、こうした厳しい現実を前にしたとき、本来、復興計画を見直すことが急務の課題となるはずであるが、そうした動きがほとんど見られないのは、国の復興政策が被災者や被災地の実情に即していないことを反映してのことである。現在、浪江町では、国策として産業・雇用機会の回復に向けて進められている「福島イノベーション・コースト構想」の一環として、世界最大規模の水素製造実証拠点やロボット開発・実証拠点が整備されつつあるが、これらの事業に自分の生活再建の途を重ね合わせて考えられる被災者はほとんどいないだろうし、帰還者は、そうしたことよりも、毎日の買い物や医療・介護を何とかしてほしいと考えているのであるが、買い物環境一つをとっても、ゼロどころかマイナスからのスタートになる原子力被災地では、市場原理がきちんと働くはずがなく、「私有財産の形成に公費の支出は認められない」との原則を適用したままでは、復興に向けた足がかりさえ見いだせない[(10)6]。

　もちろん、福島復興政策の転換に合理性や正当性がないわけではない。除染とインフラの復旧・再生を実施し、避難指示を解除するということ自体は、被災者の生活再建に向けた選択肢の一つを保障し、被災地の復興を実現する上で重要なことである。しかし、問題は、除染が終了したといっても、放射能汚染が解消されたわけではなく、また、インフラの復旧・再生が行われたといっても、多くの被災者にとって帰還を選択することが可能な程度にまで生活環境が回復していないので、帰らない、帰りたくない、帰れないと考えている被災者が圧倒的に多いにもかかわらず、2020年までのスケジュールありきで被災者支援策を打ち切ることで、実質的には帰還を強いる単線型の復興政策が進められていることにある。単線型の復興政策では生活再建を果たすことができない被災者が多いのに、こうした被災者の生活再建に向けた支援策は本当に乏しく、あろうことか、支援策を打ち切ることで、生活再建どころか避難者であることすら許さない状況に追い込みつつあるのである。

　原因者の存在、被害の広域性と長期性、避難の広域性と長期性という原子力災害の特質を十分に考慮することなく、2020年までに原子力災害を克服した国の姿を形づくることをめざして進められている単線型の復興政策の欠陥が、被災者の生活再建を限界づける構造的な要因となっているのである[7]。福島復興政策の再転換が必要であり、帰還者と避難者の双方の生活再建に向けた複線型の復興政策を確立・充実することが求められている。

3．福島復興のスタートライン

　避難指示の解除は、"福島復興のスタートライン"と言われることがある。その意味するところは、避難指示の解除は被災地の復興の大いなる前進に向けたスタートラインだということであり、それ自体は決して間違いではない。しかし、避難指示の解除は、これまで繰り返し述べてきたように、除染の終了や応急仮設住宅の無償提供の終了など、2016年度末に行われた福島復興政策の転換の一環をなすものとして理解する必要があるのであって、そのように理解したときには、被災者にとって新たな困難と不安をもたらす大きな節目という別の意味を帯びることになる[8]。

　復興期間が終了し、復興庁が設置期限を迎え、東京オリンピックが開催される 2020 年まで、残すところ数年となったが、これまで示してきた通り、福島復興政策の転換後においても、避難指示・解除区域の内外を問わず課題は山積しており、原子力災害は 10 年間で克服されえないことは明白である。むしろ、"2020 年問題"、すなわち、福島原発事故の発生に伴う被害が広域的かつ長期的に続き、被災者の生活再建も被災地の復興も果たされないにもかかわらず、2020 年までに原子力災害を克服した国の姿を形づくるために進められている福島復興政策から発生する諸問題が顕在化しているというのが実情である。

　未曽有の原子力災害に対して、"奇策"を使って復興の形づくりを急ぐのではなく、長期にわたって、被災者の生活再建と被災地の復興に向けた課題をしっかりと把握し、その解決に向けた糸口を一つひとつ探りつづけるという "正攻法"の復興政策を確立・充実することが求められている。"福島復興のスタートライン"は、ここにある。

【補注】

(1)　以下に掲げるアンケート調査の実施時点である 2017 年 9 月末現在、除染が終了していないのは（除去土壌等の搬出を除く）、福島市、二本松市、本宮市、大玉村、郡山市、白河市、矢吹町、相馬市、南相馬市、川内村、いわき市の 11 市町村である。

(2)　浪江町への帰還意向は、「すぐに・いずれ戻りたいと考えている」が 18%、「まだ判断がつかない」が 28%、「戻らないと決めている」が 53%、無回答が 2% である。

(3)　浪江町の中心市街地における調査は、續橋和樹君を中心とする福島大学都市計画研究室のゼミ生と実施したものである。

(4)　解体済みのものと解体中のものに関して言えば、その 75% は住宅である。住宅に関して、解体済みと解体中の割合は、戸建住宅が 13% であるのに対して共同住宅は 2% であり、共同住宅はいずれも賃貸マンション・アパートである。福島地方環境事務所によると、分譲マンション・アパートについては、区分所有者が広域的に避難していて総会を開催できない状況にあることなどから、浪江町ではもとより、避難指示等が発令された 12 市町村において、解体中および解体済みの事例は皆無である。また、賃貸マンション・アパートについては、家主が借家人の家屋解体に関する同意を得ることができてはじめて解体申請を行うことになるが、家主が解体の意向を持っていたとしても、借家人が広域的に避難していて同意を得ることが困難であるため、解体が円滑には進まない状況にある。

(5)　福島県商工会連合会は、2016 年 9〜10 月に、避難指示等が発令された 12 市町村の 12 商工会に所属する 2,293 事業者を対象として、アンケート調査を実施している。その結果によると、事業の再開状況については、全体的には、休業中が 48%、他の場所で再開は 32%、震災前の場所で再開は 20% となっているが、福島第一原子力発電所周辺の富岡町、大熊町、双葉町、浪江町では、休業中が 55〜75% となっている。また、避難元での再開意向については、全体の結果のみであるが、避難先で再開した事業所の 54% は、当面は避難元で再開しないとの考えであり、特にその割合は小売業や製造業で高くなっている。

(6)　二次救急医療機関については、2018 年 4 月に富岡町で開院する予定となっている。

(7)　アンケート調査票を回収できた 18 世帯のうち、共同住宅に居住しているのは 1 世帯である。なお、浪江町の中心市街地に帰還した 30 世帯のうち、共同住宅に居住しているのはこの 1 世帯のみである。

(8)　学生は、原発事故前も現在も 0 人（0%）である。

(9)　避難指示区域からの避難者については、住宅確保損害賠償をもとに、すでに避難先で持ち家を確保した世帯が多く、浪江町の場合、復興庁・福島県・浪江町が実施した浪江町住民意向調査によると、2016 年 9 月時点で 44% の世帯が避難先で持ち家を建てたり買ったりして住んでいる。このような世帯は、応急仮設住宅を退去したとの理由から、制度上は避難者ではなくなるので、2016 年 9 月時点では行政区域の全域に避難指示が発令されていたにもかかわらず、統計上は年々避難者数が減少しているということになっている。しかし、避難先で持ち家に住んでいることは、必ずしも避難者が移住を決断し、避難が終了したことを意味するものではない。実際に、避難先の持ち家で暮らす浪江町の方々に話を聞くと、口をそろえて、新しい家を建てても全然うれしくないと言う。たしかに家は新しく立派になったが、仕事が見つからず、地域になじめないまま、浪江を思いながら避難生活を送っているのである。なお、住宅再建の状況と避難者としての自己認識のズレについては、西田らが実施したアンケート調査の結果からも

確認でき、復興公営住宅の入居者（統計上は避難者ではなくなった者）を対象としたものではあるが、「現在、避難者であるという認識はない」という問いに対して、31%が「そう思わない」、23%が「あまりそう思わない」で、あわせて54%の者が復興公営住宅に入居していても自分を避難者であると考えている。

(10) 営業再開に向けた支援としては、いわゆるグループ補助金事業や福島相双復興官民合同チームによる個別訪問事業などが行われているが、営業再開後における経営支援がほとんど存在しないことが避難元での営業再開が進まない要因の一つになっている。なお、避難指示区域内の商工業者に対する営業損害賠償については、2011年3月〜2015年2月までの4年分の支払いが行われた後に、2015年3月以降の分に関して、減収率100%の年間逸失利益の2倍が一括して支払われている。そのほかに、福島原発事故との相当因果関係が認められる損害が2015年3月以降の分の賠償額を超過した場合には個別に請求が可能とされているが、基本的には2017年2月までの分で打ち切りとなっている。

【参考文献】

1) 復興庁・福島県・浪江町（2017）「浪江町 住民意向調査 報告書」、http://www.reconstruction.go.jp/topics/main-cat1/sub-cat1-4/ikoucyousa/28ikouchousakekka_namie.pdf（2017年11月22日に最終閲覧）

2) 福島県商工会連合会（2017）「避難地区内の経営実態に関する商工業者アンケート 調査結果報告」、http://www.f.do-fukushima.or.jp/researchact/post-63.html（2017年11月22日に最終閲覧）

3) 福島県商工労働部（2010）「第14回消費購買動向調査結果報告書」、https://www.pref.fukushima.lg.jp/sec/32021d/syouhikoubaidoukou.html（2017年11月22日に最終閲覧）

4) 福島県（2017）「避難地域等医療復興計画」、http://www.pref.fukushima.lg.jp/uploaded/library/hinanchiiki-fukkou-keikaku290908.pdf（2017年11月22日に最終閲覧）

5) 西田奈保子・高木竜輔・松本暢子（2017）「復興公営住宅入居者の生活実態に関する調査 調査報告書 概要版」、http://www2.iwakimu.ac.jp/~imusocio/fukkoukouei2017/2017fukushima_fukkoukouei_Researchpaper.pdf（2017年11月22日に最終閲覧）

6) 東京電力株式会社福島復興本社(2015)「法人さまおよび個人事業主さまに対する新たな営業損害賠償等に係るお取り扱いについて」、http://www.tepco.co.jp/cc/press/2015/1252626_6818.html（2017年11月22日に最終閲覧）

7) 長谷川公一・山本薫子編（2017）『原発震災と避難－原子力政策の転換は可能か－』有斐閣

8) 鈴木浩（2017）「福島の避難指示解除：『復興に向けた節目』には程遠い現実」ニッポンドットコム「nippon.com」、https://www.nippon.com/ja/currents/d00319/（2017年11月22日に最終閲覧）

あ と が き

　本書は、筆者にとって、『ローカルルールによる都市再生－東京都中央区のまちづくりの展開と諸相－』に続く2冊目の単著である。

　この書籍を公刊した翌月の2009年6月に、長女の彩花が生まれた。このころには、自分がやりたいことと、自分がやっていることとの折り合いをうまくつけることができず、うつ状態になっていた。自分がやりたいことしかできない性格なので、UG都市建築はクビになり、2010年4月からは、4社目となる東京建設コンサルタントに勤務することになった。

　その後、すぐに福島大学から面接の案内が届いた。面接の当日、待合室に通され、ソファーに座って窓の外を見ていると、黄色い蝶々が春風にのって、ひらりひらりと舞い上がっていった。これを目にしたとき、自分が採用されたことを知り、面接の際には、目からあふれてくるものをどうすることもできなかった。

　2010年10月に、福島大学に赴任した。福島を舞台に、地方都市の都市計画・まちづくりを研究しようと考えていたが、半年後の2011年3月に東日本大震災と福島原発事故が発生した。福島では、放射能が決定的であった。もともと専門などない、そのときそのときで、自分がおもしろいと思ったこと、大切だと思ったことに取り組んで生きてきた。福島の放射能問題、原子力災害からの復興が研究テーマとなった。

　もちろん、放射能のことなど、何も知らなかった。除染について調べ、自分でもやってみた。お祭り騒ぎのように、さまざまな人がさまざまな主張を繰り広げていたが、重心を低くすることを心掛けた。自分が感じることを信じて、研究を進めた。

　福島に来てから7年半、福島原発事故が発生してから7年が経つ。今、振り返ると、もっとやれることがあったような気がする。しかし、福島復興政策の転換前のことをいったんまとめておこうと、序文でも書いた通り、福島の復興に関する研究の中間とりまとめとして、本書を出版することにした。結章に書いた"福島復興のスタートライン"は、私自身の福島の復興に関する研究のスタートラインでもある。

　本書をまとめるにあたっては、多くの方々にお世話になりました。

　福島県内の市町村と福島県の職員のみなさま。特に、福島原発事故の発生直後は、アンケート調査やヒアリング調査どころではなかったはずなのに、本当に丁寧に対応してくださいました。中でも、"自治体除染のアイドル"こと、元伊達市役所の半澤隆宏さんは、いつも冗談を交えながら、除染に関するいろいろなことを教えてくださり、感謝しております。また、大波地区の住民のみなさま。2度にわたって、小さな子どもからお年寄りの方まで、お一人おひとりがアンケート調査やヒアリング調査に協力してくださり、心より感謝しております。

　また、本書をまとめるにあたっては、多くの研究助成を受けました。

　一般財団法人都市のしくみとくらし研究所の平成23年度研究助成、公益財団法人大林財団の平成23年度研究助成、公益財団法人旭硝子財団の平成25年度採択研究助成、エスペック株

式会社の第 17 回公益信託エスペック地球環境研究・技術基金、独立行政法人日本学術振興会の JSPS 科研費 15K06345、公益財団法人 SBS 鎌田財団の 2016 年度研究助成、公益財団法人日立財団の 2016 年度倉田奨励金、公益財団法人鹿島学術振興財団の 2016 年度研究助成です。記して感謝いたします。

　最後に、父の興靖と母の純子、義理の父の義久と母の俊子、妻の聡子、妹のさおりと寿子、長男の興太郎、次男の興次郎、長女の彩花。本当に、幸せです。本当に、ありがとう。

2018 年 4 月

川　﨑　興　太

著者紹介

川﨑興太（かわさき こうた）

1971年茨城県常陸太田市生まれ。1993年信州大学教育学部中学英語学科卒業、1995年信州大学大学院教育研究科修士課程修了。2008年工学博士（論文・筑波大学）。都市計画コンサルタントを経て、2010年福島大学准教授。専門は都市計画・まちづくり。

　著書に、『ローカルルールによる都市再生―東京都中央区のまちづくりの展開と諸相―』（単著、鹿島出版会、2009年）、『人口減少時代における土地利用計画―都市周辺部の持続可能性を探る―』（共著、学芸出版社、2010年）、『東日本大震災合同調査報告都市計画編』（共著、日本都市計画学会、2015年）、『裏磐梯・猪苗代地域の環境学』（共著、福島民報社、2016年）、『自然災害―減災・防災と復旧・復興への提言―』（共著、技報堂出版、2017年）、『環境復興―東日本大震災・福島原発事故の被災地から―』（編著、八朔社、2018年）など。

福島の除染と復興

平成 30 年 8 月 25 日　発　行

著作者　　川　﨑　興　太

発行者　　池　田　和　博

発行所　　**丸善出版株式会社**

〒101-0051　東京都千代田区神田神保町二丁目17番
編集：電話(03)3512-3266／FAX(03)3512-3272
営業：電話(03)3512-3256／FAX(03)3512-3270
https://www.maruzen-publishing.co.jp

©Kota Kawasaki, 2018

印刷・シナノ印刷株式会社／製本・株式会社 松岳社

ISBN 978-4-621-30321-4　C3051　　　　　Printed in Japan

JCOPY 〈(社)出版者著作権管理機構 委託出版物〉
本書の無断複写は著作権法上での例外を除き禁じられています。複写される場合は,そのつど事前に,(社)出版者著作権管理機構(電話03-3513-6969, FAX 03-3513-6979, e-mail：info@jcopy.or.jp)の許諾を得てください.